中国高校
创意创新创业
教育系列丛书

王学颖 黄淑伟 李晖 张燕丽 赵娇洁 编著

C++

程序设计基础教程

清华大学出版社

北 京

内 容 简 介

本书是作者多年C++教学经验的总结,全书主要介绍面向对象程序设计的基本概念,全面、系统地介绍了C++语言的基本语法和编程方法,详细地讲述了C++语言面向对象的重要特征:类和对象、继承和派生类、多态性和虚函数等,同时结合学生实验案例,介绍应用C++语言解决实际问题的方法和流程。本书配有丰富的例题和习题,便于读者学习和巩固知识。

本书可以作为高等学校教材,适用于计算机类、信息管理类以及电子信息类等相关专业的本科生教学,总学时可安排为72学时,其中讲授40学时,上机实验32学时。本书也可作为教学参考书,还适合有需要的读者自学使用。

图书在版编目(CIP)数据

C++程序设计基础教程/王学颖等编著. —北京:清华大学出版社,2019.8(2024.8重印)
(中国高校创意创新创业教育系列丛书)
ISBN 978-7-302-53331-3

Ⅰ. ①C… Ⅱ. ①王… Ⅲ. ①C++语言—程序设计—教材 Ⅳ. ①TP312.8

中国版本图书馆CIP数据核字(2019)第161084号

责任编辑:谢 琛
封面设计:常雪影
责任校对:梁 毅
责任印制:宋 林

出版发行:清华大学出版社
    网   址:https://www.tup.com.cn, https://www.wqxuetang.com
    地   址:北京清华大学学研大厦A座   邮 编:100084
    社 总 机:010-83470000   邮 购:010-62786544
    投稿与读者服务:010-62776969,c-service@tup.tsinghua.edu.cn
    质 量 反 馈:010-62772015,zhiliang@tup.tsinghua.edu.cn
    课 件 下 载:https://www.tup.com.cn,010-83470236
印 装 者:三河市君旺印务有限公司
经 销:全国新华书店
开 本:210mm×235mm   印 张:29   字 数:601千字
版 次:2019年9月第1版   印 次:2024年8月第5次印刷
定 价:69.00元

产品编号:083841-01

前言

　　面向对象程序设计是计算机软件开发人员必须掌握的一门技术,而 C++语言是面向对象的编程语言,具有简单易学的特点,适合作为学习面向对象程序设计方法的入门语言。

　　本书是作者多年 C++教学经验的总结,在写作过程中针对教学中出现的问题及遇到的困难进行讲解,全面、系统地讲述了 C++语言的基本概念和编程方法,重点叙述面向对象的程序设计的特征:封装性(类和对象)、继承性和多态性,以一个完整的应用案例贯穿全书,使读者在学习完本书的内容后,能对面向对象的编程方法有一个全面的认识,并能进行实际操作。

　　本书在写作过程中按照以学生为中心的原则,紧密结合当前教学改革趋势,以面向对象编程能力培养为目标,充分考虑学生对知识的接受能力和掌握过程,采用理论与案例相结合的形式完成对新知识的学习,具有易学性和实用性的特点。本书以一个完整的应用案例——水果超市管理系统贯穿全书,使读者能够充分认识面向对象的编程方法,并能进行实际操作。针对教学过程中出现的"实验难"问题,本书特别设计了"案例实训"一章,主要按软件工程的方法介绍程序设计的基本流程,使学生能深入消化知识,掌握程序设计的基本方法。

　　本书中的所有例题和习题均在 Visual C++ 6.0 环境下运行通过,读者可以参考使用。

　　本书为辽宁省"十二五"普通高等教育本科省级规划教材,可以作为高等学校教材,适用于计算机类、信息管理类以及电子信息类等相关专业的本科生教学,总学时可安排为72 学时,其中讲授 40 学时,上机实验 32 学时。

　　本书由王学颖、黄淑伟、李晖、张燕丽和赵娇洁共同完成,由于作者水平有限,书中难免会有缺点和错误,敬请广大读者批评指正。

　　在本书的写作过程中查阅了大量的书籍和资料,在此向这些文献作者表示最衷心的感谢。

王学颖

2019 年 4 月

目　录

第1章

C++程序设计概述

    C++语言是一种应用广泛的面向对象的程序设计语言,用于实现面向对象的程序设计。要进行C++程序设计,就需要了解面向对象程序设计的一些相关概念。本章主要介绍C++语言的特点和C++程序的基本构成,并简要介绍面向对象程序设计的相关概念,初步理解面向对象的程序设计方法。

学习目标:

(1) 了解C++语言的发展历程和C++语言的特点;

(2) 理解面向对象的基本概念;

(3) 理解并掌握C++程序的基本结构;

(4) 熟练掌握C++程序的开发环境和简单的C++程序实现方法。

 1.1 C++语言的历史和演进

1.1.1 计算机语言的发展

    计算机语言的发展经历了五个阶段,即机器语言、汇编语言、高级语言、查询语言和面向对象语言。

    机器语言是第一代计算机语言,它直接用二进制代码编写程序,即用"0"和"1"这样的二进制码组成一串代码。程序不需要翻译,计算机就能直接识别,也不需要经过编译,计算机就可以直接运行,因此运行速度最快。

    汇编语言也称低级语言,是第二代的计算机语言。汇编语言采用助记符编写计算机的指令,然后通过汇编程序将助记符代码翻译成机器语言,再由计算机执行。汇编语言程序的编写与计算机硬件密切相关,对于不同的CPU,其语法规则也不相同,因此程序的可移植性差。但汇编语言克服了直接利用机器语言编程不方便以及编程工作量大的弱点,同时程序的运行速度也相当快。

高级语言是第三代语言,语法更接近于人类语言和数学表达式,属于面向过程的语言。高级语言程序需要经过编译或解释等翻译过程才能由计算机执行,程序独立于计算机。在众多的高级语言中,C 语言仍是目前学习程序设计的一种主流语言。

查询语言是第四代语言,它属于非程序语言,它只描述问题但不叙述解决问题的步骤。主要包括进行数据库查询的结构化查询语言(Structural Query Language,SQL),或进行工程绘图的 AutoCAD。这种语言必须事先通过预处理器转换成第三代程序设计语言才能编译成可执行码。

面向对象语言是第五代语言,是一种更高级的语言,这种语言的每个对象拥有自己的属性和方法,对象具有代码重用(Reused)、继承(Inheritance)、封装(Encapsulation)和多态(Polymorphism)等特性。

1.1.2 C++ 语言的产生

C++ 语言由 C 语言演变而来,其发展经历了从早期语言到结构化程序设计语言,从面向过程到非过程化程序设计语言的阶段。

(1) 1967 年,Martin Richards 为编写操作系统软件和编译程序开发了 BCPL 语言(Basic Combined Programming Language)。

(2) 1970 年,Ken Thompson 在继承 BCPL 语言许多优点的基础上开发了实用的 B 语言。

(3) 1972 年,贝尔实验室的 Dennis Ritchie 在 B 语言的基础上经过充实和完善,开发出了 C 语言,它是一种面向过程的语言。

(4) 1980 年,美国 AT&T 公司的 Bjarne Stroustrup 开始着手对 C 语言进行扩充和改造,开发了一种过程性与面向对象相结合的程序设计语言,最初他把这种新的语言叫作"带类的 C",经过一系列改进,1983 年正式命名为 C++ (C Plus Plus)语言,简称 C++ 。

1.1.3 C++ 的主要版本

1986 年,第一个商业化的 C++ 版本正式发布;C++ 2.0 版本是 1989 年出现的,它对第一个版本做了重大的改进,包括了类的多继承性;1991 年的 C++ 3.0 版本又增加了模板;C++ 4.0 版本则增加了异常处理、命名空间和运行时类型识别(RTTI)等功能。1994 年 ANSI 公布了标准 C++ 草案,ANSI C++ 标准草案是以 C++ 4.0 版本为基础制定的,并于 1997 年正式通过并发布。

值得一提的是,目前使用的 C++ 编译系统,有一些是早期推出的,并未全部实现

ANSI C++ 标准建议的所有功能。

当前应用较为广泛的 C++ 有 Microsoft 公司的 Visual C++（简称 VC++）和 Borland 公司的 Borland C++（简称 BC++）。本书以 Microsoft Visual C++ 6.0 集成环境为例，介绍 ANSI C++ 标准语言。

1.2　一种面向对象的程序设计语言——C++

C++ 语言从 C 语言进化而来，其主要特点表现在两个方面：一是全面兼容 C 语言，二是支持面向对象的程序设计方法。也就是说，C++ 既可以用于面向过程的结构化程序设计，也可以用于面向对象的程序设计，是一种功能强大的混合型程序设计语言。

1.2.1　面向过程

所谓面向过程的程序设计方法是把求解问题中的数据定义为不同的数据结构，以功能为中心进行设计，用一个函数实现一个功能。面向过程的程序设计方法中，所有的数据都是公用的，一个函数可以使用任何一组数据，而一组数据又能被多个函数所使用，函数与其操作的数据是分离的；其控制流程由程序中预定的顺序决定，通过分析得出解决问题所需要的步骤（功能），然后用函数把这些步骤一一实现，使用的时候再依次对函数进行调用。

面向过程的 C++ 主要体现在 C++ 对 C 语言的全面兼容，C++ 保持了 C 语言的全部优点，继承了 C 语言的语法规则，多数 C 语言的程序都可以不加修改地移植到 C++ 的环境中使用。

1.2.2　面向对象

面向对象的程序设计方法是把求解问题中所有的独立个体都看成是各自不同的对象，将与对象相关的数据和对数据的操作都封装在一起，数据和操作是一个不可分割的整体。面向对象的程序设计方法以数据为中心来描述系统，其控制流程由运行时各事件的实际发生触发，而不再由预定顺序决定，它建立对象的目的不是为了完成一个个步骤，而是为了描述某个对象在整个解决问题的步骤中的行为。

面向对象的 C++ 主要体现在：C++ 语言具有面向对象语言的基本要素，既包括对象和类的概念，又充分支持面向对象方法中的封装性、继承性和多态性。与面向过程的语言相比，类和对象的使用使 C++ 程序中各模块的独立性、程序的可读性和可移植性更强，程序代码的结构更加合理，更易于程序扩充。这些优点对于设计、编制及调试一些大型的程序和软件十分有用。

面向对象和面向过程的根本区别在于封装之后,面向对象提供了面向过程不具备的特性,最主要的就是继承和多态。

1.2.3　面向对象的相关概念

面向对象方法是分析问题和解决问题的新方法,其基本出发点就是尽可能按照人类认识世界的方法和思维方式分析和解决问题。面向对象以对象为最基本的元素,是一种由对象、类、封装、继承、消息和多态等概念构造系统的软件开发方法。

1. 对象

对象(Object)是现实世界中客观存在的某种事物,可以将人们感兴趣或要加以研究的事、物、概念等都称为对象。对象既能表示结构化的数据,也能表示抽象的事件、规则以及复杂的工程实体等。

在面向对象的系统中,对象是一个将数据属性和操作行为封装起来的实体。数据用来描述对象的状态,是对象的静态特性;操作用来描述对象的动态特性,可以操纵数据,改变对象的状态。

对象之间传递信息是通过消息实现的,当一个对象对另一个对象发出的消息进行响应时,其操作才得以实现。

2. 类

类(Class)是人们对客观事物的高度抽象。抽象是指抓住事物的本质特性,找出事物之间的共性,并将具有共同特性的事物划分为一类,得到一个抽象的概念。例如,人、汽车、房屋、水果等都是类的例子。

类是一种类型,是具有相同属性和操作的一组对象的集合。类的作用是定义对象,类给出了属于该类的全部对象的抽象定义,而对象则是类的具体化,是符合这种定义的类的一个实例。类还可以有子类和父类,子类通过对父类的继承,形成层次结构。

把一组对象的共同特性加以抽象并存储在一个类中,是面向对象技术中最重要的一点;是否建立了一个丰富的类库,则是衡量一个面向对象程序设计语言成熟与否的重要标志。

3. 封装

封装(Encapsulation)是面向对象方法的重要特征之一,是指将对象的属性和行为(数据和操作)包裹起来形成一个封装体。该封装体内包含对象的属性和行为,对象的属性由若干个数据组成,而对象的行为则由若干操作组成,这些操作通过函数实现,也称之为方法。

封装体具有独立性和隐藏性。独立性是指封装体内所包含的属性和行为构成了一个不可分割的独立单位。隐藏性是指封装体内的某些成员(数据或者方法)在封装体外是不可见的,既不能被访问,也不能被改变,这部分成员被隐藏了,具有安全性。一般地,封装体和外界的联系是通过接口进行的。

4. 继承

继承(Inheritance)是面向对象方法的另一重要特征,是提高重用性的重要措施。继承提供了创建新类的一种方法,表现了特殊类与一般类的关系。特殊类具有一般类的全部属性和行为,并且还具有自己特殊的属性和行为,这就是特殊类对一般类的继承。通常将一般类称为基类(父类),将特殊类称为派生类(子类)。

使用继承可以使人们对事物的描述变得简单。例如,已经描述了动物这个类的属性和行为,由于哺乳动物是动物的一种,它除了具有动物这个类的所有属性和行为外,还具有自己特殊的属性和行为,这样在描述哺乳动物时就只需要在继承动物类的基础上再加入哺乳动物所特有的属性和行为即可。因此哺乳动物是特殊类,是子类,而动物是一般类,是父类。

继承的本质特征就是行为共享,通过行为共享,可以减少冗余,很好地解决软件重用问题。

5. 消息

对象与对象之间是通过消息(Message)进行通信的,这种通信机制叫作消息传递。消息传递是通过函数调用来实现的。当一个消息发送给某个对象时,该消息中包含要求接收对象去执行某些活动的信息,接收到消息的对象经过解释予以响应。发送消息的对象不需要知道接收消息的对象是如何对请求予以响应的。

6. 多态

多态(Polymorphism)指的是一种行为对应着多种不同的实现。在同一个类中,同一种行为可以对应不同的实现,如函数重载和运算符重载。同一种行为在一般类和它的各个特殊类中可以具有不同的实现,即不同的对象在收到同一消息时可产生完全不同的结果。多态性的表现就是允许不同类的对象对同一消息做出响应,即同一消息可以调用不同的方法,而实现的细节则由接收对象自行决定。

多态的实现受到继承性的支持,利用类的继承的层次关系,把具有通用功能的消息存放在高层次,而这一功能行为的不同实现放在较低层次,在这些低层次上生成的对象能够给通用消息以不同的响应。多态是面向对象方法的又一特征,很好地解决了应用程序中函数同名问题。

1.3　C++程序的基本结构和开发环境

1.3.1　C++程序的组成

为了更好地了解什么是 C++ 程序以及 C++ 程序的组成,下面先看几个简单的例子。

【例 1.1】 输出一行字符:"Welcome to C++ program!"。

```cpp
// my first program in C++
#include <iostream>          //用 cout 函数输出时需要用此头文件
using namespace std;         //使用命名空间 std
int main()                   //定义主函数
{
    cout<<"Welcome to C++ program!\n";   //用 C++的方法输出一行
    return 0;
}
```

程序的运行结果:

```
Welcome to C++ program!
```

分析该程序:

(1) 第一行"// my first program in C++ "是注释(Comment)行。在 C++ 程序中,所有以"//"开始的程序行都被认为是注释行,这些注释行既可以单独放在一行,也可以出现在一行语句之后,写在程序源代码内用来对程序作简单的解释或描述,对程序本身的运行不会产生影响。

> **注意:**
>
> 它是单行注释,不能跨行。

如果要对多行进行注释,可采用"/ * …… * /"方式。" / * "符号和" * /"符号之间的所有内容均为注释内容,可以包含多行内容。通常,在编写程序过程中,对于暂时不用的程序段可以用多行注释方式将其屏蔽,需要时再去掉注释,这样可避免误操作删除有用的代码。

（2）第二行"♯include ＜iostream＞"是一个预处理命令。文件 iostream 的内容是提供输入或输出时所需要的信息。因为这类文件都放在程序开头，所以称为"头文件"。

> **注意：**
> 在 C 语言中所有头文件都带后缀.h(如 stdio.h)，而按 C++ 标准要求，由系统提供的头文件不带后缀.h(iostream)，用户自己编制的头文件可以有后缀.h。在 C++ 程序中也可以使用 C 语言编译系统提供的带后缀.h 的头文件，如"♯include ＜math.h＞"。

（3）第三行"using namespace std;"的意思是"使用命名空间 std"。C++ 标准库中类和函数是在命名空间中声明的，因此程序中如果需要使用 C++ 标准库中的有关内容，就需要用"using namespace std;"语句声明，表示要用到命名空间 std 中的内容。如果程序中有输入或输出，必须使用"♯include ＜iostream＞"命令提供信息，同时要用"using namespace std;"语句使程序能够使用这些信息，否则程序编译时将出错。本书中所有程序示例的开头都包含这两行语句。

（4）第四行是主函数 main()，它是一个程序执行的入口函数。不管它是在代码的开头、结尾还是中间，此函数中的代码总是在程序开始运行时第一个被执行。主函数的内容紧跟在它的声明之后，由花括号({})括起来的部分是函数体，它由若干条 C++ 语句构成，每一条 C++ 语句都必须以";"结尾，表示一条语句结束。

标准 C++ 要求，main() 函数必须声明为 int 型，表示 main() 函数带回一个整型类型的函数值，即 int main()。语句"return 0;"的作用是向操作系统返回 0。如果程序不能正常执行，则会自动向操作系统返回一个非零值，一般为 −1。

但在目前使用的一些 C++ 编译系统并未完全执行标准 C++ 的规定，如果主函数首行写成 void main() 也能通过。本书的所有例题都按 C++ 标准规定写成 int main()，在初学时要养成这个习惯，以免在严格遵循 C++ 标准的编译系统中通不过。只要记住：在 main() 前面加 int，同时在 main() 函数的最后加一条语句"return 0;"即可。

（5）在 C++ 程序中，一般用 cout 进行输出。cout 是 C++ 系统定义的对象名，称为输出流对象，通常和"＜＜"一起实现输出功能。和 cout 对应的还有 cin 对象名，称为输入流对象，通常和"＞＞"一起实现从键盘输入信息的功能。C++ 中也可以使用 C 语言中的 scanf() 和 printf() 函数进行输入和输出。

【例 1.2】　求 x 和 y 两个整数之和。

```
//求两个整数之和
#include <iostream >                       //预处理命令
using namespace std;                        //使用命名空间 std
```

```
int main()                                  //主函数首部
{                                           //函数体开始
    int x,y,sum;                            //定义变量 x,y,sum 为整型
    cout<<"Input the first integer:";       //显示提示信息
    cin>>x;                                 //从键盘上输入整型变量 x 的值
    cout<<"Input the second integer:";      //显示提示信息
    cin>>y;                                 //从键盘上输入整型变量 y 的值
    sum=x+y;                                //两数求和,并赋值给整型变量 sum
    cout<<"Sum is "<<sum<<endl;             //输出提示信息及变量 sum 的值
    return 0;                               //如程序正常结束,向操作系统返回一个 0
}
```

该程序的作用是求两个整数 x、y 之和 sum。程序中的语句"int x,y,sum;"用来声明变量 x、y 和 sum 为 int(整型)变量。语句"sum＝x＋y;"是一个赋值语句,表示将 x 与 y 的值相加,其结果赋给整型变量 sum。在"//"后的部分表示注释。endl 是 C++ 输出时的控制符,表示本行结束需要换行,其作用相当于回车换行符"\n"。

该程序经编译、连接和运行后,在屏幕上显示:

```
Input the first integer:7
Input the second integer:8
Sum is 15
```

【例 1.3】 输入两个整数 a 和 b,输出其中较大的数。

```
#include <iostream>
using namespace std;
int main()
{
    int Max(int x,int y);           //对 Max()函数进行声明
    int a,b,m;
    cout<<"Input a,b:";
    cin>>a>>b;                      //从键盘上输入变量 a,b 的值
    m=Max(a,b);                     //调用 Max()函数,并把函数执行的结果赋给变量 m
    cout<<"max="<<m<<endl;
    return 0;
}
```

```
int Max(int x,int y)              //定义 Max()函数
{
    int z;
    if(x>y) z=x;
    else z=y;
    return(z);
}
```

程序的运行结果：

```
Input a,b:4  5
max=5
```

该程序由两个函数组成：主函数 main()和被调用函数 Max()。主函数用来输入两个变量 a 和 b 的值,调用 Max()函数时,将两个实际参数 a 和 b 的值分别传给 Max()函数的形式参数 x 和 y,执行 Max()函数,将得到的最大值输出。函数 Max()的作用是找出 x 和 y 中的较大值赋给变量 z,通过 return 语句将 z 值返回给主函数的调用处,并赋给变量 m。

通过以上例子,可以看出 C++ 程序由以下几个部分组成。

1) 预处理命令

C++ 程序开始经常出现的含有以"♯"开头的命令,它们是预处理命令。C++ 提供了三类预处理命令：文件包含命令、宏定义命令和条件编译命令。本书中没有涉及条件编译命令,对文件包含命令和宏定义命令也只做简单说明,需要时请参考相关书籍。

示例中出现的"♯include ＜iostream＞"是文件包含命令,是一种常用的预处理命令,其中 include 是关键字,"＜＞"中是被包含的文件名。由于 iostream 头文件中包含有预定义的提取符"＞＞"和插入符"＜＜"等内容,在程序编写时,若要使用这些运算符就必须包含 iostream 头文件。如果在源程序中使用了系统提供的一些函数,例如：数学函数（正弦函数 sin()、求平方根函数 sqrt()和求整数绝对值函数 abs()等）,则应该在预处理命令中包含 math 头文件,即源程序开始部分加上"♯include ＜math＞"。具体头文件名请参考 C++ 常用库函数。

2) 输入/输出

C++ 程序中的输入/输出操作是通过输入/输出流对象 cin 和 cout 实现的,在实现的过程中经常会用到运算符和表达式等。

3) 函数

一个 C++ 程序可以由若干个文件组成,每个文件又可以包含多个函数,函数是构成

C++ 程序的基本单位。C++ 程序中至少要包含一个主函数 main()，并且只能有一个 main()函数。C++ 程序的执行总是从 main()函数开始，而其余函数的执行则只能通过主函数调用或被主函数调用的其他函数来调用执行。函数的调用既可以嵌套，又可以递归。被调用的其他函数可以是系统提供的库函数，也可以是用户自定义的函数。如例 1.3 的 C++ 程序就是由主函数 main()和用户自定义函数 Max()组成的。

4）语句

按照结构化程序设计的观点，程序是由函数组成的，而函数又是一组语句序列，所以语句是构成 C++ 程序的基本单元。空函数没有语句。C++ 中的每条语句必须以分号结束。

5）变量

多数程序都需要使用变量，变量的类型有很多种，如 int 型、float 型、double 型和 char 型等。

对象 cout 和 cin，属于"类"类型。广义地讲，对象包含了变量，即将变量也称为一种对象，狭义地讲，将对象看作是类的实例，对象是指某个类的对象。

6）其他

一个 C++ 程序中，除了上述 5 个部分以外，还有其他组成部分。如符号常量和注释信息也是程序的一部分。

C++ 中尽量把常量定义为符号常量，如用预处理命令中的宏定义命令：

```
#define PI 3.14159
```

其中 define 是关键字，表示定义一个符号常量 PI，它所代表的常量值是 3.14159。

另一种方法是使用常量关键字 const，例如：

```
const double PI=3.14159;
```

这也是将一个符号常量 PI 定义为 3.14159。

使用符号常量会带来很多好处：方便修改、便于移植、增加可读性等。

对较复杂的或大型的软件少不了注释信息，在 C++ 程序的任何位置都可以插入注释信息，这些注释信息增加了程序的可读性。

另外，在编写程序时还需要注意以下两个问题。

（1）程序的书写必须规范，同一层语句同列书写。同一层次的开花括号必须在同一列上对应闭花括号。内层语句向里缩进，以便于程序的阅读和修改。

（2）在 C++ 程序中，严格区分字母的大小写。

例如：

```
int a,A;
```

表示定义两个不同的变量 a、A。

1.3.2　C++ 程序的实现步骤

C++ 源程序的实现与其他高级语言源程序的实现原理是一样的，一般都要经过编辑、编译、链接和运行四个步骤。C++ 语言可以在不同的操作系统下进行编辑、编译、链接和运行，说明 C++ 语言具有良好的可移植性。

1. 编辑

编辑就是将编写好的 C++ 源程序输入到计算机中或者对已经编写好的 C++ 源程序进行修改，以符合 C++ 语言所规定的语法规范，并生成磁盘文件的过程。C++ 的源程序与其他语言的源程序一样，可以用计算机中任何相应的文本编辑软件进行编写，形成一个程序源文件。在实际应用中，所选用的 C++ 编译器本身都提供编辑器，C++ 源程序文件可以在 C++ 编译器提供的编辑器中编写，十分方便。C++ 的源程序文件名通常以 .cpp 为扩展名。

2. 编译

用户编写好的源程序是不能被计算机所识别和运行的，必须将源程序文件按该语言的语法规则翻译成二进制表示的程序文件，即目标代码文件，这一过程被称为编译。

C++ 的源程序在使用某种 C++ 语言的编译器进行编译时，要对源程序的语法和逻辑结构进行分析和检查，最终生成扩展名为 .obj 的目标代码文件。

3. 链接

用户编写的程序可能被存放在多个源文件中，编译生成的目标代码文件也可能分布在不同的地方，因此需要把它们链接到一起。即使该程序只有一个源文件，生成的目标代码文件也需要系统提供的库文件中的一些代码，因此需要把它们链接起来。这种链接工作由编译系统中的链接器来完成，链接器把目标代码文件和库中的某些文件进行链接，生成一个可执行文件。可执行文件的扩展名为 .exe，库文件的扩展名为 .lib。

4. 运行

最后生成的可执行程序文件，可在计算机系统中执行。用户根据运行结果来判断和检查程序是否正确或进行其他实际的应用。

一个程序编写好后,在生成可执行文件之前需要改正编译和链接时出现的一切错误和警告,这样才能生成无错的可执行文件。当程序中存在警告时,也可生成可执行文件,但一般要求改正这些错误并重新进行编译、链接和运行,防止造成结果的错误。

C++ 程序的编辑、编译、链接和运行的实现过程如图 1-1 所示。

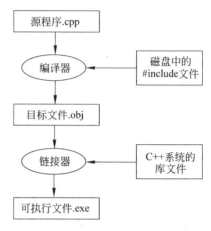

图 1-1　C++ 程序的实现过程

1.3.3　C++ 程序的开发环境

C++ 程序的编写需要一个编辑环境,就像进行文字处理必须要使用 Microsoft Word 之类的软件一样。在众多的 C++ 开发环境中,Microsoft 公司的 Visual C++ 6.0 是较为流行的可视化编程工具,它将窗口、对话框、菜单、工具栏和快捷键等集成为一个整体,用于观察和控制整个开发过程。本书以 Microsoft 公司的 Visual C++ 6.0 为运行环境,介绍 Visual C++ 的上机操作过程。

1. Visual C++ 6.0 的安装与启动

如果计算机里未安装 Microsoft Visual C++ 6.0,需找到 Microsoft Visual Studio 光盘,并执行其中的 setup. exe,按屏幕上的提示进行安装即可。

安装结束,在 Windows 的“开始”菜单的“程序”子菜单中会出现 Microsoft Visual Studio 子菜单。使用 Visual C++ 6.0 时,需从桌面上顺序选择开始 →程序 → Microsoft Visual Studio 6.0 →Microsoft Visual C++ 6.0 命令,此时屏幕上显示 Visual C++ 6.0 的版权页,单击 Close 按钮,弹出 Microsoft Visual C++ 6.0 的主窗口,如图 1-2 所示。

Visual C++ 主窗口顶部的是菜单栏,左侧为项目工作区窗口,右侧是程序编辑窗口。工作区窗口用来显示所设定的工作区的信息,程序编辑窗口用来输入和编辑源程序。

2. 建立和运行只包含一个 C++ 源程序的方法

1) 建立只包含一个 C++ 源程序的方法

最简单的 C++ 程序只包含一个源程序的文件,建立这样的一个 C++ 源程序的方法是在 Microsoft Visual C++ 主窗口的菜单栏中选择 File →New 命令,弹出 New 对话框,单击 Files 选项卡,在其列表框中选择 C++ Source File 选项,表示要建立一个新的 C++ 源程序文件,然后在对话框右半部分的 Location 文本框中输入准备编辑的源程序文件的

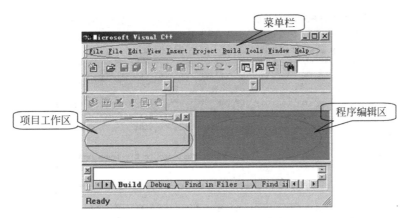

图 1-2　Visual C++ 6.0 的主窗口

存储路径(假设为 F:\C++),表示准备编辑的源程序文件将存放在 F 盘 C++ 子目录下,在其上方的 File 文本框中输入准备编辑的源程序文件的名字(假设为 example1.cpp),如图 1-3 所示。

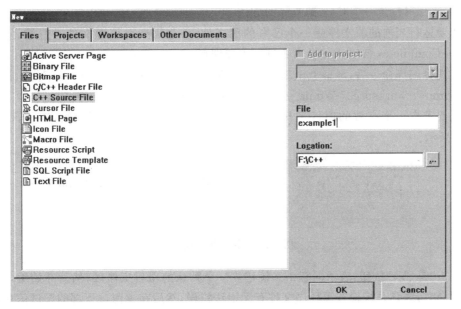

图 1-3　New 中的 Files 选项卡

单击 OK 按钮回到主窗口,在程序编辑窗口编辑源程序文件,如图 1-4 所示。

选择 File →Save 命令或快捷键 Ctrl＋S 保存源程序文件。也可以选择 File →Save

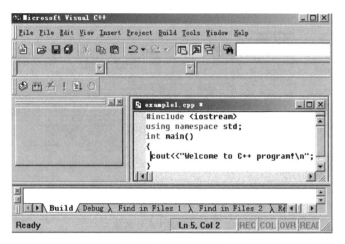

图 1-4　编辑源文件

As 命令指定新的文件名和路径,这时输入和编辑的源程序就以 example1. cpp 为文件名存放在 F:\C++ 子目录下。

2) 运行只包含一个 C++ 源程序的方法

若要运行当前的源文件或一个已有的源文件,首先需要对该源文件进行编译,选择 Build →Compile example1. cpp 命令进行编译即可。

在选择编译命令后,屏幕上出现一个对话框,内容是 This build command requires an active project workspace. Would you like to create a default project workspace? (此编译命令要求有一个有效的项目工作区。你是否同意建立一个默认的项目工作区?),如图 1-5 所示。

图 1-5　对话框提示信息

单击"是(Y)"按钮,表示同意由系统建立一个默认的项目工作区,然后开始编译。在进行编译时,编译系统检查源程序文件有无语法错误,然后在主窗口下部的调试信息窗口输出编译的信息。如果有错误,就会指出错误的位置和性质,如图 1-6 所示。

如果存在错误(Error)和警告(Warning),则需要修改并重新编译;没有错误,则编译成功,生成一个 example1. obj 文件,如图 1-7 所示。

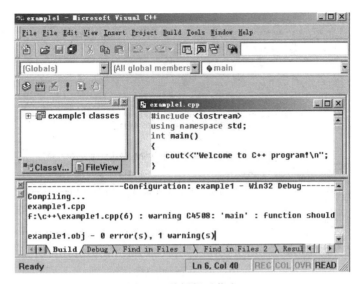

图 1-6　编译提示信息

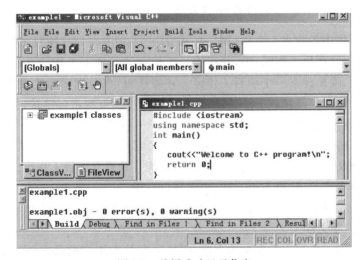

图 1-7　编译成功显示信息

编译成功后,就可以对程序文件进行链接了。选择主菜单中的 Build → Build example1.exe 命令,表示要求链接并建立一个可执行文件 example1.exe,如图 1-8 所示。

运行该文件,在屏幕就可以看到输出结果。

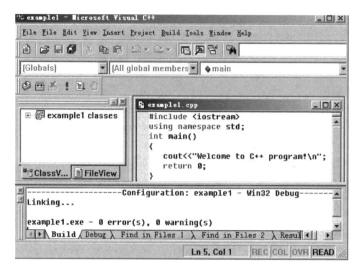

图 1-8 链接成功显示

3. 建立和运行包含多个文件程序的方法

如果一个程序中包含多个文件,则需要建立一个 project file(项目文件),project file 是放在 Workspace(项目工作区)中,并在项目工作区的管理下工作的,因此,如果有多个项目文件存在时,需要建立一个项目工作区。在编译时,先分别对每个文件进行编译,然后将项目文件中的文件链接成一个整体,再与系统的有关资源进行链接,生成一个可执行文件,最后执行这个文件。

在实际操作时有两种方法:一种是由用户建立项目工作区和项目文件;另一种是用户只建立项目和文件,而不建立项目工作区,由系统自动建立项目工作区。后一种方法比前一种方法操作更简单,这里不再详述,读者可以自学。

由用户建立项目工作区和项目文件的具体操作如下。

1)编辑源程序文件

分别编辑好同一个程序的多个源程序文件,并存放在指定的目录下。如一个程序包含两个源程序文件 file1.cpp 和 file2.cpp,如图 1-9、图 1-10 所示,并已经把它们保存在 F:\C++ 子目录下。

2)建立一个项目工作区

建立一个项目工作区需要在 Microsoft Visual C++ 6.0 的主窗口中选择 File →New 命令,然后单击此对话框上方的 Workspaces 选项卡,在对话框右部 Workspace name 和 Location 中分别输入工作区名 ws1 和路径名 F:\C++ \ws1,如图 1-11 所示。

图 1-9　file1.cpp 源文件

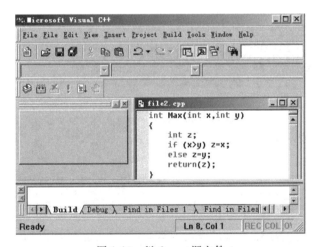

图 1-10　file2.cpp 源文件

　　单击 OK 按钮,返回主窗口。此时在屏幕左部的工作区窗口中显示了"Workspace 'ws1':0 project(s)",说明当前的工作区名是 ws1,其中没有放入项目文件,如图 1-12 所示。

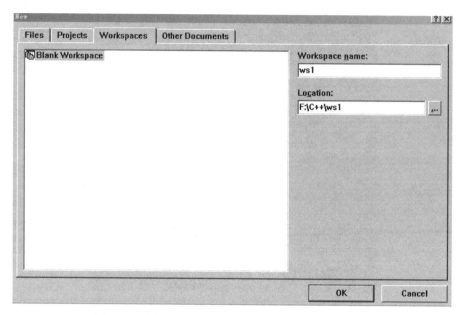

图 1-11　选择 File→New 命令中的 Workspaces 选项卡

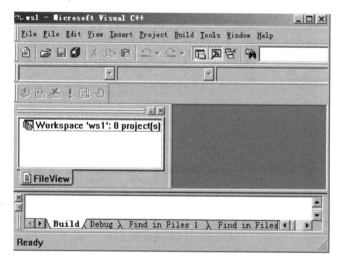

图 1-12　新建工作区 ws1

3）建立项目文件

选择 File →New 命令,然后单击此对话框上方的 Projects 选项卡,在对话框左部的
列表中选择 Win32 Console Application 选项,在右部 Project name 和 Location 中分别输

入项目文件名 project1 和路径名 F:\C++\ws1\project1,并按需要选中是否加入当前工作区,还是创建一个新的工作区单选按钮(假设选择加入当前已有工作区),如图 1-13 所示。

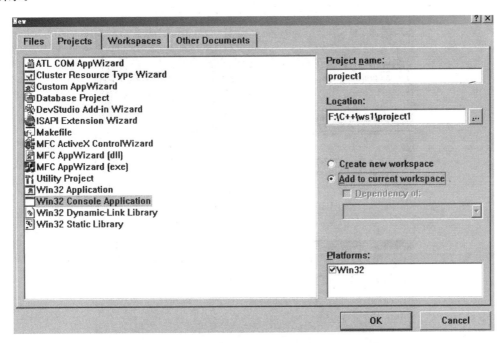

图 1-13　选择 File→New 命令中的 Projects 选项卡

单击 OK 按钮后,在弹出的对话框上选中 An empty project 单选按钮,单击 Finish 按钮,则系统弹出一个工程信息对话框,单击 OK 按钮,出现图 1-14 所示对话框。

可以看到在屏幕左部的工作区窗口中显示了"Workspace 'ws1':1 project(s)",说明当前的工作区名是 ws1,其中已经放入了项目文件 project1。

项目文件建好后,选择将源程序文件加入到该项目文件中。选择 Project →Add To Project →Files 命令,找到要加入的源程序文件 file1.cpp 和 file2.cpp,把它们加入到项目文件 project1 中,其显示结果如图 1-15 所示。

此时可以对加入多个源程序文件的项目文件进行编译和链接了。方法是:单击主菜单中的 Build →Build Project1.exe 命令,系统将对整个项目文件进行编译和链接,在窗口下部会显示编译和链接的信息。如果程序有错,会显示出错信息,这时需要进行修改;如果没错,则生成可执行文件 project1.exe,如图 1-16 所示。

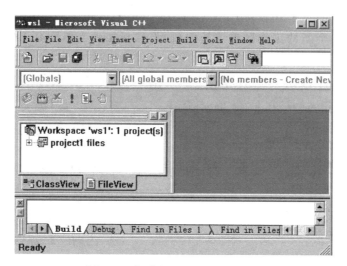

图 1-14　新建的项目文件 project1

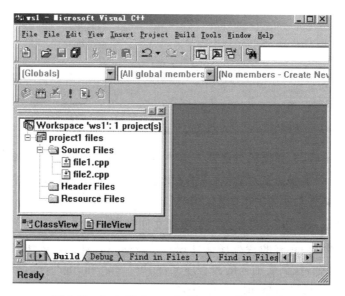

图 1-15　加入 file1.cpp 和 file2.cpp 的 project1

　　选择主菜单中的 Build →Execute Project1.exe 命令就可以执行 project1.exe。在程序运行时,根据要求输入所需的数据,如给 a,b 分别输入 3 和 4,按 Enter 键后即得到程序的输出结果,如图 1-17 所示。

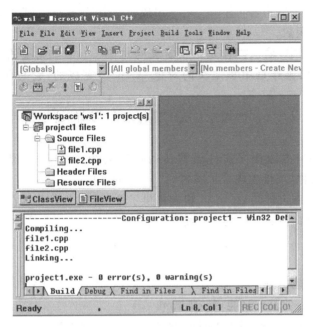

图 1-16　项目文件的编译和链接

图 1-17　项目文件的执行

 习题

一、填空题

1. 面向对象方法具有的三大特征分别是_____、_____和_____。

2. C++程序是可以由若干个_____组成。一个 C++ 应用程序的源程序必须含一个叫做_____的函数。

3. 在 C++ 语言中,输入操作是由预定义的对象_____完成的,它与提取运算符_____连用;输出操作是由预定义的对象_____完成的,它与代表设备的运算符_____连用。

4. C++ 语言可以在不同的操作系统下进行编辑、编译、链接和运行,说明 C++ 具有良好的_____。

5. 系统约定 C++ 源程序文件名默认的扩展名为_____。编译生成带扩展名_____的目标文件,链接生成带扩展名_____的可执行文件。

6. 面向对象程序设计的_____机制提供了重复利用程序资源的一种措施。

7. 多态性是面向对象方法的又一特征,很好地解决了应用程序中_____问题。

二、选择题

1. 下列叙述正确的是_____。
    A. C++ 程序的每行只能写一条语句
    B. C++ 语言的输入/输出功能通常是通过输入/输出流对象 cin 和 cout 实现的
    C. 在 C++ 程序中,main()函数必须位于程序的最前面
    D. 在对一个 C++ 程序进行编译的过程中,可以发现注释中的拼写错误

2. 目标文件的扩展名是_____。
    A. .h   B. .cpp   C. .exe   D. .obj

3. 一个 C++ 程序的执行是从_____。
    A. 本程序文件的第一个函数开始,到本程序文件的最后一个函数结束
    B. 本程序文件的 main()函数开始,到 main()函数结束
    C. 本程序文件的 main()函数开始,到本程序文件的最后一个函数结束
    D. 本程序文件的一个函数开始,到本程序文件的 main()函数结束

4. 将目标文件进行_____可得到可执行文件。
    A. 编辑   B. 编译   C. 链接   D. 运行

5. 在 C++ 中,cin 是_____。
    A. 预定义的类   B. 预定义的函数   C. 一个标准的语句   D. 预定义的对象

6. #include 语句_____。
    A. 总是在程序运行时最先执行   B. 按照在程序中的位置顺序执行
    C. 在最后执行   D. 在程序运行前就执行了

7. 下列说法正确的是_____。

    A. 用 C++ 语言书写程序时,不区分大小写字母

    B. 用 C++ 语言书写程序时,每行必须有行号

    C. 用 C++ 语言书写程序时,一行只能写一个语句

    D. 用 C++ 语言书写程序时,一个语句可以分几行写

三、程序阅读题

1. 上机调试程序,并分析输出结果。

```cpp
#include <iostream>
using namespace std;
int main()
{
    int i,j;
    cout<<"Enter i j: ";
    cin>>i>>j;
    cout<<"i="<<i<<','<<"j="<<j<<endl;
    cout<<"i+j="<<i+j<<endl ;
    cout<<"i-j="<<i-j<<endl;
    cout<<"i*j="<<i*j<<endl;
    return 0;
}
```

2. 上机调试程序,并分析输出结果。

```cpp
#include <iostream>
using namespace std;
int Max(int x,int y);
int main()
{
    int a,b,c;
    cin>>a;
    cin>>b;
    c=Max(a,b);
    cout<<"max("<<a<<','<<b<<")="<<c<<endl;
    return 0;
}
```

```
int Max(int x,int y)
{
    return x>y?x:y;
}
```

3. 上机编译下列程序,修改所出现的错误,并获得正确结果。

```
main()
{
    cout<<"Not head.\n";
    cout<<"main() type.\n";
}
```

4. 上机编译下列程序,修改所出现的错误,并获得正确结果。

```
#include <iostream >
void MAIN()
{
    cin>>a;
    int b=a+a;
    cout<<"b=<<b<<endl";
}
```

5. 上机编译下列程序,修改所出现的错误,并获得正确结果。

```
#include <iostream>
int main()
{
    int i,j;
    i=5;
    int k=i+j;
    COUT<<"i+j="<<k<<endl;
}
```

6. 有如下三个文件,请上机实现建立一个项目文件,并将这些源文件加入到该项目文件中进行编译、链接,并对输出结果进行分析。

文件 a1.cpp 内容如下:

```
#include <iostream>
using namespace std;
void f1(),f2();
int main()
{
    cout<<"您好!\n";
    f1();
    f2();
    cout<<"一会儿见!\n";
    return 0;
}
```

文件 a11.cpp 内容如下：

```
#include <iostream>
using namespace std;
void f1()
{
    cout<<"在哪儿呢?\n";
}
```

文件 a12.cpp 内容如下：

```
#include <iostream>
using namespace std;
void f2()
{
    cout<<"在沈阳.\n";
}
```

四、问答题

1. 面向对象的程序设计方法与面向过程的程序设计方法有何不同？
2. 什么是类？什么是对象？类的作用是什么？
3. 什么是封装？
4. 继承的作用是什么？什么是基类？什么是派生类？

5. 什么是多态性？

五、编程题

由键盘输入 3 个整数，求出最大的数并显示输出。要求设计实现求最大值的函数，并在主函数中调用该函数。

第 2 章

C++程序设计基础

根据数据性质的不同,可以将数据分为不同的类型,每种数据类型是对一组变量或对象以及操作的描述。C++语言的数据类型非常丰富,包含基本数据类型和构造数据类型两类,构造数据类型也称为复合数据类型。

C++语言还提供了非常丰富的运算符,以保证各种操作的方便实现。类型多样的表达式也显示出 C++语言数值运算和非数值运算的强大功能。

学习目标:

(1) 理解并熟练掌握 C++的数据类型、标识符与关键字和常量与变量;

(2) 熟练掌握 C++的基本输入输出格式;

(3) 掌握 C++的运算符与表达式的输出;

(4) 掌握常用构造类型数据的定义、输入和输出;

(5) 掌握 C++控制语句的使用方法。

 ## 2.1 C++数据类型

C++数据类型主要有基本数据类型、构造数据类型、指针类型和空类型 4 大类。如图 2-1 所示。

基本数据类型包括:字符型(char)、整型(int)、浮点型(float 和 double)和布尔型(bool)。

字符型只占用一个字节,用来存放一个 ASCII 码字符或一个 8 位的二进制数,其说明符为 char;整型用来存放一个整数,其说明符为 int,其所占的字节数随不同型号的计算机而异,可以占用 2 或 4 字节,例如在 32 位的计算机上就是占 4 字节;浮点型,又称实型,用来存放实数;布尔型是 C++新增的一个数据类型,它占一个字节,只能取两个值:false和 true。C 语言不支持布尔类型,而是把整型值 0 作为逻辑值 false,任何非零值作为逻辑

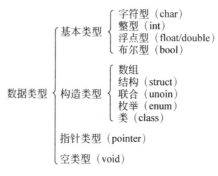

图 2-1　C++ 的数据类型

true。

通过在这些基本数据类型前面加上以下几个修饰词可组合成多种类型。这几个修饰词的含义如下：

signed	有符号型
unsigned	无符号型
long	长型
short	短型

这 4 种修饰词都适用于整型和字符型，而 long 同时还适用于双精度浮点型。

例如，unsigned char 为无符号字符型；long int 为长整型；unsigned short int 为无符号短整型；long double 为长双精度型。

这些修饰词与基本数据类型组合后的数据类型如表 2-1 所示。

表 2-1　基本数据类型（以 32 位编译系统为例）

类　型　名	字宽/B	取　值　范　围
char	1	−128～127
signed char	1	−128～127
unsigned char	1	0～255
short [int]	2	−32 768～32 767
signed short [int]	2	−32 768～32 767
unsigned short [int]	2	0～65 535
int	4	−2 147 483 648～2 147 483 647

续表

类　型　名	字宽/B	取　值　范　围
signed [int]	4	−2 147 483 648～2 147 483 647
unsigned [int]	4	0～4 294 967 295
long [int]	4	−2 147 483 648～2 147 483 647
signed long [int]	4	−2 147 483 648～2 147 483 647
unsigned long [int]	4	0～4 294 967 295
float	4	约 6 位有效数字
double	8	约 12 位有效数字
long double	16	约 15 位有效数字

说明：

(1) 用这 4 个修饰词来修饰 int 时，关键字 int 可以省略，例如 long 等同于 long int，unsigned short 等同于 unsigned short int。

(2) 在 C++ 中，无修饰词的 int 和 char，编译程序认为是有符号的。

(3) 单精度类型 float，双精度类型 double 和长双精度类型 long double 统称为浮点类型。

(4) 表 2-1 中的各种数据类型的字宽是以字节为单位的。一个字节等于 8 个二进制位。

C++ 语言不仅有丰富的内置的基本数据类型，同时还提供了指针类型和空类型。而且 C++ 还允许用户自定义数据类型。自定义数据类型主要有数组类型、枚举类型、结构体类型、共用体类型和类类型等。类的类型将在第 5 章中进行详细介绍。

除了可以使用内置的基本数据类型和自定义的数据类型外，还可以为一个已有的数据类型另外命名。类型声明的语法格式为

```
typedef 已有类型名　新类型名表；
```

其中，新类型名表可以有多个标识符，它们之间用逗号分隔。即一个 typedef 语句可以为一个已有数据类型声明多个别名。

例如：

```
typedef int Na;
typedef double A,V;
Na x;
A y;
V z;
```

因此，typedef 可用于将一个类型声明成某个数据类型的别名，然后将这个新命名的标识符当作数据类型使用。

 ## 2.2　标识符与关键字

一个 C++ 程序由变量、函数和类等组成，它们都有名称，这就是标识符。在编写程序过程中，离不开标识符。有些标识符是 C++ 库保留使用的，而有些是用户自己定义的。定义 C++ 语言的标识符应该遵循如下规则：

（1）标识符只能由字母、数字和下画线三类字符组成。

（2）第一个字符必须为字母（第一个字符也可以是下画线，但通常被视为系统自定义的标识符）。

（3）大写字母和小写字母被认为是两个不同的字符。

（4）标识符长度不限，其有效长度通常依赖于机器类型，为便于阅读，一般用有意义的单词序列进行命名。

（5）标识符不能是 C++ 的关键字。

C++ 系统关键字是系统已经预定义的一些标识符，它们的意义和作用由系统规定。表 2-2 给出了一些系统常用关键字及其含义说明，具体应用会在相关章节中详细讲解。

表 2-2　C++ 系统关键字及其含义描述

关键字	含义描述	关键字	含义描述
break	跳出循环体，结束循环	class	定义类的关键字
case	分支语句中的分支	const	常量符号
char	字符型数据	continue	跳出本次循环，进行下一次

续表

关键字	含 义 描 述	关键字	含 义 描 述
default	分支语句中的默认分支	private	私有成员;私有继承
delete	释放指针指向的内存块	protected	保护成员;保护继承
do	do 型循环	public	公有成员;公有继承
double	双精度浮点型数据	return	从函数中返回
else	判断语句中的否定分支	short	短整型数据
enum	定义枚举型数据	signed	有符号型数据
extern	声明外部变量	sizeof	取数据类型长度运算符
float	单精度浮点型数据	static	静态数据
for	for 型循环	struct	定义结构体类型数据
friend	友元类	switch	分支语句
goto	跳转语句	template	声明模板
if	条件判断语句	this	本类指针
inline	声明为内联函数	typedef	重定义数据类型
int	整型数据	union	定义联合体型数据
long	长整型数据	virtual	虚继承;虚函数
new	申请内存块	void	定义函数不返回数值
operator	定义运算符重载	while	while 型循环

2.3　常量与变量

在程序执行的过程中,根据数据值的变化情况可将数据分为常量与变量。无论是常量还是变量,都有确定的数据类型与它们相关联。

2.3.1　常量

常量是在程序运行过程中其值不发生变化的量。常量有各种不同的数据类型,不同数据类型的常量由它的表示方法决定。

1. 整型常量

整型常数即整型常量。C++ 中整型常数可以用十进制整数、八进制整数和十六进制整数三种形式表示。

(1) 十进制整数,由 0 至 9 这些数字组成的整数,不能以 0 开头,没有小数部分。单个数字也是整数,例如 0,48,126 等。

(2) 八进制整数,以 0 开头,由 0 至 7 这些数字组成的整数,如 0123 表示八进制数 $(123)_8$,等于十进制数的 83。

> **注意:**
> 018 是不合法的八进制表示。

(3) 十六进制数,以 0X 或 0x 开头,其后由 0 至 9、a 至 f 或 A 至 F 这些数构成,没有小数部分,如 0X123 或 0x123 表示十六进制数 $(123)_{16}$,等于十进制数的 291。$(0X3F)_{16}$ 就等于十进制的 63。

C++ 中十进制数有正负之分,但八进制数和十六进制数只能表示无符号整数,所以若写成 -012 或 X12,C++ 并不能将其理解为负数。如果在整型常数后加一个字母 L 或 l,则认为是 long int 型常数,如 145L 是 long int 型整数;以 U 或 u 结尾的整数为 unsigned 型整数,如 15U,055u;以 LU、lu 或 Lu 结尾的整数为 unsigned long 型整数,如 115LU,055Lu。

2. 浮点型常量

浮点型常量有小数形式和指数形式两种表示方式,它由整数部分和小数部分组成,这两个部分可以省去一个,不可全省。

(1) 小数表示形式,又称一般表示形式,如 -1.23,.25,6.,0.0 等。

(2) 指数表示形式,又称科学表示法,它常用来表示很大或很小的浮点数,由数字、小数点和符号 E 或 e 组成。表示方法是在小数表示法后面加上 E 或 e 表示指数,指数部分可正可负,但都是整数,如 3.2E-4,3e8,1.2E10 等。

浮点型常量默认为双精度(double)类型,后缀若用 F 或 f 表示单精度(float)类型,若用 L 或 l 表示长精度(long double)类型,如 0.24E5f 表示单精度浮点类型,3.7e5L 表示长精度浮点类型。

3. 字符型常量

用单引号括起来的单个字符称为字符型常量。

　　字符型常量在计算机内是采用该字符的 ASCII 码值表示的,其数据类型为 char 型。字符常量有两种表示形式,即普通字符和转义字符。

　　(1)普通字符,即可显示的字符,如'A','4','>','!'。

　　(2)转义字符,即以反斜杠(\)开头,后跟一个字符或一个字符的 ASCII 码值的方法表示一个字符。

　　在"\"后跟一个字符常用来表示一些控制字符,如'\n'可以用来表示换行符。

　　在"\"后跟一个字符的 ASCII 码值,则必须是一个字符的 ASCII 码值的八进制或十六进制形式,其取值范围在 0~255,表示形式为'\ddd','\xhh'。其中 ddd 表示三位八进制数,hh 表示两位十六进制数,如'\101','\x41'都用来表示 ASCII 码值为 65 的字符'A'。

　　对于控制字符不可以从键盘上输入,只能用转义字符表示。在 C++ 中已经预定义了具有特殊含义的转义字符,如表 2-3 所示。

表 2-3　C++ 中常用转义字符及其功能描述

转义字符	名　　称	功　　能
'\a'	响铃符	用于输出
'\b'	退格符	用于回退一个字符
'\f'	换页符	用于输出
'\r'	回车符	用于输出
'\t'	水平制表符	用于制表
'\\'	反斜杠符	用于输出或文件的路径名中
'\''	单引号	用于输出单引号
'\"'	双引号	用于输出双引号
'\0'	空字符	用于结束标志

4. 字符串常量

　　字符串常量又称为串常量或字符串,字符串是以双引号括起来的字符序列。例如:

```
"This is a string."
"abcdefg\n"
"c:\\c++\\"
```

等等,都是字符串。在字符串中出现反斜杠时,要用转义字符"\\"表示。字符串中可以包

含空格符、转义字符或其他字符。另外,因为双引号是字符串的定界符,所以在字符串中出现双引号时必须以"\""表示。例如:

```
"Please enter \"Y\" or \"N\": "
```

这个字符串被解释为

```
Please enter "Y" or "N":
```

字符常量和字符串常量是有区别的,主要表现在:

(1) 字符常量以单引号作定界符,而字符串常量以双引号作定界符。

(2) 字符常量只能为单个字符,字符串常量可以是多个字符。

(3) 字符常量只占 1 字节存储空间,而含有一个字符的字符串常量却占 2 字节,除字符本身占用 1 字节,其结尾还有一个字符结束标志'\0',也占用 1 字节存储空间。在 C++ 中,凡是字符串都有一个结束标志,该结束标志用'\0'表示。应特别注意字符常量'0'和字符串常量"0"的不同。前者只占用 1 字节,而后者占用 2 字节('0'和'\0')。

(4) 字符常量与字符串常量所具有的操作功能也不相同。字符常量可以进行加减法运算,而字符串常量不具有这种运算。例如:

```
'b'-'a'+1
```

是合法的;而

```
"b"-"a"+1
```

却是非法的。

5. 符号常量

在 C++ 中也经常用符号常量表示常量,即用一个与常量相关的标识符来替代在程序中出现的常量,这种相关的标识符称为符号常量。例如用 PI 代表圆周率,即可定义为符号常量。使用符号常量有很多好处,如增加了程序可读性,程序方便修改维护等。如果程序中要直接使用某个常量,而该常量又在程序中多次出现,修改常量时就需要对每个出现的位置都加以修改,如果使用符号常量,则只需要修改一次即可。另外,符号常量也简化了程序的书写。

C++ 中定义符号常量的常用方法是使用类型说明符 const,它可以将一个变量定义为一个符号常量。例如:

```
const int size=40;
```

该语句是将 size 定义为一个符号常量,并初始化为 40。size 一旦定义,将不能改变。因此,如果在程序中要改变该值,将出现编译错误。

由于用 const 定义的变量的值不可以再改变,因此,在定义符号常量时,必须要进行初始化,否则将导致编译出现错误。

6. 布尔常量

布尔常量其数据类型为 bool,其取值只有两个:false(假)和 true(真)。

2.3.2　变量

在程序执行过程中,其值可以改变的量称为变量。变量具有三个基本要素:类型、名字和值。变量必须用标识符来命名,根据其取值的不同,变量又可以分为不同类型:整型变量、实型变量、字符型变量和指针变量等。不论什么类型的变量,通常都是先定义,后使用。

1. 变量的类型

每种变量都必须具有一种类型,在定义和声明变量时都要指出其类型。变量类型有基本数据类型和构造数据类型。构造数据类型将在本章和后续章节进行讲解。

一个变量的类型,决定了该变量在内存中存储所占的空间,同时变量的类型也决定了该变量所允许的合法操作。对于任一变量,编译程序都要根据其类型为其分配存储单元,以便存储变量的值。当要用到变量的值时,从变量存储单元中取出数据;当要改变变量的值时,将新值存放到变量的存储单元中。因此,类型对于变量是非常重要的。

2. 变量的定义

在 C 语言中,任何一个变量在被引用前必须先定义,且定义变量的语句都要放在函数的开始部分。而 C++ 对变量的定义和引用则更灵活,它可以在变量使用的过程中随时定义,变量的定义不必集中放在程序首部,但变量定义的位置决定了变量的作用域,一般提倡放在执行语句之前。

变量定义也称为变量声明。在定义变量时,要指出变量的类型和名字,定义后系统将给变量分配内存空间。

每一个被定义的变量都具有一个内存地址值。变量的定义是用一个声明语句进行的,其一般格式为

```
<类型><变量名表>;
```

当有多个变量名时,其间用逗号分隔,例如:

```
int x,y,z;
double a,b,c;
```

其中,x、y、z 被定义为整型变量;a、b、c 被定义为双精度浮点型变量。

在同一个程序块内,不可以定义同名变量;在不同程序块内,可以定义同名变量。

变量除了具有数据类型外,还有存储类别来指出变量的作用域和生存期,这些内容在后面章节中将陆续叙述。

3. 变量的值

变量声明类型后,按计算机给其分配的存储单元可以给该变量赋相应类型所允许的值。在定义一个变量时,也可以给变量赋一个初始值,这称为变量的初始化。例如:

```
int x=1, y, z(0);
double a=0.24;
```

这里的变量 x、z 和 a 都是初始化的变量。一个变量初始化后,它将保存该值直到该变量的值被改变为止。

> **注意:**
> 　一个变量定义了,但没有初始化,并不意味着该变量中没有值。该变量的取值或者是系统默认值,或者是无效值。无效值是指该变量内存地址中保留的是以前存储的对于该变量无意义的值,也称随机值。

在 C++ 语言中,变量值和变量地址值是有区别的。变量值是指该变量在内存中存放的值,而变量地址值是指该变量在内存中的位置值。变量值可以用变量名表示,而变量地址值可以用该变量名前加运算符"&"表示。

2.4 数组类型

数组是一种构造类型,它是类型相同、数目大小固定的若干元素的有序集合。每个元素的类型相同,在使用过程中可以将每一个元素看成是一个简单变量。

2.4.1　数组的定义

在定义数组时,必须指出数组中各个变量的类型、数组名以及数组的维数和大小。定义数组的格式为

<类型><数组名>[<下标 1>][<下标 2>] ...

<数组名>后面的"[ ]"表示数组的维数,有一个"[ ]"表示一维数组,有两个"[ ]"表示二维数组,依次类推。例如:

```
int a[4];
char b[3][4];
double c[2][3][4];
```

其中,a 是一维数组名,它包含了 4 个元素,每个元素都是 int 型变量;b 是二维数组名,该数组中有 12 个元素,每个元素都是 char 类型;c 是三维数组名,该数组中有 24 个元素,每个元素都是 double 类型。

一般来说,数组的维数必须是大于 0 的整型常量表达式,也可以用符号常量指定数组的大小。例如:

```
const int size=40;
int n[size];
```

系统在编译时会自动计算出数组的大小。

2.4.2　数组的赋值

数组的赋值是给数组的元素赋值。可以给数组中的元素赋初始值,也可以在程序中给数组的元素赋值。

1. 数组元素表示

C++ 中,数组元素可以用下标表示。后面章节还会讲到用指针表示数组元素。

数组元素的下标为一个常量表达式,从 0 开始,每个元素在内存中是按其下标的升序排列连续存放的。

1) 一维数组元素的表示

例如:

```
int a[4];
```

该数组是一个一维数组,该数组含有 4 个整型元素,依次表示为 a[0],a[1],a[2], a[3],这也是它们在内存中的存放顺序。

2)二维数组元素的表示

例如:

```
char b[3][4];
```

该数组是一个二维数组,该数组含有 12 个字符型元素,其依次表示为 b[0][0],b[0][1],b[0][2],b[0][3],b[1][0],b[1][1],b[1][2],b[1][3],b[2][0],b[2][1],b[2][2],b[2][3],这也是它们在内存中的存放顺序。

3)三维数组元素的表示

例如:

```
double c[2][3][4];
```

该数组是一个二维数组,该数组含有 24 个双精度浮点型元素,其依次表示为:c[0][0][0],c[0][0][1],c[0][0][2],c[0][0][3],c[0][1][0],c[0][1][1],c[0][1][2],c[0][1][3],c[0][2][0],c[0][2][1],c[0][2][2],c[0][2][3],c[1][0][0],c[1][0][1],c[1][0][2],c[1][0][3],c[1][1][0],c[1][1][1],c[1][1][2],c[1][1][3],c[1][2][0],c[1][2][1],c[1][2][2],c[1][2][3]。

2. 数组元素初始化

数组元素初始化是指在定义数组时,给数组中的各个元素赋初值。所赋初始值是由一对花括号"{}"括起来的若干个数据项组成的,多个数据项之间用逗号分隔。

注意:
数组初始化时,所给数据项的个数不能大于数组中元素的个数,否则出现编译错误。

1)一维数组的初始化

例如:

```
int a[4]={1,3,5,7};
```

该一维数组中共有 4 个元素,赋值个数为 4,初始化后,该数组的 4 个元素依次获得一个整型值,其中 a[0] 值为 1,a[1] 值为 3,a[2] 值为 5,a[3] 值为 7。

如果赋值元素个数与数组所含元素的个数相同,则下标可以省略不写,系统会自动根据初始化时元素的个数定义数组下标。

例如:

```
int a[ ]={1,3,5,7};
```

对整型数组 a 进行初始化,该数组是含有 4 个元素的一维整型数组。

又如:

```
int a[4]={4,6};
```

数组中元素个数 4,赋值个数为 2,初始化后,该数组的前 2 个元素分别获得一个整型值,a[0] 值为 4,a[1] 值为 6,a[2]、a[3] 没有被初始化,它们的值为默认值 0。

2) 二维数组的初始化

如果赋值元素的个数与数组所含元素的个数相同,则第一个下标可以省略不写,系统会自动根据初始化时元素的个数定义数组的第一个下标。若赋值元素个数与数组所含元素个数不同,则第一个下标不能省略。但对于二维数组,第二个下标无论何种情况都不能省略。下面三种赋初值方式是等价的:

```
int b[2][3]={1,2,3,4,5,6};
```

或者

```
int b[ ][3]={1,2,3,4,5,6};
```

或者

```
int b[2][3]={{1,2,3},{4,5,6}};
```

第一种方式是依次给数组元素赋值,第二种方式系统会根据元素个数自动计算出第一个下标值,第三种方式是按行赋值。三种情况初始化后,该二维数组中的 6 个元素依次获得一个整型值,其中 b[0][0] 的值为 1,b[0][1] 的值为 2,b[0][2] 的值为 3,b[1][0] 的值为 4,b[1][1] 的值为 5,b[1][2] 的值为 6,即按内存中元素的存放顺序依次赋值。

又如:

```
int b[2][3]={1,2,3};
```

和

```
int b[2][3]={{1},{2,3}};
```

这两种赋初值结果是完全不同的。

前一种方式初始化后,该二维数组中的前 3 个元素依次获得一个整型值,其中 b[0][0]的值为 1,b[0][1]的值为 2,b[0][2]的值为 3,而 b[1][0],b[1][1],b[1][2]没有被赋初值,它们的值为默认值 0。

而后一种方式始化后,由于是按行赋初值,该二维数组第一行的第 1 个元素获得一个整型值,b[0][0]的值为 1,其他 2 个元素没有被初始化,默认值为 0;第二行中的第 1 个元素 b[1][0]为 2,b[1][1]的值为 3,第 3 个元素没有被初始化,默认值为 0。

3) 三维数组的初始化

三维数组的初始化与二维数组的初始化类似,既可以依次赋初值,也可以按行赋初值。一个三维数组可以看成是由多个二维数组构成的。例如:

```
int b[2][3][2]={1,2,3,4,5,6,7,8,9,10,11,12};
```

与

```
int b[2][3][2]={{{1,2},{3,4},{5,6}},{{7,8},{9,10},{11,12}}};
```

是等价的。第一种方式是依次赋初值,第二种方式可以将该数组看成是由 2 个二维数组构成,b[2][3]为数组名,每个数组包含 2 个元素,因此用 2 个"{}"分隔数组元素所在行;b[2][3]又可看成是由 3 个一维数组构成,b[2]为数组名,每个数组包含 3 个元素,分别在 2 个"{}"中又嵌套使用了 3 个"{}"分隔数组元素所在行;3 个"{}"中分别有 2 个元素,均用逗号分隔。

这样层层用"{}"嵌套,可以实现多维数组元素赋初值。特别地,如果赋值元素个数少于数组元素个数,采用这种按行赋初值方法则更清晰、方便和快捷。例如:

```
int b[3][2][3]={{{1,2,3},{2}},{{7,5},{4}},{{6},{}}};
```

3. 数组元素赋值

数组元素赋值是指在程序执行过程中,使用赋值运算符给数组的每个元素赋值。给数组元素赋值比较简单,但要注意在赋值前,该数组必须已经定义。另外,元素的引用范围为下标最大值减 1,不能超过这个范围,否则会发生编译错误。例如:

```
int a[4];
a[0]=1;
a[2]=5;
cin>>a[3];
```

都是合法的赋值方式。而如果直接采用如下方式赋值:

```
a[2]=5
```

或者

```
int a[4];
a[4]=2
```

都是错误的。前一种情况是没有定义数组,而后一种情况是数组元素引用超出范围,编译时会发生错误。

在后面还要讲到,可以采用循环语句实现数组元素的赋值。例如:

```
int a[5],b[10];
int i;
for(i=0;i<5;i++)
  a[i]=2*i+1;
for(i=0;i<10;i++)
  cin>>b[i];
```

第一种 for 循环结束后,a 数组中的每个元素都被赋值,其具体取值由表达式的情况来确定。数组中的元素 a[0] 为 1,a[1] 为 3,a[2] 为 5,a[3] 为 7,a[4] 为 9。

第二种 for 循环是利用给 b 数组中每个元素动态地从键盘上任意输入值的方式赋值。

2.4.3　字符数组

字符数组是指数组元素是 char 类型的一种数组。前面讲过的有关定义数组、数组元素初始化和数组元素赋值等内容,适用于一切类型的数组,包括字符数组。字符数组也有一维、二维、三维和多维。但对于字符数组,它还存在许多特殊的情况需要注意。

1. 字符数组初始化

1) 一维字符数组初始化

一维字符数组可以用来存放一个字符串,多维字符数组可以存放多个字符串。一维字符数组可以有以下几种初始化方式:

```
char s1[9]={'c','o','m','p','u','t','e','r'};
char s2[9]={'c','o','m','p','u','t','e','r','\0'};
char s3[9]="computer";
```

第一种方式是定义一个一维字符数组,数组名为 s1,它含有 9 个元素,定义时只给它前 8 个元素赋初值。初始化后,s1[0]为字符'c',s1[1]为字符'o',s1[2]为字符'm',s1[3]为字符'p',s1[4]为字符'u',s1[5]为字符't',s1[6]为字符'e',s1[7]为字符'r',s1[8]没有赋初值,其值是一个不可预知的无效字符。

第二种方式是指定义一个一维字符数组,数组名为 s2,它含有 9 个元素,定义时给它的元素全部赋初值。初始化后,s2[0]为字符'c',s2[1]为字符'o',s2[2]为字符'm',s2[3]为字符'p',s2[4]为字符'u',s2[5]为字符't',s2[6]为字符'e',s2[7]为字符'r',s2[8]为空字符'\0',因此,s2 数组实际上是存放了一个字符串常量"computer"。

第三种方式与第二种方式等价。在给一个一维字符数组初始化为一个字符串时,系统会自动在数组的最后一个字符后加一个'\0'。采用此种方法给一个字符数组初始化一个字符串更简捷。

但要注意,下面的方式:

```
char s[8]="computer";
```

或者

```
s[8]="computer";
```

或者

```
s="computer";
```

都是不正确的。

第一种方式中,定义一个字符数组 s,该字符数组有 8 个元素,初始化后,除字符串中 8 个元素外,系统还会自动加一个'\0',共 9 个元素,超出了数组定义时的大小,初始化发生

了错误。为了避免上述错误,可以采用下面方式:

```
char s[ ]="computer";
```

数组元素个数没有指定,系统自动识别为 9。

第二种方式中有三处错误:

没有定义字符数组;直接将一个字符串常量赋给该字符数组中的一个元素;该数组元素的引用超出了数组元素的引用范围。这几种情况在字符数组使用中要特别注意。

第三种方式也是错误的。不能将一个字符串直接赋给一个字符数组名。

2) 二维字符数组初始化

二维字符数组的初始化可以采用前面讲过的初始值表的方法,也可以采用字符串常量的方式。例如:

```
char c[3][4]={ {'a','b','c','\0'},{'e','f','g','\0'},{'x','y','z','\0'}};
```

或者

```
char c[3][4]={"abc","efg","xyz"};
```

或者

```
char c[ ][4]={"abc","efg","xyz"};
```

三种字符数组赋初值方式是等价的。

2. 字符数组赋值

除了初始化赋值、程序中逐个数组元素赋值、利用 cin 输入语句赋值方式外,字符数组还可以采用字符串处理函数的方式赋值。这在后面的章节中还要讲到。

总之,在给字符数组赋初值时,可以用字符串常量,但在赋值时不能将一个字符串常量直接赋给一个字符数组名,只能对字符数组中的元素逐个赋以字符,且元素的引用不能超出引用范围。

2.5　枚举类型

程序设计中,有时会用到由若干个有限数据元素组成的集合,如一周内从星期一到星期日 7 个数据元素构成的集合,由红、黄、绿三种颜色组成的集合等。程序中某个变量的取值仅限于集合中的元素,此时可将这些数据集合定义为一个枚举类型。枚举是一种构造的数据类型,它是若干个有名字的整型常量的集合。

2.5.1 枚举类型定义

枚举类型定义的一般格式为

```
enum <枚举类型名>{<枚举元素表>};
```

例如:

```
enum weekday{Sun,Mon,Tue,Wed,Thu,Fri,Sat};
```

说明:

(1) enum 是定义枚举类型的关键字,枚举类型名由用户定义的合法标识符组成。

(2) 花括号中的值是该枚举类型所有可能的枚举常量列表,定义中枚举常量不能同名。在系统默认的情况下,第一个枚举常量值为 0,其后枚举常量的值是前一个枚举常量的值加 1。上例中枚举常量值顺序为 0,1,2,3,4,5,6。

(3) 也可以在定义时,由用户自行给出每一个枚举常量的值。例如:

```
enum weekday{Sun=7,Mon=0,Tue,Wed,Thu,Fri,Sat};
```

第一个枚举常量值为 7,第二个枚举常量值为 0,其后枚举常量的值是前一个枚举常量的值加 1。依次为 1,2,3,4,5。

(4) 不能给已经定义过的枚举常量赋值。例如:

```
enum weekday{Sun=7,Mon=0,Tue,Wed,Thu,Fri,Sat};
Sun=5;
```

是错误的,因为枚举常量是常量,而不是变量。

2.5.2 枚举变量定义

枚举类型由于是一种构造类型,因此,枚举变量的定义不同于基本数据类型变量定义的方式。枚举变量的定义方式有:先定义枚举类型后定义变量、定义枚举类型的同时定义变量和直接定义枚举变量三种。

1. 先定义枚举类型后定义变量

例如：

```
enum weekday{Sun,Mon,Tue,Wed,Thu,Fri,Sat};
enum weekday day1, day2;
```

表示定义了两个 weekday 类型的枚举变量 day1,day2。

2. 定义枚举类型的同时定义变量

例如：

```
enum weekday{Sun,Mon,Tue,Wed,Thu,Fri,Sat}day1,day2;
```

3. 直接定义枚举变量

例如：

```
enum{Sun,Mon,Tue,Wed,Thu,Fri,Sat}day1,day2;
```

2.5.3 枚举变量赋值

枚举类型变量的取值范围只能是枚举列表中给出的枚举常量,所以可以直接给枚举常量赋值。例如：

```
day1=Tue;
day2=Sat;
```

是正确的赋值。但下面赋值有错误：

```
day1=TUE;
day2=sat;
```

或

```
day2=6;
```

枚举类型对应的枚举列表中,没有 TUE,sat,6 这样的枚举常量。如果要用枚举类型

列表中的某个枚举常量所代表的整型值给枚举变量赋值,必须进行强制类型转换。例如:

```
day2=(enum weekday)6;
```

或者

```
day2=(enum weekday)(6);
```

关于枚举变量在程序中的应用,可以参考一些 C++ 编程指南。

 ## 2.6　结构体和联合体类型

前面所讲的几种数据类型都只包含一种类型信息,都是相同数据类型的元素的集合。但在实际应用中,程序经常需要描述复杂的数据的类型,即不同数据类型组成相互关联,且作为一个整体来描述的数据。例如要描述一个学生的记录信息:假定它包含学号、姓名、年龄和成绩这四个数据项,就需要把四种不同的信息组合在一起考虑,会使问题处理更方便。结构体、联合体和类都是这样一种数据类型。

在 C 语言中只有结构体和联合体,没有类。C 语言的结构体中只允许定义数据成员,不允许定义函数成员,而且 C 语言中没有访问控制属性的概念,结构体的全部成员都是公有的。C 语言的结构体是为面向过程的程序服务的,并不能满足面向对象的程序设计要求。

为保持和 C 程序的兼容,C++ 中保留了 struct 关键字,并规定结构体的默认访问控制权限是公有类型,并为 C 语言的结构体引入了成员函数、访问权限控制、继承、包含多态等面向对象的特性,并引入了另外的关键字 class,叫做类类型。

因此,C++ 中,结构体和类的唯一区别在于,结构体类型和类类型具有不同的默认访问控制属性:在结构体中,对于未指定任何访问控制属性的成员,其访问控制属性为公有类型(public);而在类中,对于未指定任何访问控制属性的成员其访问控制属性为私有类型(private)。结构体和联合体类型是一种特殊形态的类。

2.6.1　结构体类型定义

对于一个复杂的数据,必须预先考虑它包含多少个数据项,每个数据项的含义和类型是什么,然后对它进行整体描述。定义结构体类型的格式如下:

```
struct <结构体类型名>
{
        公有成员
    protected:
        保护成员;
    private;
        私有成员;
};
```

例如：定义一个学生的记录信息：

```
struct person
{
    char num[5];            //定义学号,字符数组,占 5 字节
    char name[8];           //定义学生姓名,字符数组,占 8 字节
    int age;                //定义年龄,整型,系统自动分配所占字节,通常为 4
    double score;           //定义分数,双精度实型,系统自动分配所占字节,通常为 8
};
```

注意：

最后一个分号不能省略。所有成员都默认为公有属性。

2.6.2　结构体变量的定义和初始化

结构体变量的定义与枚举类型的定义类似,也有三种方式：先定义结构体类型后定义变量、定义结构体类型的同时定义变量和直接定义结构体变量。

1. 先定义结构体类型后定义变量

格式：

```
<结构体类型名><变量名列表>
```

例如：在前面已有的结构体类型 person 的基础上,再定义结构体变量 person1 和含有 5 个元素的结构体数组 person2。

```
person person1,person2[5];
```

2. 定义结构体类型的同时定义变量

例如：

```
struct person
{
    char num[5];
    char name[8];
    int age;
    double score;
} person1,person2[5];
```

3. 直接定义结构体变量

```
struct
{
    char num[5];
    char name[8];
    int age;
    double score;
} person1,person2[5];
```

通常在设计程序时,将所有结构体类型说明存放在头文件中,然后用包含命令将该头文件嵌入程序,编程时用结构体类型名定义结构体变量即可。因此,提倡使用第一种方式定义结构体变量。

结构体变量初始化时,需要对结构体变量的每个成员依次进行初始化。例如：定义 person 类型的结构体变量 person3,对该结构体变量初始化:

```
person person3={"95001","wang",20,92};
```

定义含有 5 个元素的 person 类型的结构体数组 person2,对该结构体数组初始化:

```
person person2[5]={{"95001","wang",20,92},{"95002","zhang",21,94},
    {"95003","li",22,97},{"95004","zhao",20,9},{"95005","liu",21,87}};
```

2.6.3　结构体变量的引用

结构体变量的引用是通过对其成员进行引用实现的。引用结构体成员的一般形式：

<结构体变量名>.<成员名>

其中圆点(.)称为成员运算符,用于引用一个结构体变量中的某个成员,例如：
person3.age 表示引用结构体变量 person3 中的成员 age；person3.name 表示引用结构体
变量 person3 中的成员 name。在运算符的优先级中,“.”运算符是最高级别的运算符。
以后在学到指针时,还会讲到结构体类型指针在引用其成员项时用“->”运算符。

在使用结构体变量时需要注意以下问题：

(1) 如果一个结构体成员本身又是一个结构体类型,必须使用多个成员运算符,采用
逐级引用的方式,直到引用到最低一级的成员。例如,一个带嵌套的结构体定义如下：

```
struct person
{
    char num[5];
    char name[8];
    struct date
    {   int year;
        int month;
        int day;
    } birthday;
    double score;
} person4;
```

该学生信息结构体如表 2-4 所示。

表 2-4　学生信息结构体

num	name	birthday			score
		year	month	day	

若要引用该学生信息结构体变量 person4 中的“出生年份”这一成员,则应该写成

person4.birthday.year

而不能直接写成 person4. birthday,因为 birthday 本身还是一个结构体变量。

（2）结构体变量的成员可以像同类型的其他变量一样,进行各种运算。例如:

```
person4.age+1;              //算术运算
person4.score+2.0;          //算术运算
person4.birthday.day=11;    //赋值运算
cout<<person4.name;         //输出成员 person4 的名字
cout<<person4.birthday.year //输出成员 person4 的出生年份
```

（3）允许对结构体变量进行操作。例如:将一个结构体变量作为一个整体,赋给另外一个相同类型的结构体变量。有定义:

```
person person1={"95001","wang",20,92},person2;
```

可以执行赋值语句:

```
person2=person1;
```

将结构体变量 person1 中的每个成员依次赋给相同类型的结构体变量 person2 中对应的每个成员。

2.6.4　联合体类型

联合体也称共用体,它与结构体类型所有的语法格式都是一致的。唯一的区别是,联合体的全部数据成员共享同一组内存单元。联合体类型的定义与结构体类型的定义非常相似,只是把关键字 struct 换成 union 即可。其语法格式为

```
union <联合体类型名>
{
        公有成员
    protected:
        保护成员;
    private;
        私有成员;
};
```

例如:定义人(person)联合体可以声明为

```
union person
{
    char num[5];
    char name[8];
    int age;
    double score;
};
```

但值得注意的是：不能在定义联合体变量的同时对其进行初始化。例如：

```
union person
{
    char num[5];
    char name[8];
    int age;
    double score;
}person1={"95001","wang",20,92};        //错误
```

但可以对第一个成员进行初始化。例如：

```
union person
{
    char num[5];
    char name[8];
    int age;
    double score;
}person1= {"95001"};                     //正确
```

联合体变量的成员引用比结构体变量的成员引用复杂,需注意以下说明：

(1) 联合体变量中,可以包含若干个成员及若干种类型,但联合体成员不能同时使用,在同一时刻只能有一个成员及一种类型起作用。

(2) 联合体变量中起作用的成员值是最后一次存放的成员值,即联合体变量所有成员共同占用同一段内存单元,后来存放的值将会覆盖原先存放的值,故只能使用最后一次给定的成员值。例如有语句

```
person1.age=20; person1.score=92;
```

不能企图通过下面的语句使得 person1.age 的值为 20,但能得到 person1.score 的值为 92。

```
cout<<person1.age<<person1.score<<endl;  //错误
```

(3) 联合体变量的地址和它的各成员的地址相同。但联合体变量所占的内存与成员中占用内存最大的那个成员占用的大小相同。

(4) 联合体类型可以和结构体类型相互嵌套。

(5) C++ 允许在两个类型相同的联合体变量之间赋值。

(6) 联合体变量不能作函数参数,函数的返回值也不能是联合体类型。

2.7　运算符与表达式

运算符又称为操作符,它是对数据进行运算的符号。参与运算的数据称为操作数,操作数包含常量、变量、函数和一些其他被命名的标识符。由操作数和运算符连接起来的式子,称为表达式。

C++ 语言中运算符比较多,有些同种符号的运算符还具有多种不同的功能。另外,运算符还具有优先级和结合性,可结合各种类型的操作数,使表达式的种类丰富。这些都给初学者在学习过程中造成一定的困难,但运算符和表达式的使用是今后进行编程的基础,应仔细理解,并在程序中体会其使用情况和注意事项。

2.7.1　运算符

运算符包括算术运算符、关系运算符、逻辑运算符、赋值运算符、自增自减运算符、逗号运算符、条件运算符、位操作运算符、求字节大小运算符以及类型转换运算符等。

大多数运算符是双目运算符,即运算符位于两个操作数之间,也有单目运算符和三目运算符。

1. 算术运算符

C++ 提供了 5 种基本的算术运算符,如表 2-5 所示。

加、减、乘、除、求余运算符是双目运算符,它要求有两个操作数;正值、负值运算符是单目运算符,只需要一个操作数。

单目运算符比双目运算符优先级要高;*,/,% 运算符比 +、－运算符优先级要高。同一优先级,其结合性为从左至右。

表 2-5　C++ 中的 5 种基本算术运算符

符号表示	含义描述
＋	加法运算符，或正值运算符
−	减法运算符，或负值运算符
*	乘法运算符
/	除法运算符
％	求余运算符

在 C++ 程序中，加、减、乘、除四则运算不再详述，它们对 int 型，float 型，double 型变量均适用。

求余运算符只适用于 int 类型运算，含义为两个整数相除得到余数。例如：

```
7%8        余数为 7
-12%7      余数为-5
9%3        余数为 0
```

除法运算符比较复杂，其结果还取决于两个操作数的数据类型。两个操作数均为整数时，则实现取整运算，结果为整数；两个操作数中有一个为实数时，则进行除法运算，其结果为双精度小数。例如：

```
3/6        取整运算，其值为 0
3.0/6      作除法运算，其值为 0.5
3/0.6      作除法运算，其值为 0.5
3.0/6.0    作除法运算，其值为 0.5
```

2. 关系运算符

关系运算符都是双目运算符，其作用是比较两个操作数的大小，结果为一个逻辑值。C++ 中共有 6 种关系运算符，如表 2-6 所示。

表 2-6　C++ 中的 6 种关系运算符

符号表示	含义描述	符号表示	含义描述
＞	大于	＜＝	小于或等于
＜	小于	＝＝	相等
＞＝	大于或等于	！＝	不相等

关系运算符的优先级低于算术运算符的优先级,前 4 种运算符的优先级高于后 2 种,其结合性为从左至右。

关系运算符功能比较简单,使用时应注意相等运算符由 2 个"="组成。

3. 逻辑运算符

逻辑运算符包括一个单目运算符和两个双目运算符,如表 2-7 所示。

逻辑运算符主要实现对关系运算进行连接,其优先级低于算术运算符和关系运算符。在三种逻辑运算符中,逻辑非的优先级最高,逻辑与的优先级高于逻辑或。逻辑与和逻辑或运算符的结合性为从左至右。

表 2-7　C++ 中的 3 种逻辑运算符

符号表示	含义描述
!	单目运算符,逻辑非
&&	双目运算符,逻辑与
||	双目运算符,逻辑或

注意:

逻辑运算符两边的操作数可以是任何类型,但结果只能得到 0 或非 0 值。

(1) 逻辑与运算当且仅当两个操作数均为非 0 值时,其结果为 1,否则为 0。

(2) 逻辑或运算当且仅当两个操作数均为 0 值时,其结果为 0,否则为 1。

(3) 逻辑非也称逻辑求反,即当操作数为 0 时,结果为 1,当操作数为非 0 时,结果为 0。

(4) 当表达式含有多个逻辑运算符时,"&&"和"||"会表现出短路特性。即当第一个符号为"||"时,若其前面的表达式的计算结果为真,其后表达式无须再去计算;当第一个符号为"&&"时,若其前面表达式的计算结果为假,其后表达式也无须再进行计算。

4. 赋值运算符

赋值运算符的作用是将某个值赋给一个变量,或者说用该变量保存这个值。通常把"="称为赋值号,也叫赋值运算符,它是一个双目运算符。

除了"="之外,C++ 还提供了 10 种复合赋值运算符,如表 2-8 所示。

表 2-8　C++ 中的 10 种复合赋值运算符

符号表示	含义描述	符号表示	含义描述
+=	加赋值	%=	求余赋值
*=	乘赋值	>>=	右移位赋值

续表

符号表示	含义描述	符号表示	含义描述
|=	按位或赋值	<<=	左移位赋值
−=	减赋值	&=	按位与赋值
/=	除赋值	^=	按位异或赋值

5. 自增自减运算符

自增(＋＋)和自减(－ －)运算符都是单目运算符,其操作数只能是变量,不能为常量和表达式,且变量的数据类型通常为整型。"＋＋"运算符的含义是增1,"－ －"运算符的含义是减1。这两个运算符功能相似,均有两种存在形式。"＋＋"运算符的两种形式为

(1) 置于变量前,如:＋＋i;表示先对变量i值加1,然后引用i值。

(2) 置于变量后,如:i＋＋;表示先引用i值,然后将变量i的值加1。

与"＋＋"运算符类似,"－ －"运算符的两种形式为

(1) 置于变量前,如:－ －i;表示先对变量i值减1,然后引用i值。

(2) 置于变量后,如:i－ －;表示先引用i值,然后将变量i的值减1。

例如:

```
int i=5,j=6,m,n,p,q;
m=i++;            //先将 i 值赋给 m,i 值再加 1,i=6
n=++i;            //先将 i 值加 1,i=7,再将 i 值赋给 n
p=j--;            //先将 j 值赋给 p,j 值再减 1,j=5
q=--j;            //先将 j 值减 1,j=4,再将 j 值赋给 q
```

则结果为

```
m=5,n=7,p=6,q=3
```

6. 逗号运算符

逗号运算符的优先级是所有运算符中最低的,使用逗号运算符(,)可以将多个表达式组成一个表达式。例如:

```
a1,a2,a3,a4
```

这是一个逗号表达式,其中 a1、a2、a3、a4 各为一个表达式。整个逗号表达式的值和类型由最后一个表达式的值和类型决定。计算一个逗号表达式的值时,从左至右依次计算各个表达式的值,最后计算的一个表达式的值和类型就是整个表达式的值和类型。

逗号表达式通常用于解决只能出现一个表达式的地方却出现多个表达式的问题。

7. 条件运算符

这是 C++ 中唯一的一个三目运算符,该运算符有三个操作数,其格式为

```
a1?a2:a3
```

其中,a1、a2、a3 均为表达式。三目运算符的功能是先计算 a1 的值,并且进行判断。如果非 0,则表达式的值为 a2 的值,否则表达式的值为 a3 的值。表达式的类型为 a2,a3 中类型高的一个表达式的类型。

8. 位操作运算符

C++ 中共提供了 6 种位操作运算符,如表 2-9 所示。

表 2-9　C++ 中的 6 种位操作运算符

符号表示	含义描述	符号表示	含义描述
～	按位求反	^	按位异或
&	按位与	<<	左移
|	按位或	>>	右移

按位求反"～"是将各个二进制位由 1 变成 0,由 0 变成 1,它是一个单目运算符。

按位与"&"是将两个二进制位的操作数从低位到高位依次对齐后,每位求与运算。只有两个都是 1 时,结果为 1,否则为 0。

按位或"|"是将两个二进制位的操作数从低位到高位依次对齐后,每位求或运算。只有两个都是 0 时,结果为 0,否则为 1。

按位异或"^"是将两个二进制位的操作数从低位到高位依次对齐后,每位求异或运算。只要两个位不同时,结果为 1,否则为 0。

左移"<<"是将一个二进制数的数按指定移动的位数向左移动,移掉的被丢弃,右边移出的空位补 0。

右移">>"是将一个二进制数的数按指定移动的位数向右移动,移掉的被丢弃,左边移出的空位或者一律补 0 或者补符号位,这要由机器决定。

9. 求字节大小运算符

求字节大小运算符 sizeof() 是用来计算其后的类型说明符或表达式在内存中所占的字节数。该运算符格式如下：

```
sizeof(<类型说明符或表达式>);
```

例如：

```
int a;
double b;
sizeof(a);
sizeof(b);
```

这里定义了一个整型变量 a，一个双精度浮点型变量 b。sizeof(a) 是计算整型变量在内存中所占字节数，sizeof(b) 是计算双精度浮点型变量在内存中所占字节数。以 32 位编译器为例，分别为 4 和 8。

10. 强制转换运算符

该运算符的作用是将指定的表达式的值强制转换为所指定的类型。该运算符的一般格式为

```
(<类型关键字>)(表达式);
```

例如：

```
int a;
double b=3.15864;
a=(int)(b);
```

该程序是将双精度浮点型变量 b 的值强制转换成整型，并赋给 a，此时 a 的值变成 3，b 值仍然是 3.15864。

> **注意：**
> (float)a＋b 与 (float)(a＋b) 的含义是不同的，前者是将 a 的值强制转换成 float 型，而后者是将整个表达式 a＋b 的值转换为 float 型。因此使用时最好不要省略括号，避免发生不必要的错误。

11. 单目运算符 & 和 *

运算符"&"和"*"可以作为双目运算符,也可以作为单目运算符使用。"&"表示取地址运算符,"*"表示取内容。

"&"作为取地址运算符常放在变量名前,表示取该变量的地址值。

"*"作为取内容运算符常作用在指针变量名前,表示取该指针变量所指变量的内容。

例如:

```
int a,*p;
p=&a;
*p=3;
```

定义了一个整型变量 a 和 int * 型指针变量 p,让 p 指向变量 a,就需要将变量 a 的地址赋给指针变量 p,用 &a 表示变量 a 的地址。语句 *p=3;表示将 3 赋给指针变量 p 所指向的变量 a,即等价于 a=3,* p 就表示指针变量 p 所指向的变量 a。

另外,还有一些运算符,会在以后的章节中遇到时再做说明。C++ 中一般常用的运算符的功能、优先级和结合性见附录 2。

2.7.2 表达式

正如前面叙述,由于 C++ 语言运算符非常丰富,因此由这些运算符和操作数所组成的表达式种类也很多。对于任何一个表达式,经过计算都应有一个确定的值和类型,一个表达式的类型是由运算符的种类和操作数的类型来确定的,不同的表达式的求值方法和确定类型的方法不尽相同。常用的表达式有 6 种:算术表达式、关系表达式、逻辑表达式、赋值表达式、条件表达式和逗号表达式。

1. 算术表达式

算术表达式是用算术运算符和括号将操作数连接起来的式子。这里的操作数包括常量、变量和函数等。

例如:

```
a*b/c-0.7+'a'+3*sin(x)
```

对于一个算术表达式,先进行什么运算,后进行什么运算,是由运算符的优先级确定的。

【例 2.1】　算术表达式的应用。

```cpp
#include <iostream>
using namespace std;
int main()
{
    int a;                    //定义变量 a
    a=5*2+3% 7-4/3;          //计算表达式的值,并赋给变量 a,a 的值为 12
    double b;                 //定义变量 b
    b=124+2.1e2-2.6/13;      //计算表达式的值,并赋给变量 b,b 的值为 333.8
    cout<<a<<"\t"<<b<<endl;
    int m,n;                  //定义变量 m,n
    m=a++;                    //将变量 a 的值赋给 m,变量 a 的值加 1,此时 m 为 12,a 为 13
    n=a+1;                    //将 a+1 的值赋给 n,n 的值为 14
    cout<<"m="<<m<<endl;
    cout<<"n="<<n<<endl;
    return 0;
}
```

程序的运行结果：

```
12      333.8
m=12
n=14
```

一般算术表达式中,各操作数的类型相同时,表达式的类型是操作数的类型;当操作数的类型不同时,表达式的类型是操作数中类型最高的操作数类型。

2. 关系表达式

由关系运算符组成的表达式为关系表达式,常用作条件语句和循环语句中的条件表达式。关系表达式值的类型是逻辑类型,或真或假,1 表示真,0 表示假。

【例 2.2】　关系表达式的应用。

```cpp
#include <iostream>
using namespace std;
int main()
```

```
{
    int a,b=5,c=9;
    a=b<c;                      //先计算 b<c 的值,其结果为真,将 1 赋给 a
    cout<<"b<c="<<a<<endl;
    a=(b+7)>=c;                 //b+7 的结果为 12,大于 9 成立,结果为真,将 1 赋给 a
    cout<<"(b+7)>=c="<<a<<endl;
    a=b*2!=c;                   //先计算 b*2 的值,再与 c 值比较,不等成立,将 1 赋给 a
    cout<<" b*2!=c="<<a<<endl;
    a=b*2==c+3;                 //先计算 b*2 的值,再计算 c+3 的值,二者值不相等,将 0 赋给 a
    cout<<" b*2==c+3="<<a<<endl;
    return 0;
}
```

程序的运行结果:

```
b<c=1
<b+7>>=c=1
b*2!=c=1
b*2==c+3=0
```

注意:
关系代数表达式的结果为 1 或 0,读本程序时还应注意字符串输出格式的写法。

3. 逻辑表达式

由逻辑运算符组成的表达式为逻辑表达式。逻辑表达式结果的类型是逻辑类型,即为真或假,1 表示真,0 表示假。

【例 2.3】 逻辑表达式的应用。

```
#include <iostream>
using namespace std;
int main()
{
    int a=5,b=0,c=6,i;
    cout<<"a="<<a<<",b="<<b<<",c="<<c<<endl;
```

```
i=a&&b&&c;                    //只有 a,b,c 的值同时为非 0 值时,i 值才为 1
cout<<"a&&b&&c="<<i<<endl;
i=a-3||b||c*5;                //a-3 的值为非 0,则 i 值为 1,后面两个表达式无须再计算
cout<<"a-3||b||c*5="<<i<<endl;
a=5;
b=5;
c=6;
cout<<"a="<<a<<",b="<<b<<",c="<<c<<endl;
i=a>b&&c==b||a<c;             //注意运算的优先级
cout<<"a>b&&c==b||a<c="<<i<<endl;
a=3;
b=2;
c=1;
cout<<"a="<<a<<",b="<<b<<",c="<<c<<endl;
return 0;
}
```

程序的运行结果：

```
a=5,b=0,c=6
a&&b&&c=0
a-3||b||c*5=1
a=5,b=5,c=6
a>b&&c==b||a<c=1
a=3,b=2,c=1
```

C++ 规定：在由若干个子表达式(或操作数)组成的一个逻辑表达式中,从左至右计算子表达式的值,当计算出一个子表达式的值后,便可确定整个逻辑表达式的值,后面的子表达式就不再计算了。

如语句：

```
i=a>b&&c==b||a<c;
```

先判断 a>b 结果为假,则 c==b 无须判断,而 a>b&&c==b 结果为假,i 值取决于 a<c 的值。

4. 赋值表达式

由赋值运算符组成的表达式为赋值表达式。由于赋值运算符的结合性是从右向左，因此 C++ 程序中可以出现连续赋值的情况。

例如，下面的赋值是合法的：

```
int a,b,c,d;
a=b=c=d=4;
```

上述表达式中，先计算 d=4 的值，计算后 d 值被更新为 4，表达式的值也为 4，接着又把表达式的值 4 赋给 c，同理依次赋值。a,b,c,d 的值均更新为 4。

除基本赋值运算符外，在计算其他复合赋值运算符的表达式时，应该先计算右值表达式的值后再与左值运算，将结果赋给左值。例如：

```
int a=3,b=7;
a*=b+1;
b=a%b;
```

上述表达式中，先计算表达式 b+1 的值，然后再将 b+1 表达式的结果 8 与 a 相乘赋给 a，a 的值被更新为 24；接着计算表达式 a%b 的值，把求余的结果 3 赋给整型变量 b，b 值被更新为 3。

5. 条件表达式

由三目运算符组成的表达式称为条件表达式，因为三目运算符具有 if-else 语句的功能，因此得名。

条件表达式的值取决于"?"号前面的表达式的值，该表达式的值非 0 时，整个表达式的值为":"前面的表达式的值，否则为":"后面的表达式的值。

条件表达式的类型为":"前后两个表达式中类型高的一个表达式的类型。

【例 2.4】 条件表达式的应用。

```
#include <iostream>
using namespace std;
int main()
{
    int a,b,c;
    cout<<"input a,b:"<<endl;
```

```
cin>>a>>b;                //从键盘上给变量 a,b 赋值
c=a>b?a:b;
cout<<"a>b?a:b="<<c<<endl;
c=(a!=b?a-b:a+b);
cout<<"(a!=b?a-b:a+b)="<<c<<endl;
return 0;
}
```

程序的运行结果:

```
input a,b:
4   9
a>b?a:b=9
<a!=b?a-b:a+b>=-5
```

6. 逗号表达式

逗号表达式是用逗号将若干个表达式连接起来组成的表达式。该表达式的值是组成这个表达式的若干个子表达式中最后一个子表达式的值,类型也是最后一个子表达式的类型。

逗号表达式计算值的顺序从左至右逐个表达式依次计算。

【例 2.5】　逗号表达式的应用。

```
#include <iostream>
using namespace std;
int main()
{
    int a,b,c;
    a=1,b=2,c=a+b;            //a+b 的值赋给 c,c 取值为 3
    cout<<a<<","<<b<<","<<c<<endl;
    c=(a+=b,a++,a+b);          //这是一个由三个表达式组成的逗号表达式
    cout<<c<<endl;
    return 0;
}
```

程序的运行结果:

```
1,2,3
6
```

在语句 c＝(a＋＝b,a＋＋,a＋b);中,右边是一个逗号表达式,先计算表达式 a＋＝b,这是一个复合表达式,相当于 a＝a＋b,表达式结果为 a 的取值 3,再计算表达式 a＋＋,表达式结果为 a 的值 3,a 然后加 1,其结果为 4,最后计算表达式 a＋b 的值,表达式结果为 6,逗号表达式的结果为 a＋b 的值,将 a＋b 结果赋给 c。

在使用表达式时,应注意如下几个方面的事项。

(1) 含义要明确。在表达式中,如果连续出现两个运算符或对某种运算符的优先级记不清楚时,中间要用空格分开或用加括号的方式改变优先级。例如:

```
a+++b;
```

在这里连续出现了"＋"和"＋＋"运算符,表达式这样写会引起很多猜测,甚至运算结果与编程者的意愿不符,而不知道问题所在。另外,不同的编译系统对该问题的理解也不一样,有的可能会理解成 a 加上＋＋b,也可能理解成 a＋＋加上 b。一般情况下,编译系统理解为后者,因为系统是按尽量取大的原则分隔多个运算符,而"＋＋"比"＋"要大些,所以认为是 a＋＋加上 b。编程者在书写程序时,尽量采用空格分开或用加括号的方式改变优先级,将表达式的含义描述清晰。若表示 a 加上＋＋b 可写成

```
a+ ++b;
```

或

```
a+(++b);
```

的形式。

(2) 双目运算符的左右两边可以用运算符和操作数分开。

(3) 过长的表达式分成几个表达式写。

(4) 清楚表达式的类型转换规则。表达式中的类型转换分两种:一种是隐含转换,另一种是强制转换。

隐含转换是指对于双目运算中的算术运算符、关系运算符、逻辑运算符和位操作运算符组成的表达式,通常要求两个操作数类型一致。但如果操作数的类型不一致,则将低级别类型的运算数转换为高的类型。各种类型的高低顺序如下:

```
int->unsigned->long ->unsigned long->double
  ↑                ↑
short, char      float
```

这里 int 型最低,double 型最高。short,char 型自动转换成 int 型,float 型自动转换成 double 型,这种隐含的类型转换,对数据的精度没有影响。

而强制转换是通过强制转换运算符实现的,这里不再详述。

(5) 左值是指能出现在赋值表达式左边的表达式。左值表达式具有存放数据的存储空间,并且可以修改其值。例如:

```
int a=10;            //a 是左值,因为 a 是变量
const int b=4;       //b 不是左值,因为 b 是常量,不允许修改
(a=20)=30;           //a=20 是左值表达式,有存储空间,即 a 的存储空间,可以被赋值
```

▶ 2.8　控制语句

语句是 C++ 程序中的重要组成部分,最简单的语句可能仅由一个或几个关键字构成,而复杂的语句可能包含若干个子句,有时可能由几行构成。C++ 语句共分为如下 6 类:声明语句、表达式语句、控制语句、空语句、函数调用语句和复合语句。其中控制语句是在程序中用来控制语句执行次序的语句,它们是程序设计中不可缺少的语句,C++ 中控制语句的组成如图 2-2 所示。

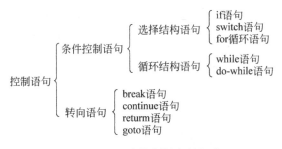

图 2-2　C++ 中控制语句的组成

2.8.1　选择结构语句

选择语句是 C++ 程序中经常使用的语句,用它构成选择结构。选择结构语句包括两

种语句：一种是 if 语句，另一种是 switch 开关语句。

1. if 语句

if 语句有三种基本形式：
1）单分支语句
单分支语句是最简单的选择结构语句，其形式为

```
if(<条件>) <语句>
```

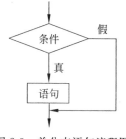

<条件>是作为判断使用的各种表达式，常用关系表达式或逻辑表达式，其他类型表达式也可以，但一般不用赋值表达式。<语句>可以是单一语句，也可以是复合语句。

该语句的执行过程如下：

先计算<条件>给出的表达式的值，如果该值为非 0（真），则执行<语句>，否则不执行该语句，而直接执行其后的语句。其流程图如图 2-3 所示。

图 2-3 单分支语句流程图

【例 2.6】 单分支语句的应用。

```cpp
#include <iostream>
using namespace std;
int main()
{
    int a;
    cout<<"请输入一个整数:"<<endl;        //提示信息
    cin>>a;                              //从键盘输入 a 值
    if(a>0)
        cout<<a<<"是一个正整数。"<<endl;    //输出信息
    return 0;
}
```

若从键盘输入 24，程序的运行结果：

```
请输入一个整数:
24
24 是一个正整数。
```

若从键盘输入 -14，程序的运行结果：

```
请输入一个整数:
-14
```

不满足 a>0 条件,没有结果输出。

2) 双分支语句

其形式为:

```
if(<条件>) <语句 1>
else   <语句 2>
```

该语句的执行过程为

先计算<条件>给出的表达式的值,如果该值为非 0(真),执行<语句 1>,否则执行<语句 2>。其流程图如图 2-4 所示。

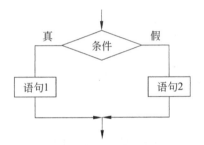

图 2-4　双分支语句流程图

【例 2.7】　双分支语句的应用。

```cpp
#include <iostream>
using namespace std;
int main()
{
    int a;
    cout<<"请输入一个整数:"<<endl;
    cin>>a;
    if(a>0)
        cout<<a<<"是一个正整数。"<<endl;
    else
        cout<<a<<"不是一个正整数。"<<endl;
```

```
        return 0;
    }
```

该程序与上面程序的执行情况类似,只是程序在执行时无论输入的值是否满足条件,都会给出输出结果。

【例 2.8】 判断输入的年份是否为闰年。

```
#include <iostream>
using namespace std;
int main()
{
    int year;
    cout<<"请输入一个年份:"<<endl;
    cin>>year;
    if((year%4==0&&year%100!=0)||(year%400==0))
        cout<<year<<"年是闰年。"<<endl;
    else
        cout<<year<<"年不是闰年。"<<endl;
    return 0;
}
```

该程序主要完成判断输入的一个年份是否是闰年,只要理解了闰年的判断条件,程序则很容易编出。请读者认真思考表达式(year%4==0&&year%100!=0)||(year%400==0)的含义。

3) 多分支语句

多分支语句具有如下格式:

```
if(<条件 1>) <语句 1>
else if(<条件 2>) <语句 2>
else if(<条件 3>) <语句 3>
            ⋮
else if(<条件 n>) <语句 n>
else <语句 n+1>
```

其中,if,else if,else 都是关键字,这是 if 语句最复杂的格式。

该语句执行过程是:

先计算<条件 1>给出的表达式的值,如果该值为非 0,则执行<语句 1>,执行完毕后转到该条件语句后面继续执行其后语句;如果该值为 0,则继续计算<条件 2>给出的表达式的值,如果该值为非 0,则执行<语句 2>,执行完毕后转到该条件语句后面继续执行其后语句;如果该值为 0,则继续计算<条件 3>给出的表达式的值,依次类推。如果所有的条件表达式的值都为 0,则执行 else 后面的<语句 n+1>。如果没有 else,则什么也不做,转到该条件语句后面的语句继续执行。

其流程图如图 2-5 所示。

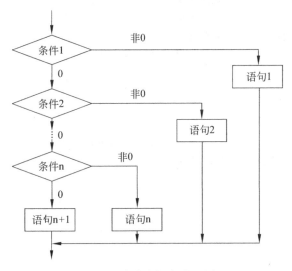

图 2-5　多分支语句流程图

> **注意:**
> if 语句可以嵌套,即每个 if 子句,else if 子句或 else 子句都可以包含 if 语句。if 语句在嵌套的情况下,else 只能与最近的一个没有与 else 配对的 if 配对。

【例 2.9】　多分支语句的应用。

```cpp
#include <iostream>
using namespace std;
int main()
{
    int i=1,j=2,k=3,a=10;
    if(!i)          //判断!i结果是否为真,若真,则执行a—语句,否则执行 else 后面语句
```

```
        a--;
    else                //与上面的 if(!i)配对
        if(j)           //else 中嵌套的一个 if 条件语句,条件为真,则执行下面语句
            if(k) a=5;  //该条件语句中又嵌套一个 if-else 条件语句,条件为真,则 a 的值为 5
            else a=6;   //与上面的 if(k)配对,没有执行
    a++;                //a 自加 1,其值为 6
    cout<<a<<endl;      //输出结果 6
    if(i<j)             //条件为真
        if(i!=3)        //条件为真
            if(!k)      //条件为假,执行 else 语句
                a=1;
            else        //与上面的 if(!k)配对
                if(k)   //条件为真,执行下面语句,a 的值为 5
                    a=5;
    a+=2;               //相当于 a=a+2,a 的值更新为 7
    cout<<a<<endl;      //输出结果 7
    return 0;
}
```

程序的运行结果:

```
6
7
```

2. switch 语句

switch 语句是一个开关语句,其格式如下:

```
switch(<整型表达式>)
{
    case <常整型表达式 1>:<语句序列 1>
    case <常整型表达式 2>:<语句序列 2>
            ⋮
    case <常整型表达式 n>:<语句序列 n>
    default:<语句序列 n+1>
}
```

其中,switch,case,default 是关键字,<整型表达式>是指一个其值为 int 型数值的

表达式,＜常整型表达式 1＞,＜常整型表达式 2＞,…是指其值为常整型数值,通常使用整型数值或字符常量。＜语句序列 1＞,＜语句序列 2＞,…是由一条或多条语句组成的语句段,也可以是空语句。

开关语句的执行顺序如下:

先计算 switch 后面括号内的表达式值,然后将该值与花括号内 case 后面的整型表达式的值进行比较,其顺序是先与整型表达式 1 相比较,如果不相等,再与整型表达式 2 比较,如果不相等,则顺序向下,直到整型表达式 n。如果都不相等,则执行 default 后面的语句序列 n＋1,如果没有 default 语句,则转去执行开关语句后面的语句。在整个执行过程中,如果遇到 break 语句,则退出 switch 语句,执行其后面的语句。如果没有遇到 break 语句,则接着执行该语句序列下面的一个语句序列,直到遇到 break 语句,再退出 switch 语句。如果其后的语句中都没有 break 语句,则依次执行其后的每一个语句序列,直到 switch 语句的右花括号时,再退出 switch 语句,执行其后语句。

switch 语句也可以嵌套。

【例 2.10】　switch 语句的使用。

```cpp
#include <iostream>
using namespace std;
int main()
{
    int score;
    cout<<"请输入一个 0~100 的整数:"<<endl;
    cin>>score;                    //从键盘上输入一个整数
    switch(score/10)               //计算 score/10 的值
    {
        case 10:
        case 9: cout<<"你的成绩是优秀。"<<endl; break;
        case 8: cout<<"你的成绩是良好。"<<endl; break;
        case 7: cout<<"你的成绩是中等。"<<endl; break;
        case 6: cout<<"你的成绩是及格。"<<endl; break;
        default:cout<<"你的成绩不及格。"<<endl; break;
    }
    return 0;
}
```

根据 score/10 的值,判断与哪个 case 后的值相等,若相等则执行那个 case 后面的语句,执行结束后,遇到 break,则整个程序结束。

如果去掉 break,结果又会怎样呢? 请读者自己上机调试,并根据输出结果分析其原因。

【例 2.11】 switch 语句的嵌套。

```cpp
#include <iostream>
using namespace std;
int main()
{
        int a=5,b=6,i=0,j=0;
        switch(a)
        {
            case 5:switch(b)
            {
                case 5:i++;break;
                case 6:j++;break;
                default:i++;j++;
            }
            case 6: i++;j++;break;
            default:i++;j++;
        }
        cout<<"i="<<i<<",j="<<j<<endl;
        return 0;
}
```

程序的运行结果:

```
i=1,j=2
```

2.8.2　循环结构语句

在程序设计中经常会遇到当某一条件成立时,重复执行某些操作,这就用到循环结构。所谓循环结构就是在给定条件成立的情况下,重复执行一个程序段;而当给定条件不成立时,退出循环,再执行循环下面的语句。实现循环结构的语句称为循环语句。C++提供了三种循环语句:一种是 while 循环语句,一种是 do-while 循环语句,另一种是 for 循环语句。这些循环语句各自有其特点,可根据不同需要进行选择。在很多情况下,它们之间可以互相替代,其共同特点是根据循环条件来判断是否执行循环体。

1. while 循环语句

语句格式为

```
while(<条件>) <循环体语句>
```

其中,while是关键字。<条件>是一个表达式,根据表达式的值来判断是否执行循环体语句。<循环体语句>可以是一条,也可以是多条。若是多条语句需要用一对花括号将多条语句放在其内。

其执行顺序是：当条件表达式的值为非 0 时,执行循环体语句,执行一次循环体语句后,再计算条件中给出的表达式的值,如果其值仍为非 0 值,则再次执行循环体,直到表达式的值为 0,才退出该循环体,执行循环体后面的语句。其流程图如图 2-6 所示。

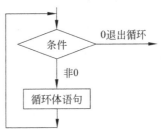

图 2-6　while 循环结构流程图

【例 2.12】　用 while 循环语句编程,求自然数 1 到 10 的和。

```cpp
#include <iostream>
using namespace std;
int main()
{
    int i=1,sum=0;
    while(i<=10)
    {
        sum+=i;
        i++;
    }
    cout<<"i="<<i<<endl;
    cout<<"sum="<<sum<<endl;
    return 0;
}
```

程序的运行结果：

```
i=11
sum=55
```

如果将该程序中的 while 循环的循环体语句写成

```
sum+=i++;
```

结果是完全一致的,试上机验证。

若将该程序中的 while 循环写成

```
while(i++<=10)
    sum+=i;
```

或

```
while(++i<=10)
    sum+=i;
```

结果又会怎样? 请读者自己分析并上机验证。

2. do-while 循环语句

语句格式为

```
do
<循环体语句>
while(<条件>);
```

其中,do,while 是关键字。<循环体语句>若是多条语句需要用一对花括号将多条语句放在其内。

其执行顺序是: 先执行循环体语句,然后计算条件表达式的值,根据条件表达式的值来判断是否再一次执行循环体语句。当条件表达式的值为非 0 时,再一次执行循环体语句,然后再计算条件中给出的表达式的值,如果其值仍为非 0 值,又执行循环体语句,直到条件中的表达式值为 0,退出该循环体,执行循环体后面的语句。其流程如图 2-7 所示。

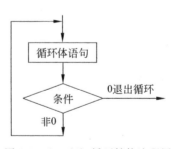

图 2-7 do-while 循环结构流程图

【例 2.13】 用 do-while 循环语句编程,求自然数 1 到 10 的和。

```
#include <iostream>
using namespace std;
int main()
{
    int i=1,sum=0;
    do
    {
        sum+=i;
        i++;
    } while(i<=10);
    cout<<"i="<<i<<endl;
    cout<<"sum="<<sum<<endl;
    return 0;
}
```

该程序输出结果与上例使用 while 循环结果完全一致。while 循环与 do-while 循环的区别仅在于：do-while 循环至少执行一次循环体，而 while 循环可能一次也不执行循环体。

3. for 循环语句

语句格式为

```
for(表达式 1;表达式 2;表达式 3)
<语句>
```

其中,for 是关键字。循环体语句可以是一条语句,也可以是多条语句,若是多条语句需要用一对花括号将多条语句放在其内。三个表达式用分号分隔。一般情况下<表达式 1>用来对循环变量初始化;<表达式 2>用来控制循环结束条件,每次执行循环体语句前,都要判断该表达式的值是否非 0,若非 0 则执行循环体语句,否则退出循环;<表达式 3>用来控制循环变量的增/减量。

其执行顺序是:先计算<表达式 1>的值,再计算<表达式 2>的值,并判断是否为非 0 值,若为非 0 值,则执行循环体语句,然后计算<表达式 3>的值;接着再计算<表达式 2>的值,并判断是否为非 0 值,若为非 0 值,则再执行循环体语句,然后再计算<表达式 3>的值;再计算并判断<表达式 2>的值是否非 0……直到<表达式 2>的值为 0 时,退出循环体,执行 for 循环后面的语句。

注意：

（1）若循环变量初始化语句已经写在 for 循环语句前，<表达式 1>处可以省略不写，但其后分号不能省。

（2）<表达式 2>通常不能省略，若省略，则认为循环条件总是非 0，无法退出循环，循环只能通过在循环体语句中，使用条件判断和 break 语句退出。

（3）循环变量的增/减量语句也可以放在循环体语句中，则<表达式 3>可以省略不写，但其前分号不能省略。

【例 2.14】 用 for 循环语句编程，求自然数 1 到 10 的和。

形式 1：

```cpp
#include <iostream>
using namespace std;
int main()
{
    int i,sum=0;
    for(i=1;i<=10;i++)              //三个表达式都不省略
        sum+=i;
    cout<<"i="<<i<<endl;
    cout<<"sum="<<sum<<endl;
    return 0;
}
```

形式 2：

```cpp
#include <iostream>
using namespace std;
int main()
{
    int i=1,sum=0;
    for(;i<=10;i++)                //省略表达式1
        sum+=i;
    cout<<"i="<<i<<endl;
    cout<<"sum="<<sum<<endl;
    return 0;
}
```

形式 3：

```
#include <iostream>
using namespace std;
int main()
{
    int i=1,sum=0;
    for(;i<=10;)                //省略表达式 1 和表达式 3
    {
        sum+=i;
        i++;
    }
    cout<<"i="<<i<<endl;
    cout<<"sum="<<sum<<endl;
    return 0;
}
```

形式 4：

```
#include <iostream>
using namespace std;
int main()
{
    int i=1,sum=0;
    for(;;)                     //三个表达式都省略
    {
        sum+=i;
        i++;
        if(i>10)
            break;              //用于退出 for 循环
    }
    cout<<"i="<<i<<endl;
    cout<<"sum="<<sum<<endl;
    return 0;
}
```

形式 5：

```cpp
#include <iostream>
using namespace std;
int main()
{
    int i,sum;
    for(i=1,sum=0;i<=10; sum+=i,i++);  //for 语句后加分号,说明表达式 3 为循环体语句
    cout<<"i="<<i<<endl;
    cout<<"sum="<<sum<<endl;
    return 0;
}
```

上述 5 种不同的 for 循环形式,对求自然数 1 到 10 的和结果是等价的。从中可以看出,for 循环的写法非常灵活。其中在形式 5 中,<表达式 1>和<表达式 3>均为逗号表达式,for 循环后加一个分号,说明循环体是一个空语句,所有要实现的工作都放在了<表达式 3>中。

注意:

无论哪种形式,for 循环中的分号都不能省略。另外,for 循环可以与 while,do-while 相互替代,三种循环也可以相互嵌套。

【例 2.15】 for 循环语句与 do-while 循环语句的嵌套。

```cpp
#include <iostream>
using namespace std;
int main()
{
    int i,a=0;
    for(i=1;i<=5;i++)
    {
        do{
            i++;
            a++;
        }while(i<3);
        i++;
    }
    cout<<"i="<<i<<endl;
```

```
    cout<<"a="<<a<<endl;
    return 0;
}
```

程序的运行结果：

```
i=8
a=3
```

其执行流程为：先执行 for 循环语句，i＝1，判断 i≤5 成立，执行 do-while 循环中 do 后面的语句，i 值更新为 2，a 值更新为 1，判断 while 后的条件是否成立，成立，继续执行 do-while 循环，i 值更新为 3，a 值为 2，判断 while 后的条件是否成立，不成立，退出 do-while 循环，执行其后语句 i++，i 值更新为 4，再执行计算 for 循环中表达式 3 的值 i++，i 值更新为 5，接着判断 i≤5 是否成立，成立，执行 do-while 循环中 do 后面的语句，i 值为 6，a 值为 3，判断 while 后的条件是否成立，不成立，退出 do-while 循环，执行其后语句 i++，i 值更新为 7，再执行计算 for 循环中表达式 3 的值 i++，i 值更新为 8，再判断 i≤5 是否成立，不成立，退出 for 循环，输出结果。

【例 2.16】　for 循环语句的嵌套。

```
#include <iostream>
using namespace std;
int main()
{
    int i,j;
    cout<<"*"<<"\t";
    for(i=1;i<=9;i++)
        cout<<i<<"\t";            //输出标题行"*1 2 3 4……9"
    cout<<endl;                   //输出完标题行后换行
    for(i=1;i<=9;i++)
    {
        cout<<i<<"\t";            //外层循环控制第一个乘数 i
        for(j=1;j<i+1;j++)        //内层循环控制第二个乘数 j
            cout<<i*j<<"\t";      //输出 i*j 的值
        cout<<endl;               //输出完一行后换行
    }
    return 0;
}
```

　　该程序输出一个乘法九九表,程序中的第一个 for 循环,用来输出标题行信息,第二个 for 循环中又嵌套了一个 for 循环,这两层循环分别用来控制两个乘数的取值。

2.8.3　转向语句

　　C++ 中,语句都是根据其在程序中的先后顺序,从主函数开始,依次执行相应的语句。而转向语句却是一种改变程序执行顺序的语句。C++ 提供了 goto、break 和 continue 等转向语句,其中 goto 是非结构化控制语句,而 break 和 continue 是半结构化控制语句,它们都会改变语句的执行顺序,因此,应该在程序中尽量少用。

　　1. break 语句

　　语句格式为

```
break;
```

其中,break 是关键字。

　　该语句主要用于下列两种情况:

　　(1) 用于开关语句 switch 中,其功能是退出开关语句,执行其后语句。

　　(2) 用于循环体中,其功能是退出本层循环。

　　【例 2.17】　break 语句的使用。

```
#include <iostream>
using namespace std;
int main()
{
    int i=1;
    do
    {
        i++;
        cout<<++i<<endl;
        if(i==7) break;
    }while(i==3);
    cout<<"OK!\n";
    return 0;
}
```

　　程序的运行结果:

```
3
5
OK!
```

2. continue 语句

语句格式为

```
continue;
```

其中,continue 是关键字。

该语句只用于循环体中,其功能是结束本次循环,回到循环条件,判断是否执行下一次循环。

【例 2.18】 continue 语句的使用。

```cpp
#include <iostream>
using namespace std;
int main()
{
    int i=0;
    while(++i)
    {
        if(i==10) break;
        if(i%3!=1) continue;
        cout<<i<<endl;
    }
    return 0;
}
```

程序的运行结果:

```
1
4
7
```

3. goto 语句

语句格式为

```
goto <语句标号>;
```

其中,goto 是关键字。语句标号是一种用来标识语句的标识符。语句标号可以放在语句行的最左边,与语句用冒号分隔,也可以放在语句行的上一行,即独占一行,也使用冒号分隔。例如:下面程序段输出自然数 1 到 10 之和,用 goto 语句构成一个循环,loop 是语句标号。

```
int i=1,s=0;
loop: i++;
    s+=i;
    if(i<=10) goto loop;
cout<<s<<endl;
```

其中,

```
loop: i++;
```

或

```
loop:
    i++;
```

是等价的。

在 C++ 中,建议尽量少用 goto 语句,最好不用,并对 goto 语句的使用范围进行限制,规定 goto 语句只能在一个函数体内进行转向。这样就保证了函数是结构化的最小单元。在一个函数中,语句标号是唯一的。

2.9 应用实例——水果超市管理系统菜单设计

水果超市是一种新兴的水果经营方式,在水果超市中购买水果就像在超市购物一样,可以任意挑选自己喜欢的水果,付账时计算机计费,统一打印小票,对不满意的水果提供包退、包换服务。由于水果超市具有价格低廉、品种丰富、购买体验好、服务快捷等优势,越来越多的消费者喜欢在水果超市中消费。这种经营方式逐渐被消费者接受,已经基本取代了传统的水果经营模式。

考虑到读者对这种经营模式较为熟悉,并且其管理形式不像大型综合超市那样复杂,本书选择水果超市管理系统作为教学案例,方便读者理解和学习。该系统贯穿于本书的主要章节,提供了水果超市日常业务活动管理的基本功能,实现了部分信息的查询,且将C++的主要知识贯穿在整个系统的实现中。系统各功能模块的设计与实现将从本章开始在后续相关章节中逐一加以介绍,并在第 10 章案例实训部分进行综合分析。

2.9.1　水果超市管理系统功能介绍

　　一个软件系统的设计与开发通常从需求分析开始,通过总体设计、详细设计和代码编写形成程序,经过系统测试和调试、修改工作,最终完善系统并交付用户正式使用。

　　水果超市的管理流程较为简单,主要包括水果的进货和销售,以及实现销售情况的查询等。由于多数读者熟悉在水果超市购买水果的过程,因此本书案例将侧重于水果的销售管理,而简化水果的进货过程。作为水果超市管理系统的用户,他们希望系统能够向顾客展示超市水果的基本信息,如水果的名称、售价等;同时还希望系统为顾客提供便捷的选购、退货以及结账等服务。另外,作为超市的业主,他们也希望实时了解超市的运营情况、每天的销售额及获利情况。基于客户的这种需求,本系统实例主要实现三部分的功能:记录简单进货情况的基础数据管理功能,顾客选购、退货和结账服务的日常业务活动的管理功能,以及超市经营情况的信息查询服务功能,如图 2-8 所示。

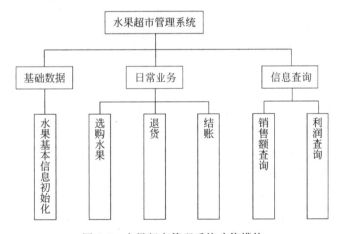

图 2-8　水果超市管理系统功能模块

　　基础数据部分需完成水果基本信息的初始化,包括水果的编号、名称、进价和售价等信息的录入。本系统将水果分成两类,一类是正价水果,另一类是进行促销的特价水果。在水果基本信息初始化模块要完成超市中所有水果基本信息的录入,这些数据将为日后的日常销售和信息查询提供相关基础信息。

日常业务管理部分包括选购水果、退货和结账三个功能模块,顾客进入超市后系统将为其自动生成一个空的购物车,当顾客选到要买的水果后,系统通过选购水果功能模块将其选的水果编号、名称和数量信息加入到顾客的购物车中。若顾客对其选的某种水果不满意时可用退货模块,将购物车中的该商品删掉。当顾客完成水果的选购之后,系统进入结账功能模块,根据顾客购物车中的水果名称、数量和在基础数据部分已录入的水果售价,计算出顾客应付的金额。顾客付完钱后系统将清空购物车,同时系统内部会将这笔水果销售的金额累加到销售总额中,并根据水果的进价计算出利润,也累加到利润总额中,为后面的信息查询模块提供相关数据。

信息查询模块提供了对水果销售总额和利润总额的查询服务,以便于业主可及时掌握超市的经营状况。

2.9.2 系统菜单设计

菜单作为系统与用户沟通的桥梁具有方便、直接的特点,因此目前多数软件系统均采用菜单模式进行功能的选择。用户使用软件系统首先从菜单开始,一个友好的系统菜单能够让用户比较容易地接受系统,方便用户使用。菜单设计的目的就是向用户全面展示系统功能,同时方便用户对系统进行操作。水果超市系统的菜单不但提供了图 2-8 所示的所有功能,同时为了便于用户操作,为每项功能提供了对应的表示字符。

使用水果超市管理系统的用户需要在各项功能中进行反复地选择,例如每个顾客购买水果都需要进行水果的选择和结账,业主则经常要查看销售信息等,因此本节的菜单设计综合应用了循环结构和多条件选择结构语句。

系统运行后,首先向用户展示系统菜单,列出所有功能,用户根据需要进行选择,系统自动完成所选功能的调用;每项功能执行完,用户可以根据自己的需求从系统菜单中再次选择其他功能。由于本节只介绍系统菜单的设计与实现,因此与菜单对应的各功能仅通过示意性的函数调用来实现,而没有给出具体的函数实现,完整的程序可以参见第 10 章。

【例 2.19】 水果超市管理系统的菜单设计。

```cpp
#include <iostream>
using namespace std;
void Purchase();              //选购水果函数
void CheckOut();              //顾客结账函数
void Delete();                //顾客退货函数
void TotalMoney();            //计算超市销售总额函数
void Profit();                //计算超市获利信息函数
void DispMenu()               //显示菜单
```

```
{
    cout<<"欢迎光临本店,请选择相应的功能!"<<endl;              //提示信息
    cout<<"A/a 买水果..."<<endl;                           //选购水果请输入 A 或 a
    cout<<"D/d 退水果..."<<endl;                           //退货请输入 D 或 d
    cout<<"C/c 结账..."<<endl;                             //结账请输入 C 或 c
    cout<<"M/m 查看销售总额..."<<endl;                      //查看销售总额请输入 M 或 m
    cout<<"P/p 查看利润..."<<endl;                         //查看利润请输入 P 或 p
    cout<<"Q/q 退出系统..."<<endl;                         //退出系统请输入 Q 或 q
}
int main()
{
    DispMenu();                                           //显示系统菜单
    char ch;
    cin>>ch;
    while(1)
    {
        switch (ch)
        {
            case 'A':                                     //选购水果
            case 'a':
                Purchase();                               //购买水果操作
                break;
            case 'C':                                     //购物车结账
            case 'c':
                CheckOut();                               //计算购物车的销售金额
                break;
            case 'D':                                     //删除水果
            case 'd':
                Delete();                                 //从购物车中删除对应水果信息
                break;
            case 'M':                                     //显示销售总额
            case 'm':
                TotalMoney();                             //计算销售总额
                break;
            case 'P':                                     //显示当前总利润
            case 'p':
                Profit();                                 //计算总利润
                break;
```

```
        case 'Q':   //退出系统
        case 'q': return 0;
        default:
            cout<<"输人错误!"<<endl;
    }
    DispMenu();
    cin>>ch;
    }
}
```

习题

一、填空题

1. _____是 C++ 新增的一个数据类型,它占一个字节,只能取两个值:false 和 true。

2. C++ 的基本数据类型主要包括_____、_____、_____和_____。

3. C++ 的构造数据类型主要有_____、_____、_____、_____和_____类型。

4. C++ 中常用的标志常量的关键字是_____。

5. C++ 中的基本数据类型常量主要包括_____、_____、_____、_____、_____和_____。字符型常量又分为_____和_____。

6. C++ 中变量的定义和引用更灵活,它可以在变量的使用过程中_____,一般提倡放在_____之前。

7. 仅对一个操作数作用的运算符称为_____,对两个操作数作用的运算符称为_____,对三个操作数作用的运算符称为_____。

8. 在运算符的优先级别中,_____运算符是级别最低的,它的结合性是_____。

9. 三目运算符比_____和_____优先级要高,它的结合性是_____。

10. 设 ch 为字符型变量,则执行语句 ch='a'+'8'-'3'+5;后,ch 的值为_____。

11. 现有语句"int a=5;",则执行语句"a+=a*=10;"后,a 的值为_____。

12. 如果 a=1,b=2,c=3,d=4;,则表达式 a<b? a:c<d? c:d 的值为_____。

13. 设有定义 char ch='a';float f=1.0;double d=2.0;,则表达式 ch+18/4*f*d/5 的值是_____,其数据类型为_____。

14. 在 C++ 表达式中,若同时存在运算符 && 和||,应先进行＿＿＿＿运算符的运算。

15. 设有语句"int a[10];",则数组的首地址可以表示为＿＿＿＿ 或 ＿＿＿＿等形式。

二、选择题

1. 下列符号中能够用作 C++ 自定义标识符的是＿＿＿＿。
   A. －ab　　　　　B. _ab　　　　　C. 2ab　　　　　D. if

2. 下列正确定义整型变量 a、b 和 c,并为其赋初值为 10 的语句是＿＿＿＿。
   A. int a＝b＝c＝10;　　　　　　B. int a,b,c＝10
   C. int a＝10;b＝10;c＝10;　　　　D. int a＝10,b＝10,c＝10;

3. 下面不是 C++ 中整型常量的是＿＿＿＿。
   A. 0　　　　　B. 08　　　　　C. 02　　　　　D. 0XAF

4. 现有定义"int a＝5,b＝3; const int c＝6;",则下列符合 C++ 语法的表达式为＿＿＿＿。
   A. 4＋c＝b＝0　　B. a＝c＝b＝10　　C. a＝＋＋b　　D. a＝5＋＋

5. 若变量已正确定义并具有初值,下列表达是合法的是＿＿＿＿。
   A. （a＝b）＋＋　　　　　　B. a＝b＋3＝c＋＋
   C. a＝b＋＋＝c　　　　　　D. a＝b＋＋,b＝c

6. 执行下列语句后,输出结果是＿＿＿＿。

```
int a=0;
cout<<(a=4*5,a*5),a+25;
```

   A. 45　　　　　B. 25　　　　　C. 100　　　　　D. 125

7. C++ 中,下列运算符的操作数必须是 int 型的是＿＿＿＿。
   A. *　　　　　B. /　　　　　C. %　　　　　D. ＋

8. 下列程序的运行结果是＿＿＿＿。

```
int main()
{
    int i;
    for(i=0;i<3;i++)
```

```
        switch(i)
        {
            case 1:cout<<i;
            case 2:cout<<i;
            default:cout<<i;
        }
    return 0;
}
```

    A. 012   B. 012020   C. 011122   D. 120

9. 以下数组定义中,不正确的是_____。

    A. int a[2][3];   B. int b[3][]={0,1,2,3};

    C. int c[10][10]={0};   D. int d[][3]={{1},{1,2},{1,2,3}};

10. C++ 语言对嵌套 if 语句的规定是:else 总是与_____配对。

    A. 第一个 if   B. 缩进位置相同的 if

    C. 其之前最近的 if   D. 其前面最近的且尚未配对的 if

三、程序阅读题

1. 上机调试程序,并分析输出结果。

```
#include <iostream>
using namespace std;
int main()
{
    int a,b;
    cout<<"Enter a b: ";
    cin>>b>>a;
    int d=a-b;
    cout<<"d="<<d<<endl;
    return 0;
}
```

2. 上机调试程序,并分析输出结果。

```
#include <iostream>
using namespace std;
int main()
{
    const int A=8;
    const char CH='k';
    const double D=8.5;
    cout<<"A="<<A<<endl;
    cout<<"CH+2="<<char(CH+2)<<endl;
    cout<<"D-5.8="<<D-5.8<<endl;
    return 0;
}
```

3. 上机调试程序,并分析输出结果。

```
#include <iostream>
using namespace std;
int main()
{
    int a=3,b=5;
    cout<<(a>b+a==b-2)<<','<<(a!=b+a<=b)<<endl;
    char c='k';
    cout<<(c<='k')<<','<<(--c!='h'+2)<<endl;
    float f=2.3f;
    return 0;
}
```

4. 上机调试程序,并分析输出结果。

```
#include <iostream>
using namespace std;
int main()
{
    int m[][3]={17,15,13,11,9,7,5,3,1},s=5;
    for(int i=0;i<3;i++)
        s+=m[i][i];
```

```
        cout<<s<<endl;
        return 0;
}
```

5. 上机调试程序,并分析输出结果。

```
#include <iostream>
using namespace std;
int main()
{
    int a[]={15,53,74,11,8,69,0,41};
    int i=0,j;
    for(j=i;i<8;i++)
    if(a[i]>a[j])
        j=i;
        cout<<"该数组中值最大的元素是第"<<j+1<<"个,其值是:"<<a[j]<<endl;
    return 0;
}
```

6. 上机调试程序,并分析输出结果。

```
#include <iostream>
using namespace std;
int main()
{
    char c[]="bhy138kpm98$ ";
    for(int i=0;c[i]!='\0';i++)
    {
        if(c[i]>='a'&&c[i]<='z')
            continue;
        cout<<c[i];
    }
    cout<<endl;
    return 0;
}
```

7. 上机调试程序,并分析输出结果。

```
#include <iostream>
using namespace std;
int main()
{
    int a(10);
    while(--a)
    {
        if(a==5)  break;
        if(a%2==0&&a%3==0)  continue;
        cout<<a<<endl;
    }
    return 0;
}
```

8. 上机调试程序,并分析输出结果。

```
#include <iostream>
using namespace std;
int main()
{
    int b(5);
    do {
        ++b;
        cout<<++b<<endl;
        if(b==10)  break;
    }while(b<15);
    cout<<"ok!"<<endl;
    return 0;
}
```

9. 上机调试程序,并分析输出结果。

```
#include <iostream>
using namespace std;
int main()
{
    int w(9);
    do {
```

```
switch(w%2)
{
    case 1: w--; break;
    case 0: w++; break;
}
w--;
cout<<w<<endl;
}while(w>0);
return 0;
}
```

10. 上机调试程序,并分析输出结果。

```
#include <iostream>
using namespace std;
int main()
{
    int b(1);
    for(int i=9;i>=0;i--)
    {
        switch(i)
        {
            case 1: case 4: case 7: b++;break;
            case 2: case 5: case 8: break;
            case 3: case 6: case 9: b+=2;
        }
    }
    cout<<b<<endl;
    return 0;
}
```

四、问答题

1. C 语言中的结构体类型和 C++ 语言中的类类型有何不同? 结构体类型和类类型的区别是什么?

2. while 语句和 do-while 语句的区别是什么?

3. break 语句和 continue 语句的作用是什么?

五、编程题

1. 从键盘上输入五个 double 型数,输出它们的和以及平均值。

2. 编程计算下列两个代数式的值 $(a+b)^2$ 和 $a^2+2ab+b^2$,并比较它们是否相等,若相等则输出 YES,否则输出 NO。

3. 从键盘上任意输入一个字符串,将其逆向输出。例如:输入"abc12345"为"54321cba"。

4. 输出 100 之内的 3 的倍数,每行输出 5 个数。

5. 求两个整数的最大公约数和最小公倍数。

6. 求下列式子之和,假定 n=20。$S=1+(1+2)+(1+2+3)+\cdots+(1+2+3+\cdots+n)$

7. 求下列分数序列前 15 项之和。

$$2/1,3/2,5/3,8/5,13/8,\cdots$$

8. 按下列公式,求 e 的近似值。

$$e=1+\frac{1}{1!}+\frac{1}{2!}+\cdots+\frac{1}{n!}$$

第 3 章

指针和引用

    C++除了具有基本数据类型之外,还提供了指针、数组和引用等复杂的数据类型。指针是 C++语言中最有效的工具之一,通过指针可以直接对内存进行操作;数组是一批相同类型数据的集合;引用则具备了几乎所有指针的功能,使用起来更加简单、方便。

    学习目标:

(1)掌握指针的定义和使用方法;

(2)掌握指针和数组的关系;

(3)学会字符串的应用技巧;

(4)掌握引用的概念和使用方法。

 ## 3.1 指针

    C++语言具有在运行时获得变量的存储地址和操控存储地址的能力,用来操控存储地址的特殊数据类型就是指针。指针功能强大,但又很危险,需要谨慎使用。

3.1.1 指针的概念

    指针是用来存放某个变量或函数的地址值的一种特殊变量。与一般变量不同,指针变量所表示的数据值是某个变量在内存中的地址值,因此也称这个指针是指向被存放地址的变量,即指针存放哪个变量的地址值,它就指向哪个变量。

    每一种基本数据类型,如 int、float、double、char 等,都有相应的指针类型。指针的类型是它所指向变量的类型,而不是指针本身数据值的类型,因为任何指针本身的数据值都是表示内存地址的无符号长整型数。例如,可以通过建立浮点型指针处理浮点型数,建立字符指针处理字符等。

    假设一个字符变量 m 的值为'a',系统为它在计算机内存中分配一块连续的存储单元,如果这块存储单元的首地址为 0x0012ff7c,则可以通过"&m"取得存放字符变量 m 的首地址(& 为取地址运算符)。如果要访问 m,则既可以通过字符变量的名字 m 完成,也可以通过存放字符变量 m 的首地址 0x0012ff7c 完成。

3.1.2　指针变量的定义

指针变量的定义格式为

```
<指针类型>*<指针名>;
```

符号"*"是说明符或修饰符,用来表示它后面的标识符是指针变量名。
例如:

```
int * p;
```

p 是指针变量的名字,int 表示该指针 p 的类型是整型指针,也就是指针 p 所指向的存储空间只能存放整型数,称之为 int * 型指针。

指针除了可以指向变量之外,还可以指向函数。例如:

```
int( *pf) ();
```

pf 是一个指向函数的指针,该函数的返回值为 int 型数值。

指针变量的定义语句由数据类型后跟"*",再跟指针变量名组成。"*"向左靠向数据类型、向右靠向指针名或者居中所表示的意思都是相同的。例如:

```
int *p;
int*p;
int *p;
```

上面的三个语句表示同一个含义,即定义一个名为 p 的 int * 型指针。

指针是一种变量,因此在所有能够定义变量的地方均可声明指针变量。一个"*"只能定义一个指针,如语句 int * p1,p2;表示定义了一个名为 p1 的 int * 型指针和一个名为 p2 的整型变量,而不是两个 int * 型指针。要想定义多个指针需要在每个指针名前加"*",如:

```
int *p1, *p2;
```

定义了两个 int ＊ 型指针变量 p1 和 p2。

指针名可以使用任何合法的变量名,但是许多程序员习惯使用 p 开头的标识符命名指针。

3.1.3　指针变量的运算

指针可以进行赋值、加减以及关系运算。

对于指针的赋值,可以在定义时赋予其初始值,也可以在程序运行时为指针变量赋值。

【例 3.1】　指针变量的赋值。

```cpp
#include <iostream>
using namespace std;
int main()
{
    int x(15),y(30);
    int *p=&x;                                  //为指针变量赋初始值
    cout<<"p="<<p<<";"<<"*p="<<*p<<endl;
    p=&y;                                       //将地址值赋给指针变量
    cout<<"p="<<p<<";"<<"*p="<<*p<<endl;
    *p=40;                                      //通过指针改变变量的内容
    cout<<"p="<<p<<";"<<"*p="<<*p<<endl;
    cout<<"y="<<y<<endl;
    return 0;
}
```

程序的运行结果:

```
p=0012FF7C;*p=15
p=0012FF78;*p=30
p=0012FF78;*p=40
y=40
```

通过该程序的运行可知,普通变量在定义时可以初始化,指针变量也同样可以在定义时初始化。程序中 int ＊ p＝&x;语句就是对 int ＊ 型指针变量 p 的定义,并且赋予了初始值(整型变量 x 的地址值),其中"&"为取地址符号,"&x"表示取变量 x 的地址值。语句 p＝&y;修改指针变量 p 的值,使其值为变量 y 的地址值,也就是让指针 p 再指向变量

y。另外还可将一个已被赋值的指针赋给另外一个相同类型的指针。程序的第 7 行和第 9 行为两条输出语句,由程序的输出结果可知:直接输出 p 的值时,输出的是内存地址;如果输出"＊p",则输出的是指针 p 所指向的整型变量 x 或 y 的值,这是指针间接引用的结果。运算符"＊"称为间接引用运算符,也称取内容运算符。当一个指针被间接引用时就读取其保存的地址中所存放的数值,因此指针提供了对变量值间接访问的功能,指针保存的是该变量的地址。程序中的语句＊p＝40;是通过指针的间接引用来改变指针所指向的变量的值,因此最后输出"y＝40"。

指针也可以指向函数,因为函数的地址值可用该函数的名字表示,所以一个指向函数的指针可用它所指向的函数名字赋值。

例如:

```
double Fun(double x,double y);
double (*pf)(double,double);
pf=Fun;
```

这表明 pf 是一个指向函数 fun() 的指针,这里用 fun() 给 pf 赋值,实际上是让 pf 指向 Fun() 函数在内存中的入口地址。

【例 3.2】　编写程序,实现三个整数的排序,在主函数中用指针进行函数的调用。

```
#include <iostream>
using namespace std;
void sort(int,int,int);
int main()
{
    int a,b,c;
    cout<<"请输入需要排序的三个整数"<<endl;
    cin>>a>>b>>c;
    void (*pf)(int,int,int);          //定义指向函数的指针
    pf=Sort;                          //为指针赋值
    pf(a,b,c);                        //利用指向函数的指针调用函数
    return 0;
}
void sort(int x,int y,int z)
{
    int temp;
    if(x<y)
```

```
    {
        temp=x;
        x=y;
        y=temp;
    }
    if(x<z)
    {
        temp=x;
        x=z;
        z=temp;
    }
    if(y<z)
    {
        temp=y;
        y=z;
        z=temp;
    }
    cout<<x<<">"<<y<<">"<<z<<endl;
}
```

在例3.2中赋值语句pf＝Sort;的作用是将函数Sort()的入口地址赋给指针变量pf,这时pf就是指向函数Sort()的指针变量,调用pf就是调用函数Sort()。

可以把指针看成是类似于整型的变量,它的数值就是内存地址。指针可以加上一个整数,也可以减去一个整数,但是它与普通整数的加减运算是有区别的。如int ＊型指针p与一个整型变量n相加,它不是简单地将n的值直接加到p上,而是要将n乘以一个因子,这个因子就是指针所属类型的数据在实际存储时所占存储单元的个数,不同类型的数据所占的单元数不同,int型、long型、float型等为4字节、char型为1字节、double型为8字节等等。例如:int ＊型指针p加上整型数n(即p+n),实际上是p+4＊n,p+n的操作可以看成是将指针向后移动n个数的位置,p-n的操作可以看成是将指针向前移动n个数的位置。

【例3.3】 指针加减运算。

```
#include <iostream>
using namespace std;
int main()
{
```

```
    int y=30,x=15;
    int *p=&x;
    cout<<"&x="<<&x<<";  "<<"p="<<p<<";  "<<"*p="<<*p<<endl;
    p++;                        //将地址值赋给指针变量
    cout<<"&y="<<&y<<";  "<<"p="<<p<<";  "<<"*p="<<*p<<endl;
    p--;                        //通过指针改变变量的内容
    cout<<"p="<<p<<";  "<<"*p="<<*p<<endl;
    return 0;
}
```

程序的运行结果：

```
&x=0012FF78;p=0012FF78;  *p=15
&y=0012FF7C;p=0012FF7C;  *p=30
P=0012FF78;  *p=15
```

由程序的执行结果可见,系统为连续定义的两个整型变量 x 和 y 分配了连续的存储空间,x 的首地址为 0x0012FF78,y 的首地址为 0x0012FF7C。int * 型指针 p 的初始值为 x 的首地址,当执行 p++;之后,不是在原来 p 的值的基础上加 1,而是加了 4,p 的值由原来的 0x0012FF78 变为了 0x0012FF7C,也就是一个整型数据所占单元的个数,所以 p++之后使得 p 指向了整型变量 y,在 p++之后再 p－－,使 p 又重新指向变量 x。

指针除了可以加上或减去一个整型数之外,还可以在两个指针之间进行减法运算,但是不能进行加法运算,因为两个指针相加很可能产生一个无效的或危险的地址。不论指针的加法还是减法,其访问操作都必须是有意义的,否则是危险的。

3.1.4 指针的指针

将指针的定义进一步推广,还可以定义指向指针的指针(也称二级指针)。其定义格式为

```
<指针类型>  **<指针名>;
```

同样,也可以定义和使用三级指针等多级指针,通过例 3.4 了解多级指针的定义和使用情况。

【例 3.4】 多级指针的使用。

```
#include <iostream >
using namespace std;
int main()
{
    int x=15;
    int *p1=&x, **p2=&p1,***p3=&p2;
    cout<<"p1="<<p1<<";  "<<"p2="<<p2<<";  "<<"p3="<<p3<<endl;
    cout<<"*p1="<<*p1<<";  "<<"**p2="<<**p2<<";  "<<"***p3="<<***p3<<endl;
    return 0;
}
```

程序的运行结果：

```
p1=0012FF7C;   p2=0012FF78;   p3=0012FF74
*p1=15; **p2=15; ***p3=15
```

程序中定义了一个指向整型变量 x 的一级指针 p1。语句**p2＝&p1;定义了一个二级指针 p2，p2 是指向一级指针 p1 的指针。语句***p3＝&p2 定义了一个三级指针 p3，p3是指向二级指针 p2 的指针。由此可见，定义几级指针就在指针名前加几个"＊"。因为多级指针比较烦琐，所以不建议在编程的时候使用多级指针。

3.2   指针与数组

在 C++ 中，数组名本身就是一个指针常量，该指针的值就是数组首元素的地址值。指针与数组的关系非常密切，既可以用指针指向数组中的元素，也可以建立由指针组成的数组。

3.2.1   指向数组的指针

在 C++ 中，数组中的元素可以用数组下标来表示(具体表示方法在第 2 章已作介绍)，也可以用指针表示。用指针表示数组中的元素要比用下标表示处理起来更快，因此在 C++ 程序中如果对程序的运行速度有较高要求的话，可以使用指针引用数组中的元素，指向数组的指针就是用来完成该功能的。

数组名本身就是数组第一个元素的地址，可以用数组名初始化指针或给指针赋值。在数组中存放的所有数据都是相同的数据类型，每个元素所占据的内存单元个数相同，并且数组中所有元素是连续存放的。由 3.1.3 节可知,通过对指向数组的指针进行加减运算,使其在数组的各个元素之间移动,可以方便地访问数组的各个元素。

根据存储数据的方式不同,数组可以分为一维数组、二维数组、三维数组以及多维数组。下面分别以一维数组、二维数组和三维数组为例介绍指向数组的指针。

1. 一维数组的指针表示

例如:

```
int a[4];
```

a 是一个含有 4 个元素的一维数组,它有 4 个 int 类型变量。对于数组中的每一个元素习惯用数组下标表示,如 a[0]、a[1]、a[2] 和 a[3] 分别表示数组 a 中的第 1、2、3、4 个元素,其中 a 是数组名。

C++ 规定,任何一个数组的名字都是一个指针常量,该指针常量的值便是该数组首元素的地址值,即 a 是 a[0] 的地址值,因此可以用数组名表示数组元素的地址。例如:

```
a+i,i 为 0~3
```

表示数组 a 中第 i 个元素的地址。

第 i 个数组元素则表示为

```
*(a+i) ,i 为 0~3
```

下面以数组的求和运算为例,介绍 3 种访问一维数组元素的方法。

【例 3.5】　数组的求和运算。

```cpp
#include <iostream>
using namespace std;
int main()
{
    float sum1=0,sum2=0,sum3=0;
    float xarray[6]={3.6,67.4,32.5,12.5,37.1,78.9};
    float *pxarray=xarray;
    int n;
    for (n=0;n<6;n++)                       //利用数组下标表示
```

```
{
    sum1+=xarray[n];
}
for (n=0;n<6;n++)                //利用指向数组的指针表示
{
    sum2+=*pxarray;
    pxarray++;
}
for (n=0;n<6;n++)                //利用数组名的指针特性表示
{
    sum3+=*(xarray+n);
}
cout<<sum1<<endl;
cout<<sum2<<endl;
cout<<sum3<<endl;
return 0;
}
```

程序的运行结果：

```
232
232
232
```

在该程序中,定义了一个具有 6 个浮点数的一维数组 xarray,并赋予了初始值。在程序的第 7 行定义了一个 float * 型指针 pxarray,因为 xarray 为数组名,本身是一个指向第一个元素的指针常量,因此可以用 xarray 给指针 pxarray 赋值。在第一个 for 循环中,利用数组下标的表示方法(数组元素的下标从 0 开始),将数组中的元素逐个相加。第二个 for 循环,利用指向数组 xarray 的指针 pxarray 的加法运算,逐个访问数组中的元素,每次循环将指针 pxarray 加 1,实现 pxarray 指向下一个元素。在第三个循环中,利用数组名本身是数组首元素的地址值的方法,因为 xarray 是指针常量,所以在程序中不可以改变 xarray 本身的值。由此可见,数组名 xarray 是指针常量,区别于指针变量 pxarray,可以给指针变量 pxarray 赋值,如程序中的第 7 和 16 行,而给数组名赋值是错误的。对于编译器来说,数组名表示内存中分配了数组的固定位置,修改了这个数组名,就会丢失数组空间,所以数组名所代表的地址不能被修改。

2. 二维数组的指针表示

例如：

```
doublea[3][2];
```

表示数组 a 是二维数组，它有 3 行 2 列，数组中的每个元素都是双精度浮点类型，数组元素一般按行存储，即按照存储顺序存取元素时，最右边的下标变化最快，一行中的所有元素取完之后，才取下一行。

用指针表示二维数组 a 的元素的方法如下：

```
*(*(a+i)+j)
```

其中 i=0,1,2;j=0,1; i 表示行号,j 表示列号。

一个二维数组可以看成是一个一维数组，它的元素又是一个一维数组，对数组 a[3][2],可以看成是具有 3 个元素的一维数组(行数组)，每个元素又是具有 2 个元素的一维数组(列数组)。二维数组是一种抽象，因为计算机存储器是一维的，编译器必须事先建立由抽象数组到组成计算机存储的实际一维数组的映射。将二维数组的行、列的一维数组都用指针表示，得到如下形式：*(*(a+i)+j)。如果将二维数组的行数组用下标表示则得到 *(a[i]+j)；若将二维数组的列数组用下标表示，则为(*(a+i))[j]。

二维数组元素的表示方法共有 4 种：

```
(1) a[i][j]
(2) *(*(a+i)+j)
(3) *(a[i]+j)
(4) (*(a+i))[j]
```

3. 三维数组的指针表示

三维数组可以看成是每个元素为一维数组的二维数组，而这个二维数组又可以看成是每个元素为一维数组的一维数组。

例如：

```
double a[3][2][4];
```

用指针表示三维数组元素的方法如下：

```
* (* (* (a+i)+j)+k)
```

其中 i=0,1,2;j=0,1;k=0,1,2,3;i 表示行号,j 表示列号,k 表示组号。

如果将三维数组的行号用下标表示则为 * (* (a[i]+j)+k);若将三维数组的列号用下标表示,则为 * ((* (a+i))[j]+k);若将三维数组的组号用下标表示,则为 (* (* (a+i)+j))[k]。读者通过分析下面的程序熟悉多维数组的指针表示法。

【例 3.6】 分析下列程序的输出结果。

```cpp
#include <iostream >
using namespace std;
int main()
{
    inta[][4]={{2,3},{4,8,2},{5,2,6,8}};
    a[1][2]=9;
    cout<<**a<<";"<<**(a+2)<<";"<<*(*(a+1)+2)<<endl;
    return 0;
}
```

在编写程序的时候选用下标还是用指针表示数组中的元素,没有硬性规定,选择自己习惯的方式编写即可。但是正如不能滥用数组下标一样,也不能随便进行指针的加减操作。在对指针加减时,必须保证经过运算后得到的新地址是程序能够支配的地址。如在例 3.5 中,pxarray 开始指向数组 xarray 的第一个元素,而数组一共有 6 个元素,我们就不能对 pxarray+10 这个地址进行操作,因为它超出了数组的范围。

4. 指向数组的指针

利用指向数组的指针也可以访问数组元素。其定义格式如下:

<指针类型>(<*指针名>)[<大小>]...

当定义一个指向数组的指针时,<指针类型>为所指向的数组元素的类型,各种不同类型的数组所存放的数据类型不同。在定义一个指向数组的指针后,系统便给指针分配一个内存单元,各种不同类型的指针被分配的内存空间的大小是相同的,因为不同类型的指针存放的数据值都是内存地址。指针可以指向在前面第 2 章中介绍的基本数据类型,可以指向构造类型,也可以是数组、结构体或第 5 章介绍的类等等。用来说明指针的"*"要与指针名括在一起。指针名后面用来表示数组的大小,当后面有一个"[ ]"表示该指针

指向一维数组,有两个"[ ]"则表示指针指向二维数组。总之,指针名后有几个"[ ]"则表示指针指向几维数组。当指针后只有一个"[ ]"时,"[ ]"中的数字表示该指针指向的一维数组中所包含元素的个数。

例如:

```
int (*p)[5];
```

该语句表示定义一个指向含有 5 个元素的一维数组的指针 p。

用该方式定义的指针表示数组中的元素的方法与上面介绍的不同维数组的指针表示法相同。

【例 3.7】　指向一般数组指针的例子。

```
#include <iostream>
using namespace std;
int a[][3]={1,2,3,4,5,6,7,8,9};
int main()
{
    int (*pa)[3](a);                   //定义指向数组 a 的指针
    for(int i=0;i<3;i++)
    {
        cout<<"\n";
        for(int j=0;j<3;j++)
        {
            cout<<*(*(pa+i)+j)<<"  ";   //用指针指向数组中的元素
        }
    }
    cout<<"\n";
    return 0;
}
```

程序的运行结果:

```
1    2    3
4    5    6
7    8    9
```

在该程序中定义了一个指向数组 a 的首行一维数组的指针 pa,程序中用双重循环使指向数组 a 的指针 pa 按行和列的方式输出数组 a 中的各个元素。

3.2.2 指针数组

指针数组,顾名思义,它是一个数组,而数组的元素是指针。

指针数组的说明格式为

```
<类型>*<数组名>[c1][c2]...[cn];
```

c1,c2,…,cn 是整型常数,有几个"[ ]"就表示是几维的指针数组。

如:

```
int *p[3];
```

p 是一个一维指针数组,由于"*"具有右结合性,因此从右向左看,首先看到[3]说明是一个数组,是一个包含 3 个元素的数组。然后看到"*",说明数组中的元素类型是指针,由此可以看出数组中存放的是指针。同理,char * pchar[2][3]是包含有 6 个元素的二维指针数组,每一个元素都是一个字符型指针。

在 C++ 语言中,指针数组最常用的场合就是说明一个字符串数组。即说明一个数组,它的每个元素都是一个字符串的首地址。

如:

```
char *proname[]={"Fortran","C","C++","VB"};
```

proname 数组中的每个元素都存放一个 char * 型指针,初始化中的每个值是一个字符串,指向这些字符串的指针连续排列在指针数组中。即

```
proname[0]="Fortran"
proname[1]="C"
proname[2]="C++"
proname[3]="VB"
```

指针数组名是指向指针的指针,也就是二级指针。

【例 3.8】 利用指针数组将若干字符串按字母顺序输出。

```
#include <iostream>
using namespace std;
void Sort(char *string[],int n);
void Display(char *string[],int n);
int main()
{
    char *string[]={"FORTRAN","BASIC","JBuilder","Java","VC"};
    int n=5;
    Sort(string,n);
    Display(string,n);
    return 0;
}
void Sort(char *string[],int n)
{
    char *temp;
    int i,j,k;
    for(i=0;i<n-1;i++)
    {
        k=i;
        for(j=i+1;j<n;j++)
        {
            if(strcmp(string[k],string[j])>0)
                k=j;
        }
        if (k!=j)
        {
            temp=string[i];
            string[i]=string[k];
            string[k]=temp;
        }
    }
}
void Display(char *string[],int n)
{
    int i;
    for(i=0;i<n;i++)
        cout<<string[i]<<endl;
}
```

程序的运行结果：

```
BASIC
FORTRAN
Java
JBuilder
VC
```

在 main()主函数中定义了指针数组 string,它有 5 个元素,每个元素都是一个 char * 指针,其初值分别是字符串"FORTRAN","BASIC","JBuilder","Java","VC"的首地址。Sort()函数的作用是对字符串排序,Sort()函数的形参 string 也是指针数组名,接收实参传过来的 string 数组的首地址,因此形参 string 数组和实参 string 数组指的是同一数组。Display()函数的作用是输出各字符串。

3.3　string 类型

编写程序经常要用到字符串,C++ 语言既兼容了 C 语言中字符串的功能,同时为了字符串使用方便,又提出了 string 类型。

3.3.1　C 风格字符串

字符串实质是字符类型的数组,C++ 从 C 语言继承下来的一种通用结构是 C 风格字符串,C 风格字符串是以空字符"\0"结束的字符数组,字符串在内存中的实际存储长度比字符串长度多 1。C 风格字符串的初始化有下面两种方法：

```
char cstr[4]={'y','o','u','\0'};      //必须手工添加结束符
char cstr[4]="you";                   //编译器自动加上结束符"\0"
```

如果将第 2 个语句中数组元素的个数改为 3,那么程序编译时系统会指出数组越界的错误。由此可见,字符串"you"虽然只有 3 个字符,但是在字符串的末尾编译器自动加了一个结束符,因而其实际存储长度为 4。

也可以通过 char * 类型的指针操纵 C 风格字符串。如：

```
char *cp="you";
```

cp 是指向字符数组的指针,因此可以通过对 cp 的递增或递减来逐个访问字符串中

的每个字符。

原来在 C 语言中提供的常用字符串函数在 C++ 中可继续使用,编译系统提供的字符串处理函数放在 string.h 头文件中,调用字符串处理函数时,只要包含头文件 string.h 即可。常用的字符串处理函数如下。

1. 字符串长度函数 strlen()

函数原型说明如下:

```
int strlen(const char *s);
```

该函数返回字符串 s 的长度,不包括字符串结束符'\0'。

2. 字符串比较函数 strcmp()

函数原型说明如下:

```
int strcmp(char *s1, char *s2);
```

该函数的功能是按照字典顺序比较字符串 s1 与字符串 s2 是否相等。如果相等,则该函数返回值为 0;如果 s1>s2,则该函数返回大于 0 的值;如果 s1<s2,则该函数返回小于 0 的值。

3. 字符串连接函数 strcat()

字符串连接函数有两种,其中第一种函数原型说明如下:

```
char *strcat(char *s1,char *s2);
```

该函数的功能是用来将字符串 s2 添加到字符串 s1 的后面,返回一个包含了两个字符串的新字符串。

第二种字符串连接函数的原型说明如下:

```
char *strcat(char *s1,char *s2,int n);
```

其中 n 是整型数,它用来表示在 s1 所指向的字符串后面,仅连接上 s2 所指的字符串中的前 n 个字符。

4. 字符串复制函数 strcpy()

字符串复制函数有两种,第一种函数原型说明如下:

```
char *strcpy(char *s1,char *s2);
```

该函数的功能是用字符串 s2 更新字符串 s1,进而实现字符串的复制。其中,s1 和 s2 是字符指针或字符数组,而 s2 的字符串是已知的,该函数将 s2 所指的字符串复制到 s1 所指的字符数组中,然后返回 s1 的地址值。调用这个函数时需要注意:必须保证 s1 所指向的字符串能够容纳下 s2 所指向的字符串,否则将出现错误。

第二种函数原型说明如下:

```
char *strcpy(char *s1,char *s2,int n);
```

其中 n 是整型数,它用来表示仅将 s2 所指向的字符串中前 n 个字符复制到 s1 中。

3.3.2　string 类型

在 C 语言里,对字符串的每一项处理都是一件比较困难的事情,因为通常在实现字符串的操作时会用到最不容易驾驭的类型——指针。正因为 C 风格字符串过于复杂,难于掌握,不适合大程序的开发,因此 C++ 又定义了一种 string 类型的字符串。使用 string 类型,必须包含头文件<string>。

string 类型有一个明显优点是能够自动地根据文本大小确定相应的存储空间,因此用 string 类型定义的字符串中不需要使用'\0'作结束符。图 3-1 说明了 C 风格的字符串与 string 类型的字符串在内存中存放时的区别。

图 3-1　C 风格的字符串与 string 类型的字符串在内存中存储示意图

C 风格的字符串 cstr 的存储长度为 17,而 string 类型 str,如果定义时没有初始化,使用语句 str=cstr;之后,str 的内容不含有'\0'结束符,长度为 16。string 类型的字符串可以自动确定存储空间的大小,以确保可以存放整个文本。如果需要的话可以自动地扩展存储空间来存放文本。这意味着在声明 string 类型的字符串时不再需要指定字符串的大小。

string 类型的字符串的另一个优点是可以使用操作符实现某些字符串的操作。表 3-1 中列出了字符串操作符及其含义。

表 3-1 string 类型的字符串中使用的操作符

操作类型	操作符	功　　能
赋值	=	把一个字符串的值赋值给另一个字符串
	+=	把两个字符串连接起来,并赋值给第一个字符串
比较	==	判断两个字符串是否相等,如果相等,返回值为真
	!=	判断两个字符串是否不相等,如果不相等,返回值为真
	>	判断第一个字符串是否大于第二个字符串,如果条件成立,返回值为真
	<	判断第一个字符串是否小于第二个字符串,如果条件成立,返回值为真
	>=	判断第一个字符串是否大于或等于第二个字符串,如果条件成立,返回值为真
	<=	判断第一个字符串是否小于或等于第二个字符串,如果条件成立,返回值为真
输入/输出	>>	用于输入字符串
	<<	用于输出字符串
访问字符	[]	用于访问字符串中的指定字符
连接	+	连接两个字符串

C++ 对于 string 类型的字符串除了提供上表所列的操作符之外,还提供了一些处理字符串的函数。常用的 string 函数有:

(1) clear(),把字符串清空成零长度的值。

(2) empty(),判断字符串是否为空。

(3) length(),返回字符串中的字符个数。

(4) c_str(),通过 string 类型的字符串建立一个 C 风格字符串常量。

(5) swap(),交换两个字符串中的内容。

【例 3.9】 string 类型字符串的使用。

```cpp
#include<iostream>
#include<string>
using namespace std;
int main()
{
```

```
string s1="Hello",s2="world",s3;        //利用"="为字符串赋值
cout<<s1<<" "<<s2<<endl;
s2[0]='W';                               //利用"[ ]"访问字符串中指定字符
s3=s1+" "+s2;                            //利用"+"完成两个字符串的连接
    cout<<s3<<endl;
if (s1>s2)                               //利用"<"进行字符串的比较
    cout<<s1<<">"<<s2<<endl;
else
cout<<s1<<"<"<<s2<<endl;
swap(s1,s2);                             //利用字符串函数 swap()实现两个字符串的互换
cout<<s1<<" "<<s2<<endl;
return 0;
}
```

程序的运行结果：

```
Hello World
Hello World
Hello< World
World Hello
```

在 C++ 程序中采用 C 风格的字符串来处理字符串是很多见的，因此需要熟悉这类字符串。另外，由于 C 风格字符串的执行速度快，因此如果程序对执行速度要求较高，使用 C 字符串更合适。但是，C++ 中的 string 类型提高了编程人员处理文本的能力，可以对文本信息进行更方便和更安全的处理，且提高了程序的可读性。

 **3.4　引用**

引用是 C++ 的另一种数据类型，它虽与指针有一些相似，但却又有很大的不同。因此要明确引用和指针的区别，以及它们各自的应用场合。

3.4.1　引用的概念

引用是 C++ 语言中对一个变量或常量标识符起的别名。当建立引用时，程序用另一个变量、常量或对象的名字初始化它。例如，已经定义了一个变量 a，然后再建立一个对这个变量的引用 ra，就为变量 a 起了一个别名，a 和 ra 指的就是同一个变量，引用 ra 作为

目标 a 的别名而使用,对引用的改动实际就是对目标变量的改动。

引用的说明格式如下:

<数据类型>&<引用名>=<变量名>;

为建立引用,先写上目标变量的类型也就是引用的类型,后跟引用运算符"&",然后是引用的名字。引用可以使用任何合法的变量名。

例如,引用一个整型变量:

```
int a;
int & ra=a;
```

声明 ra 是对整数的引用,初始化为变量 a。要求 a 是已经定义的变量,而引用 ra 是它的别名。

当编译程序看到"&"时,就不为其后面的标识符分配内存空间,而只是简单地将它所引用的那个标识符所具有的内存空间赋给它。例如上面定义的变量 a 已经有一个内存空间存放它的值,则对它的引用 ra 也同样使用这个内存空间来存放值。即对 a 和 ra 的使用完全一样,因此引用的修改就是目标变量的修改。

【例 3.10】 引用的使用。

```
#include <iostream>
using namespace std;
int main()
{
    int x=78;
    int &y=x;                                      //定义 x 的引用 y
    int &z=y;                                      //定义 y 的引用 z
    cout<<"&x="<<&x<<"; &y="<<&y<<"; &z="<<&z<<endl;
    cout<<"x="<<x<<"; y="<<y<<"; z="<<z<<endl;
    z=43;
    cout<<"&x="<<&x<<"; &y="<<&y<<"; &z="<<&z<<endl;
    cout<<"x="<<x<<"; y="<<y<<"; z="<<z<<endl;
    return 0;
}
```

程序的运行结果:

```
&x=0012FF7C; &y=0012FF7C; &z=0012FF7C
X=78; y=78; z=78
&x=0012FF7C; &y=0012FF7C; &z=0012FF7C
X=43; y=43; z=43
```

由输出结果可见，引用对象与被引用对象的地址一样，所以它们同步变化。

使用引用需注意以下事项：

（1）创建一个引用时，该引用必须被初始化。

（2）一旦一个引用被初始化指向一个变量，则它不能再被改变为对另一个变量的引用。

（3）不能有空引用。在程序中必须要确保引用是和一块正确的存储区域关联。

不是所有类型的数据都可以引用，对于简单数据类型变量或常量、结构类型变量或常量以及对指针变量和常量可以进行引用，但是对于 void 和数组名不可以引用。void 本身就表示没有数据类型，对它的引用也就没有意义。因为数组名本身不是一个变量，它只是一些变量的聚集，所以对数组名的引用没有意义，但是可以说明对数组的某个元素的引用。如：

```
int array[10]={1,2,3,4,5,6,7,8,9,0};
int &rarr=array;                    //错误,不能说明数组名的引用
int &rarr=arr[1];                   //正确,可以说明对数组的某个元素的引用
```

3.4.2 指针和引用的区别与联系

下面通过例 3.11 讲述对一个变量的引用和指向该变量的指针的区别与联系。

【例 3.11】 指针和引用的区别与联系。

```
#include <iostream>
using namespace std;
int main()
{
    int x=8,a=9;
    int &y=x;
    int *p=&x;
    cout<<"&a="<<&a<<"; &x="<<&x<<"; &y="<<&y<<"; &p="<<&p<<endl;
    cout<<"x="<<x<<"; y="<<y<<"; p="<<p<<"; *p="<<*p<<endl;
    *p=10;
```

```
cout<<"x="<<x<<"; y="<<y<<"; p="<<p<<"; *p="<<*p<<endl;
p=&a;
y=11;
cout<<"x="<<x<<"; y="<<y<<"; p="<<p<<"; *p="<<*p<<endl;
return 0;
}
```

程序的运行结果：

```
&a=0012FF78; &x=0012FF7C; &y=0012FF7C; &p=0012FF70
x=8; y=8; p=0012FF7C; *p=8
x=10; y=10; p=0012FF7C; *p=10
x=11; y=11; p=0012FF78; *P=9
```

它们在内存中的关系如图 3-2 所示。

由图 3-2 可见,指针变量 p 具有独立的内存空间存放其值,即地址为 0x0012FF70 的内存空间,而引用只是一个依附于它所引用的变量 x 的符号,没有独立的存储空间,因此指针和引用具有以下不同:

(1) 指针和引用对它们所指的或所引用的变量的操作方式不一样。

如在程序中通过间接访问符" * "访问指针所指存储空间中的值:

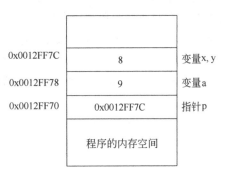

图 3-2　指针与引用的区别与联系

```
*p=10;
```

而引用直接访问它所引用的空间:

```
y=11;
```

(2) 指针本身是一个变量,它不一定要指向同一个内存空间,它可以改为指向其他空间。而引用一旦被初始化后,再也不能改变。

在程序中,指针 p 开始指向的是存放变量 x 的空间 0x0012FF7C,经过执行语句 p=&a;之后改为指向存放变量 a 的空间 0x0012FF78。

指针和引用虽然具有上述两点区别,但是它们之间还具有一定的共性,那就是都可以采用间接操作的手段对某个变量所代表的空间进行访问。指针是通过变量的内存空间的地址达到间接操作变量的目的；而引用是通过定义变量的别名达到间接操作的目的。指针功能强大，但是使用不慎极易产生错误，处理不当就可能对系统造成极大地破坏。引用则是较高级地封装了指针的特性，它不直接操作内存地址，因而具有较高的安全性，也不易产生由于使用指针而产生的那些不易察觉的错误，不失为一种好的选择。

 ## 3.5 指针及引用在函数中的作用

指针及引用在函数中的作用表现在两个方面：一是用作函数的参数，二是作为函数的返回值。

当函数把指针或引用作为参数传递给另一个函数时，被调用函数将直接对调用者的参数进行操作；而不是产生一个局部的副本，对副本进行操作。因此被调用函数中对参数的修改将直接改变调用者的参数值。因为数组名本身就是数组中首元素的地址，所以一旦把数组作为参数传递到函数中，则在被调用函数内定义了指针，可以对该指针进行递增、递减操作。前面曾经指出数组名本身是一个指针常量，不可以对其进行加减运算，不可以改变它的值，但是如果作为一个参数传递的话，则认为数组名是个指针，在被调函数中可改变其值。

例 3.12 是一个将字符串数组作为函数参数，用于判断字符串是否为合法标识符的例子。标识符的命名规则是指标识符必须由字母、数字和下画线组成，并且只能由字母或下画线作为标识符的第一个字符，数字只能跟在字母或下画线之后。当定义一个常量、变量、指针、引用以及类和对象等时都必须遵守这一命名规则。该程序要求能够判别输入的一个字符串是否符合这一命名规则，并给出原因。

编写函数用于判断字符串 str 是否为一个合法的标识符，判断标识符的规则是是否由字母、数字和下画线组成，并且是否由字母或下画线作为标识符的第一个字符，不考虑字符串是否为关键字。编制主函数，对所编函数进行调用以验证其正确性。本例题是为了练习应用数组和指针，因此将要进行判断的标识符存放到一个字符数组中，不用 C++提供的字符串类型。

【例 3.12】 判断字符串是否为合法标识符的程序设计。

```cpp
#include <iostream>
using namespace std;
bool IsIdentifier(char *str);
int main()
```

```
{
    char string[80];
    cout<<"input a string: "<<endl;
    cin>>string;
    if(IsIdentifier(string))
        cout<<string<<"---符合标识符的命名规则！"<<endl;
    else
        cout<<string<<"---不符合标识符命名的规则,不是一个合法的标识符！"<<endl;
    return 0;
}
bool IsIdentifier(char *str)
{
    if((*str!='_')&&!(*str>='A'&& *str<='Z')&&!(*str>='a'&& *str<='z'))
    {
        cout<<"第一个字母不是字符或下画线！"<<endl;
        return false;
    }
    char *p=str+1;
    while(*p)
    {
        if((*p!='_')&&!(*p>='A'&& *p<='Z')&&!(*p>='a'&& *p<='z')&&!(*p>=
        '0'&& *p<='9'))
        {
            cout<<"后续字母不是字符、下画线或数字,不符合标识符命名的规则,不是一个
                    合法的标识符！"<<endl;
            return false;
        }
        p++;
    }
    return true;
}
```

本例中的函数 IsIdentifier() 的参数 str 为字符型指针,意味着传递过来了一个字符型数组,函数中对以 str 为指针所指字符为首直到字符串尾的那些符号逐一进行判断(看是否能构成一个有效的标识符)。主函数调用时,实参 string 为一个字符数组名(数组首地址),它等同于一个 char ＊ 类型的指针。

通过对函数的调用,函数返回一个值。可是在很多情况下,希望函数返回不止一个

值,这时就可以使用指针或引用传递给函数多个参数,被调用函数就可以把返回的值赋给这些参数。因为使用指针或引用传递参数允许函数改变指针所指的对象或引用所说明的对象,这样就可以有效地使函数返回多条信息。

引用在一般场合是没有什么用途的,单纯取一个变量的别名也没有什么意义,引用最大的用途是在第 4 章介绍的函数中。指针和引用作为函数的参数或返回值,极大地丰富了函数的功能,在第 4 章中会体会到指针和引用带来的巨大作用。

 ## 3.6 应用实例——水果超市管理系统水果基本信息管理

水果超市要销售多种水果,就必须保存水果的很多信息,那么如何保存这些水果的基本信息呢?读者自然就会想到数组,因为数组是存放相同类型数据的最佳工具,便于信息的存放、查询与管理。本节的应用实例就是用数组来存储超市中的水果信息,并进行水果信息的显示和查询。

在该例中定义了 Fruit 结构体用来表示水果,记录水果的名称和售价,并定义数组 FruitKind 用来存放超市中所有水果的信息。在该例水果信息的录入和显示中用数组的下标形式表示数组中的元素;在水果信息的查询函数中,通过指针 fk 的移动表示数组中的元素。

【例 3.13】 水果超市管理系统水果基本信息管理。

```cpp
#include <iostream>
#include <string>
using namespace std;
struct Fruit                    //定义结构体,用来表示水果的名称和售价
{
    string fruitname;
    double price;
};
void DispFruitKind(Fruit *fk,int num);
void SearchFruit(Fruit *fk,int num,string name);
int main()
{
    Fruit FruitKind[100];        //定义数组,用来存放水果超市中所有水果的种类
    int kindNumber;
```

```
    cout<<"请先初始化水果种类."<<endl;
    cout<<"请输入要添加水果种类的数量:"<<endl;
    cin>>kindNumber;
    string name;                              //存放水果的名称
    double outPrice;                          //存放水果的售价
    for(int i=1;i<=kindNumber;i++)
    {
        cout<<"请输入第"<<i<<"种水果的名称:"<<endl;
        cin>>name;
        cout<<"请输入第"<<i<<"种水果的售价:"<<endl;
        cin>>outPrice;
        FruitKind[i-0].fruitname=name; //给 FruitKind 数组中第 i 种水果名称赋值
        FruitKind[i-0].price=outPrice; //给 FruitKind 数组中第 i 种水果售价赋值
    }
    cout<<"水果种类录入完毕!"<<endl;
    cout<<"水果种类有:"<<endl;
    DispFruitKind(FruitKind,kindNumber);      //调用显示水果信息的函数
    cout<<"是否查询水果信息? 查询请输入 1,不查询请输入 0"<<endl;
    int cx;
    cin>>cx;
    if(cx==1)
    {
        cout<<"请输入要查询的水果名称:"<<endl;
        cin>>name;
        SearchFruit(FruitKind,kindNumber, name);   //调用查询水果信息的函数
    }
    return 0;
}
void DispFruitKind(Fruit *fk,int num)              //显示水果信息的函数
{
    for(int i=1;i<=num;i++)
    {
        cout<<"水果名称:"<<fk[i-0].fruitname<<"  售价:"<<fk[i-0].price<<
    endl;
    }
}
void SearchFruit(Fruit *fk,int num,string name)    //水果信息的查询函数
```

```
{
    string fruitName;
    for(int i=1;i<=num;i++)
    {
        fruitName=(fk->fruitname);                    //提取第 i 种水果的名称
        if(fruitName==name)
        {
            cout<<"该水果的售价为:"<<fk->price<<endl;//显示查询到的水果售价
            return;
        }
        else
            fk=fk+1;                                  //指针下移,指向下一种水果
    }
}
```

习题

一、填空题

1. 二维字符数组 a[10][20]能够存储_____个字符串,每个字符串的长度至多为_____。

2. 假设在一维数组 b[10]中,元素 b[5]的指针为 p,则 p+4 所指向的元素为_____,p-4 所指向的元素为_____。

3. 已知"char a[]="abcde",*p=a;",则*(p+3)的值是_____。

4. 若变量 y 是变量 x 的引用,则对变量 y 的操作就是对变量_____的操作。

二、选择题

1. 对于 int * pa[5];的描述,_____是正确的。

　　A. pa 是一个指向数组的指针,所指向的数组是 5 个 int 型元素

　　B. pa 是一个指向某数组中第 5 个元素的指针,该元素是 int 型变量

　　C. pa[5]表示某个数组的第 5 个元素的值

　　D. pa 是一个具有 5 个元素的指针数组,每个元素是一个 int 型指针

2. 下列关于指针的运算中,_____是非法的。

　　A. 两个指针在一定条件下,可以进行相等或不等的运算

B. 可以将一个空指针赋值给某个指针

C. 一个指针可以加上两个整数之差

D. 两个指针在一定条件下可以相加

3. 数组名就是一个常量指针,可以用来表示数组元素,已知"int a[3][7];",则下列表示中错误的是_____。

  A. *(a+1)[5] B. *(*a+3) C. *(*(a+1)) D. *(&a[0][0]+2)

4. 已知"int a[3][4],(*p)[4];",下面赋值表达式中正确的是_____。

  A. p=*a; B. p=*a+2; C. p=a[1]; D. p=a+1;

5. 已知"int a[]={2,4,6,8,10},*p=a;",下列数组元素的地址表示中正确的是_____。

  A. *p++ B. &p[1] C. &(p+2) D. &(a+2)

6. _____是给变量取一个别名,引入了变量的同义词。

  A. 指针 B. 引用 C. 枚举 D. 结构

7. 下列引用的定义中,_____是错误的。

  A. int i; int &j=i;   B. int i; int &j;

  C. float i; float &j=i;   D. char d; char &k=d;

8. 已知:float b=34.5;,则下列表示引用的方法中,正确的是_____。

  A. float &x=b;   B. float &y=34.5;

  C. float &z;   D. int &t=&b;

三、程序阅读题

1. 上机调试程序,并分析输出结果。

```
#include <iostream>
using namespace std;
int main()
{
    int i,j,a[8][8];
    **a=1;
    for(i=1;i<8;i++)
    {
        **(a+i)=1;
        *(*(a+i)+i)=1;
        for(j=1;j<i;j++)
```

```
            * (* (a+i)+j)=* (* (a+i-1)+j-1)+* (* (a+i-1)+j);
    }
    for(i=0;i<8;i++)
    {
        for(j=0;j<=i;j++)
            cout<<"    "<<* (* (a+i)+j);
        cout<<endl;
    }
    return 0;
}
```

2. 上机调试程序,并分析输出结果。

```
#include <iostream>
using namespace std;
int main()
{
    int intone;
    int &rsomeref=intone;
    intone=5;
    cout<<"intone: "<<intone<<endl;
    cout<<"rsomeref: "<<rsomeref<<endl;
    rsomeref=7;
    cout<<"intone: "<<intone<<endl;
    cout<<"rsomeref: "<<rsomeref<<endl;
    return 0;
}
```

3. 上机调试程序,并分析输出结果。

```
#include <iostream>
using namespace std;
int main()
{
    char s[21],*ps=s;
    for(int i=0;i<20;i++)
        s[i]='A'+i;
    s[20]='\0';
```

```
        ps++;
        cout<<"ps="<<ps<<endl;
        ps+=2;
        cout<<"ps="<<ps<<endl;
        for(ps=&s[19];ps>&s[11];ps-=2)
        {
            cout<<"*ps="<<*ps<<endl;
            cout<<"ps="<<ps<<endl;
        }
        return 0;
    }
```

4. 上机调试程序,并分析输出结果。

```
#include <iostream>
using namespace std;
int main()
{
    int a[10]={0,1,2,3,4};
    int *p=a,*p1=&a[9];
    *(p+5)=15;
    *(p1-3)=*(p+5)+1;
    for(int i=7;i<10;i++)
        p[i]=10+i;
    cout<<"p1-a="<<p1-a<<endl;
    cout<<"a[p1-a]="<<a[p1-a]<<endl;
    cout<<"*p1="<<*p1<<endl;
    cout<<"*(&a[3])="<<*(&a[3])<<endl;
    for(i=0;i<10;i++)
        cout<<a[i]<<"  ";
    cout<<endl;
    while(p1>&a[4])
    {
        cout<<*p1<<"  ";
        p1--;
    }
```

```
    cout<<endl;
    return 0;
}
```

5. 上机调试程序,并分析输出结果。

```
#include <iostream.h>
int main()
{
    int a[2][2]={1,2,3,4},*p;
    p=a[0]+1;
    cout<<*p<<endl;
    return 0;
}
```

四、问答题

1. 内存单元的地址和内存单元的内容相同吗?

2. 对指针进行初始化有哪些方法?

3. 引用和指针之间有什么区别?

五、编程题

1. 任意输入 10 个整数放于数组 A 中,求出该数组中的最大数 max 以及最小数 min。

2. 任意输入 15 个整数放于数组 A[3][5]中,再输入 20 个整数放于数组 B[5][4]中,用二维数组 A、B 表示矩阵 A、B,计算矩阵 A、B 的乘积并输出结果。

3. 编写函数 alter(x,y),它把 x 的值变为 x * y,y 的值变为 x+y,这里 x 和 y 的值是 float 型,在主程序里检查这个函数。

4. 编写一个程序,求一元二次方程 $ax^2+bx+c=0$ 的根。

第 4 章

函　　数

　　函数是 C++ 程序设计的基本单位,它的内部封装了一些数据和代码,从而隐藏了具体的实现细节。使用者只需知道如何调用函数和接收结果即可,而对于编程者则需要知道如何构建函数。一个 C++ 程序就是由若干个函数构成的,每个函数可以单独实现一个特定的功能,如输出结果、计算数值等。一个功能完善的 C++ 程序就是若干函数的整合。

　　学习目标:

　　(1) 掌握函数定义和调用方法;

　　(2) 掌握函数重载的概念;

　　(3) 掌握指针参数和引用参数在函数中的使用方法;

　　(4) 掌握标识符的作用域和生存期的内涵。

 4.1　函数定义和声明

　　当用计算机程序解决现实生活中的实际问题时,就会发现每个程序都非常复杂。经验表明,对于这种问题最好的办法是将一个复杂的问题分解成多个易处理的简单问题,然后针对每个简单问题编写相应的函数,最后将多个函数整合成一个大的程序。所谓函数实际上是一段可以传递参数,能够对数据进行处理并返回结果的子程序。

　　本节主要介绍如何根据要求来定义一个函数,如何通知编译器函数的存在以及如何决定函数的类型等问题。

4.1.1　函数定义

　　通过下面的例子说明如何定义一个函数。

　　【例 4.1】 根据长方形的长和宽计算其面积。

```cpp
#include <iostream>
using namespace std;
double ComputeArea(double w,double h)                           //函数头
{                                                               //函数体
    double s=w*h;
    return s;
}
int main()
{
    double width,height,area;
    cout<<"Input the width and the height of rectangle:"<<endl;
    cin>>width>>height;
    area=ComputeArea(width,height);                             //调用函数
    cout<<"The area of the rectangle is "<<area<<endl;
    return 0;
}
```

函数的定义由函数头和函数体组成。

在例 4.1 中,程序的第 8 行 int main()和程序的第 3 行 double ComputeArea(double w,double h)为函数头,左花括号和右花括号内的所有部分为函数体。在 C++ 中定义一个函数的格式如下:

```
<函数类型>    <函数名>   (<参数表>)                    //函数头
{
    <若干条语句>                                       //函数体
}
```

<函数类型>是指函数执行完成之后,返回给调用它的函数的信息的类型。函数可以有返回值也可以没有返回值,当没有返回值时,函数的类型为 void 类型。函数返回值的类型可以是各种数据类型。关于函数类型,将在后面进行详细地介绍。

<函数名>是一种标识符,它符合标识符的定义规则,即由字母、数字和下画线组成,必须以字母或下画线开头。一般根据函数具体的功能定义函数名,起到"见名晓意"的作用。如在例 4.1 中,第一个函数的作用是计算长方形的面积,因此该函数起名为 ComputeArea。第二个函数的函数名为 main,每个 C++ 程序都要有一个函数的名为 main(即主函数)。当程序启动时,系统自动调用主函数 main(),然后再由主函数调用其他函数,或者由其他函数再调用其他的函数。

　　<参数表>中参数的个数可以是 0 个、1 个或多个,即使无任何参数时,函数后的圆括号也不可以省略。参数表是外界向函数内部传递信息的通道。

　　函数体是由若干条语句组成的一个独立完成某个功能的语句块,每条语句以分号";"结尾。例如,在 ComputeArea()函数中完成面积的计算,main()函数负责长方形的长、宽信息的输入与面积的输出。对于使用者,只需知道函数完成的功能和输入、输出的信息是什么,不需要了解具体实现的方法和步骤,例如面积是怎么求得的,因此可以把函数看作一个"黑匣子"。但是对于编程者来说,则需要全方位理解,不但需要知道如何根据长方形的长和宽计算出面积,而且还需要知道需要通过什么样的语句完成这样的功能,因此程序员就像是一个机械师,知道如何制作"黑匣子"。函数体中可以不含有任何语句,这时将该函数称为空函数。

　　每个函数都由函数类型、函数名、参数表和函数体四部分组成,缺一不可。函数不返回任何信息时,函数类型为 void 型;函数必须有一个函数名;即使参数表不含有参数时,一对圆括号也不可省略;函数体不需要任何语句时花括号也同样不可省略。

4.1.2　函数声明

　　在 C++ 中要求函数被调用之前,必须进行函数定义或声明。如在例 4.1 程序中 main()函数中的语句 area＝ComputeArea(width,height);是调用 ComputeArea(double w,double h)函数,因此在 main()函数之前定义了 ComputeArea(double w,double h)函数。但是经验表明,人们在阅读程序时通常是从 main()函数开始,习惯将 main()函数放在最前面。因此,在 main()函数中调用到的函数需要提前进行说明,这就是函数声明。

　　【例 4.2】　函数声明。

```
#include <iostream>
using namespace std;
double ComputeArea(double w,double h);                //函数声明
int main()
{
    double width,height,area;
    cout<<"Input the width and the height of rectangle;"<<endl;
    cin>>width>>height;
    area=ComputeArea (width,height);                  //函数调用
    cout<<"The area of the rectangle is "<<area<<endl;
    return 0;
}
```

```
double ComputeArea(double w,double h)//函数定义
{
    double s=w*h;
    return s;
}
```

函数声明的格式与函数定义时的函数头基本相同,函数声明本身是一条语句,因此在函数头后加";",其格式如下:

<函数类型> <函数名> (<参数表>);

请注意,在函数声明语句后有";",而在函数定义时,函数头的后面没有";"。

若一个程序中函数的调用与被调用的关系如图 4-1 所示,如果不进行函数的声明,则函数定义的先后顺序应如何确定?

由图 4-1 可知,main()主函数调用 Fun1()和 Fun2(),Fun1()调用 Fun3(),Fun2()调用 Fun4(),Fun3()也调用 Fun4()。因此如果不进行函数声明的话,根据函数的调用关系需要将 Fun4()的定义放在所有函数的前面,main()主函数在所有函数的后面,而 Fun3()必须在 Fun1()的前面 Fun4()的后面,因为 Fun1()和 Fun2()之间不存在调用与被调用的关系,因此它们之间的先后顺序可以是任意的。

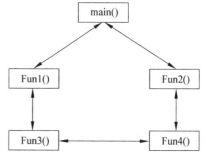

图 4-1 调用与被调用函数的层次关系

当一个程序含有多个函数时,如果不进行函数声明,程序员就需要仔细考虑函数之间的调用关系,然后再决定函数定义的先后顺序。如果进行函数声明的话,程序员只需要在main()主函数前对所有函数进行声明,如上例可以在主函数前先将 Fun1()、Fun2()、Fun3()和 Fun4()进行声明,这样就可以将除 main()主函数之外的其他所有函数定义放在 main()之后,而且不需要考虑它们之间的顺序。这不但减轻了编程者的工作量,避免了函数调用之间关系的错误,同时也使得读者对程序一目了然,增强了程序的可读性,因此编程者应该养成良好的函数声明的习惯。

4.1.3 函数类型

函数参数是外界向函数内部输入信息的通道,而函数类型则说明函数执行完成后,向外界输出的信息的类型。输出的信息可以是任何数据类型,如 char、int、float、double 等

基本数据类型,也可以是自定义的结构体类型等构造数据类型,还可以是指针或引用,另外也可以是第 5 章中要讲到的类。

一般情况下,定义函数时,函数的类型与函数体中 return 语句返回的数据的类型相一致,当 return 语句返回 int 类型数据时,该函数的类型定义为 int;当 return 返回 char 类型数据时,则该函数的类型定义为 char;当 return 返回的是一个结构体时,则该函数的类型定义为该结构体的类型。每个函数根据功能的需求可以有一个返回值,也可以没有返回值。当函数体中有 return 语句,且该语句后有返回数值或表达式时,该函数的类型就定义为返回值的类型;当无返回值时,函数的类型则为 void 型,如例 4.1 中 main() 函数也可以定义为无返回值的类型,即

```
void main()
{
    double width,height,area;
    cout<<"Input the width and the height of rectangle;"<<endl;
    cin>>width>>height;
    area=ComputeArea(width,height);
    cout<<"The area of the rectangle is "<<area<<endl;
}
```

函数体中没有 return 语句,没有任何返回值,所以函数的类型为 void 类型。

而在 ComputeArea() 函数中返回变量 s 的值,因为变量 s 为 double 型,所以该函数的类型定义为 double 型。

函数类型是在函数声明和定义时约定的,当程序运行时,如果 return 语句返回的数值类型与函数类型不符,则在返回时,先做隐含的类型转换,然后再返回,这种转换有时会造成计算精度的降低。如在例 4.3 中将例 4.1 中的 ComputeArea() 定义为 int 型。

【例 4.3】　函数返回类型的隐含转换。

```
#include <iostream>
using namespace std;
int ComputeArea (double w, double h);
int main()
{
    double width,height,area;
    cout<<"Input the width and the height of rectangle ;"<<endl;
    cin>>width>>height;
    area=ComputeArea (width,height);
```

```
        cout<<"The area of the rectangle is "<<area<<endl;
        return 0;
}
int ComputeArea (double w, double h)
{
        double s=w*h;
        return s;
}
```

在例 4.3 中当长方形的宽设为 2,长设为 3.2 时,最终输出的面积为 6。由此可见,这种数据类型的转换导致了计算结果精度的降低。当 return 语句返回的数值类型与函数的类型不相容时,则程序在编译时会给出错误提示。

return 语句不但指明了函数返回的数值,而且还起到了改变程序运行顺序的作用。当程序执行 return 语句时,它将返回 return 后面的数值,同时退出函数体,return 之后的语句将不再执行。

 ## 4.2　函数参数与调用

定义函数的目的就是为了调用它,例 4.1 中的语句 area＝ComputeArea(width, height);实现了 ComputeArea()函数的调用,在调用函数时,要为函数的每个参数传递对应的数值。函数调用时通过变量传递数值,将调用函数语句中传递数值的变量称为实参,即上述语句中的变量 width 和 height 为实参;在函数定义中定义的变量称为形参,即例4.1 函数定义中函数头 double ComputeArea(double w, double h)中的 double 型变量 w和 h 是形参。

4.2.1　函数参数

函数参数是函数完成功能所需要的输入信息,也就是说参数可以控制函数的行为。如在例 4.1 中要求解长方形的面积,因此需要将长方形的长和宽作为参数传递给函数;如果要求解所有小于自然数 n 并且大于自然数 m 的自然数的和,则需要将 n 和 m 作为参数传递给函数。

函数可以没有参数也可以有多个参数,这需根据函数的功能和执行方式具体决定。如在例 4.1 中,ComputeArea()函数有两个参数(double w, double h),参数 w 传递长方形的宽的数值,而参数 h 传递长方形的长。

若在 ComputeArea( ) 函数中含有从键盘输入长方形的长和宽的语句,则 ComputeArea()函数也可以没有参数。即使函数不含有任何参数,函数名后的圆括号也不能省略,如果函数有多个参数时,需要将参数类型和参数名写到参数表中,参数之间用逗号分隔。请读者自己考虑如何对例 4.1 进行修改使得 ComputeArea()函数不用传递参数。

函数参数可以是任何类型数据,它们可以是基本数据类型,如字符型、实型等,也可以是构造数据类型,如对象、数组、结构体等,还可以是指针和引用类型。不同数据类型的参数传递输入信息的方法和作用各不相同,在讲解函数调用的时候,将详细介绍不同数据类型传递数值的方式和作用。

有时需要用相同的实参反复调用同一函数,为了避免反复传递相同实参的信息,C++ 中允许给函数定义默认的参数值,如在例 4.1 中将 ComputeArea()函数中长方形的长定义成默认值 3.2,宽定义成默认值 2,只需要简单地把函数定义中的函数头改为

```
double ComputeArea(double w=2,double h=3.2)
```

这样无论何时调用 ComputeArea()函数,只要传递长方形的长为 3.2 和宽为 2 时,都不用给形参 w 和 h 赋值,程序将自动认为 w 的值为 2,h 的值为 3.2 而进行处理。

函数调用中若不提供实参,即例 4.1 中的语句 area＝ComputeArea();执行时,则函数按指定的默认值工作;若提供实参时,则函数按实参 width 和 height 的实际数值进行工作,而不是按默认值执行。

默认参数在使用时需要注意以下两点:

(1) 当程序中既有函数声明又有函数定义时,默认参数只能在函数声明中给出,而定义中不允许设置默认参数。但是当程序中没有函数声明时,则默认参数必须在函数定义中出现。

(2) 如果一个函数中有多个参数,则设置参数默认值时,要求从右向左逐个设置。当调用函数时,只能将实参从左向右依次为形参赋值,当实参数量少于形参数量时,形参从左向右与实参匹配,剩余形参则取默认值。因此要求设置参数默认值时,需要从右向左逐个设置。

如在例 4.1 中若为长方形的长和宽都设置了默认值 3.2 和 2,则当函数调用语句 area＝ ComputeArea (3);时,最左侧的形参长方形的宽为实参传递的数值 3,而右侧的形参长方形的长则取默认值 3.2。

4.2.2　函数调用

调用函数是实现函数功能的必要手段,当调用一个函数时,就是暂时中断现有程序的

运行,转去执行被调用函数,即程序的执行权交给了被调用函数。当被调用函数执行结束后,返回到中断处继续执行原程序,即被调用函数将程序的执行权交回给调用它的函数。例如在例 4.1 中,系统先调用 main()主函数,当执行到第 13 行的语句时就产生了对ComputeArea()函数的调用,这时系统将暂时中断 main()函数中其他语句的执行,转去执行 ComputeArea()函数,当 ComputeArea()执行完毕后,将计算得到的长方形的面积的数值传给 main()函数中的变量 area,系统再回到 main()主函数中,去执行剩余的语句。

如何调用函数是 C++ 的一个重要内容。C++ 提供了多种函数调用的方式,C++ 的函数调用要比 C 语言更加丰富。函数调用是在表达式、语句或参数中直接写出函数名,根据被调用函数在源程序中出现的位置,可以把函数调用分为语句调用、表达式调用和参数调用三种情况。

语句调用是函数调用最常用的方式,被调用函数作为一个独立的语句出现在源程序中。如在例 4.1 中的第 13 行语句就是语句调用函数。如果函数有返回值时其语句调用格式如下:

> <变量名>=<函数名><实参表>;

赋值号前面的变量是用来接收函数返回值的。

如果函数没有返回值,则其语句调用方式更为简单,只要把被调用的函数名写出,用实参替换形参即可。即

> <函数名><实参表>;

表达式调用是指被调用函数出现在表达式中,这种表达式也称为函数表达式。表达式调用只适用于具有返回值的函数,只需在表达式的适当位置写上函数名,然后用实参替换形参就可以了,函数的返回值作为表达式中的一个数值进行计算。

参数调用是指被调用函数作为一个参数出现在另一个函数调用的语句中,这种调用方式虽然形式上不同于表达式调用,但它们的调用条件却是一样的,都要求被调用函数必须具有返回值,同时它们的调用方法也是相同的。

前面介绍的函数调用方式是根据被调用函数在源程序中出现的位置划分的,而根据函数参数传递的不同方式又可将函数调用分为函数传值调用、函数传址调用和函数引用调用三种不同的函数调用方式。

1. 函数传值调用

函数传值调用是将实参的值复制一个备份,将这个备份传递给形参,因为形参只是实

参的一个备份。它们各自具有单独的存储空间,因此在被调用函数内对形参进行处理,改变形参的值时,实参的值不会受到任何影响。传值调用多用在不需要被调用函数改变实参值的场合。传值调用时,调用函数的实参用常量、变量或表达式,被调用函数的形参必须是变量,不能是指针或引用。

例 4.1 中的函数调用语句 area＝ComputeArea(width，height);就是函数传值调用,是将实参变量 width 和 height 中长方形的长和宽的值赋给形参变量 w 和 h,w 和 h 只是 width 和 heigh 的一个副本。

下面通过一个例子更充分地展示传值调用机制。

【例 4.4】 函数传值调用。

```cpp
#include <iostream>
using namespace std;
void DataDouble(int x,int y);
int main()
{
    int x,y;
    x=10;
    y=5;
    DataDouble(x,y);
    cout<<"in main()   "<<"x="<<x<<";"<<"y="<<y<<endl;
    return 0;
}
void DataDouble(int x,int y)
{
    x=x*2;
    y=y*2;
    cout<<"in DataDouble()   "<<"x="<<x<<";"<<"y="<<y<<endl;
}
```

程序的运行结果:

```
in DataDouble()    x=20;y=10
in main()   x=10;y=5
```

从该程序执行结果看,在 DataDouble()函数中,形参 x 和 y 的值进行了加倍,变成了 20 和 10,而在 main()函数中,实参 x 和 y 仍然保持原来的值,由此可见在 DataDouble() 函数中形参的改变对实参没有任何影响,虽然形参变量 x 和 y 与实参变量的名字相同,但是它们仍然是完全不同的变量,在内存中占据不同的存储空间。

在进行程序设计时,有时不希望形参的改变影响到实参,但是有时候又需要实参能够随着形参而发生变化,这种情况就需要选用下面两种函数调用方式:传址调用和引用调用。

2. 函数传址调用

在 C++ 中一个变量有两个含义,一个是直接用变量名表示变量本身的值,另一个就是变量本身的存储地址。函数在传值调用时,实参向形参传递的是变量的值,而传址调用则传递的是变量的存储地址。在 C++ 中,变量的存储地址是用指针表示的。函数在传址调用时实参传的是地址值,用地址常量或指针变量表示,而形参用指针变量。函数调用时系统将实参所表示的地址值赋给形参的指针变量,使得形参和实参的指针指向相同的存储地址。

【例 4.5】 将例 4.4 的传值调用改为传址调用,观察程序运行结果。

```cpp
#include <iostream>
using namespace std;
void DataDouble(int *x,int *y);
int main()
{
    int x,y;
    x=10;
    y=5;
    Data Double(&x,&y);                    //实参传递的是地址值
    cout<<"in main()   "<<"x="<<x<<";"<<"y="<<y<<endl;
}
void DataDouble(int *x,int *y)             //形参用指针
{
    *x=(*x)*2;                             //对指针所指向的存储空间的值×2
    *y=(*y)*2;
    cout<<"in DataDouble()   "<<"x="<<*x<<";"<<"y="<<*y<<endl;
}
```

程序的运行结果:

```
in DataDouble()   x=20; y=10
in main()   x=20; y=10
```

从程序的运行结果来看,main()函数中的实参随着 DataDouble()函数中对形参的处理发生了变化。因为在 DataDouble()函数调用时,实参传递的是变量 x 和 y 的存储地址,"&"是取地址符号,在 DataDouble()函数中形参是指针 x 和 y。函数调用时,实参将main()函数中变量 x 和 y 存储空间的地址值赋给了形参的指针变量 x 和 y,因此指针变量 x 和 y 实际指向的是在 main()中定义的变量 x 和 y 的存储空间,从而在 DataDouble()函数中对指针 x 和 y 所指的地址空间中所存放的数值进行加倍处理时,其实就是对 main()中变量 x 和 y 的加倍处理。传址调用的实现机制就是可以通过改变形参所指向的变量值影响实参。

3. 函数引用调用

在 C 语言中没有引用这种数据类型,因此也就没有引用调用这种函数调用方式。C++ 引用数据类型不同于指针,它既不是某个变量的地址,也不是某个变量的备份,引用通常被认为是变量的别名。指针是通过地址间接访问变量,而引用则通过别名间接访问变量,所有在引用上所施加的操作,实质上就是对被引用变量的操作。引用主要用于函数的形参和函数的返回值。

使用函数引用调用时,函数的实参用变量名,被调用函数的形参用引用。函数调用时是将实参的变量名赋值给了对应形参的引用,也就是形参是实参的别名,所以在被调用函数中对形参的处理也就是对实参的操作。

【**例 4.6**】 将例 4.1 改为引用调用。

```
#include <iostream>
using namespace std;
void DataDouble(int &x,int &y);
int main()
{
    int x,y;
    x=10;
    y=5;
    DataDouble(x,y);
    cout<<"in main()   "<<"x="<<x<<";"<<"y="<<y<<endl;
    return 0 ;
}
```

```
void DataDouble(int &x,int &y)
{
    x=x*2;
    y=y*2;
    cout<<"in DataDouble()  "<<"x="<<x<<";"<<"y="<<y<<endl;
}
```

程序的运行结果:

```
in DataDouble()    x=20; y=10
in main()    x=20; y=10
```

从程序执行结果看,例 4.6 与例 4.5 完全相同,即函数引用调用与函数传址调用具有相同的功能。从程序的书写看,例 4.6 与例 4.4 的唯一差别就在于 DataDouble()函数的形参在例 4.4 中定义的是变量,而在例 4.6 中定义的是引用。例 4.6 与例 4.5 相比差别较大,在例 4.5 中不但实参需要的是变量的地址值,形参是指针,而且在 DataDouble()中需要利用间接引用运算符"*"访问变量的值,因此程序采用函数引用调用比传址调用更加简单、易懂。

在例 4.6 程序中,DataDouble()函数中的 x 和 y 是 main()函数中变量 x 和 y 的别名,在 DataDouble()函数中对引用的值乘 2 处理,就相当于对 main()中对变量 x 和 y 乘以 2。

关于函数调用时采用何种调用方式,是否让实参随着形参发生改变,应根据程序功能的需求决定。不需要实参跟着改变,则应选用传值调用;需要实参跟着变化,则需要选用传址调用和引用调用。推荐使用引用调用,因为引用调用更方便、简单、易懂并且易于维护。

4.3 内联函数

在程序执行过程中,若遇到函数调用,则会发生程序执行权的交接,程序的执行权将由调用函数转交给被调用函数。如例 4.1 的函数调用语句 area＝ComputeArea(width, height);执行时,程序执行权将由 main()主函数转交给 ComputeArea()函数,也就是程序转到 ComputeArea()函数所存放的内存中的地址,将 ComputeArea()函数的程序内容执行完后,再返回到转去执行该函数之前的地方,从而将程序的执行权交回给 main()主函数。这种程序执行权的转移操作需要在转去之前记录现场情况以及当前执行到的程序地址,当程序执行权转回后,根据之前记录的现场情况恢复现场,并按原来保存的地址继续执行后续语句。例如,在例 4.1 中,当执行到函数调用语句"area＝ComputeArea(width, height);"时,需要记录的现场情况有当前变量 width 和 height 的值,以及执行到的语句在内存中的地址,也就是该行语句的地址,以便当 ComputeArea() 函数执行完后,接着执行后续的下一条语句。这种函数调用需要一定的时间和空间去记录现场和程序的执行地址,当程序中频繁出现函数调用时,势必会降低程序的执行效率,内联函数就是为了解决这一问题而提出的。内联函数又称为内嵌函数,其含义就是提示编译器嵌入此函数。它是通过将被调用函数嵌入到被调用的地方,从而避免程序执行权的转来转去。

定义内联函数的格式如下:

```
inline  <函数类型><函数名><参数表>
{
    <若干条语句>;
}
```

由此可见,定义一个内联函数即在函数定义的函数头前加上关键字 inline。

【例 4.7】　内联函数的应用。

```
#include <iostream>
using namespace std;
inline int IsCapital(char ch);              //内联函数的声明
int main()
{
    char c;
    cin>>c;
    while(c!='\n')
    {
        if(IsCapital(c))
            cout<<"you enter a capital."<<endl;
        else
            cout<<"you didn't enter a capital. "<<endl;
        cin>>c;
    }
}
inline int IsCapital(char ch)               //内联函数定义时必须有 inline
{
    return(ch>='A'&& ch<='Z')? 1:0;
}
```

编译器在编译该程序时看到内联函数声明语句,就为 IsCapital() 函数创建一段代码,以便在后面每次遇到该函数的调用时都用相应的这一段代码替换。

在程序编译时,编译器将程序中出现的内联函数调用语句用内联函数的代码替换,这种做法虽然不会产生程序转来转去的问题,程序执行的时间开销减少了,但是会增加目标程序代码量,从而增加空间开销。可见,内联函数是以牺牲目标代码量的增加为代价来节省程序执行的时间。因此内联函数适用于只有少数几条语句、使用频繁的函数,这样目标代码增加的量不大,而程序的运行效率却得到了大幅提高。

C++ 对内联函数有些限制,不是所有函数都能够设计为内联函数:

(1) 内联函数中不能有复杂的流程控制语句,如循环语句、switch 和 goto 语句。

(2) 内联函数不能是递归函数。

(3) 内联函数要求比较简单,可在几行写完。

如果定义的内联函数比较复杂而不符合上面提到的要求时,系统将其视为普通函数处理。在第 5 章讲到的类中,所有在类体内定义的成员函数都是内联函数。

 ## 4.4 函数重载

函数重载是指同一个函数名可以定义多个函数的实现。通过函数重载,使一个函数名可以具有多种功能,也就是具有"多种形态",即多态性。例 4.8 中设计一个名为 Print() 的函数,并为字符数组参数和浮点型参数各设计了一个函数体。

【例 4.8】 参数类型不同的函数重载。

```
#include <iostream>
using namespace std;
void Print(char ch[]);
void Print(double weight );
int main()
{
    char name[]="苹果";
    double weight=73.5;
    Print(name);
    Print(weight);
}
void Print(char ch[])
```

```
{
    cout<<"水果名称为:"<<ch<<endl;
}
void Print(double weight )
{
    cout<<"重量为:"<<weight<<"kg"<<endl;
}
```

程序的运行结果:

```
水果名称为:苹果
重量为: 73.5kg
```

该程序中,定义了两个同名 Print() 函数,第一个 Print() 函数是输出水果名称,第二个 Print() 函数是输出重量。在 main() 函数调用 Print() 函数时,系统通过判断实参和形参的类型是否匹配来判断具体执行哪一个 Print() 函数。在第 9 行调用 Print() 函数时,实参是字符数组,与第 12~15 行定义的 Print() 函数相匹配,所以调用第一个 Print() 函数;而第 10 行调用 Print() 函数时,实参是 double 数据,与第 16~19 行定义的 Print() 函数相匹配,因此调用第二个 Print() 函数。

函数除了可以根据参数类型的不同实现重载之外,还可以根据参数个数的不同实现重载。下面的例子可以分别实现两个整型数、三个整型数和四个整型数中最大值的查找。

【例 4.9】 找出几个整型数中的最大值。

```
#include <iostream>
using namespace std;
int Max(int x,int y);
int Max(int x,int y,int z);
int Max(int x,int y,int z,int l);
int main()
{
    int a(14),b(7),c(26),d(17);
    cout<<"a,b 两个数中的最大值为"<<Max(a,b)<<endl;
    cout<<"a,b,c 三个数中的最大值为"<<Max(a,b,c)<<endl;
    cout<<"a,b,c,d 四个数中的最大值为"<<Max(a,b,c,d)<<endl;
}
```

```
int Max(int x,int y)
{
    return x>y? x:y;
}
int Max(int x,int y,int z)
{
    int t=Max(x,y);
    return Max(t,z);
}
int Max(int x,int y,int z,int l)
{
    int t=Max(x,y,z);
    return Max(t,l);
}
```

程序的运行结果：

```
a,b 两个数中的最大值为 14
a,b,c 三个数中的最大值为 26
a,b,c,d 四个数中的最大值为 26
```

该程序中出现了三个函数名为 Max() 的函数，在程序中系统会根据参数个数的不同来决定调用哪个函数来实现。

在 C++ 中调用一个函数时，编译器必须首先搞清函数名究竟指的是哪个函数，然后根据实参的类型和个数与所有被调用的同名函数的形参类型和个数一一比较来判定。因此由函数名、参数类型和参数个数能够唯一确定重载函数的实现。

 ## 4.5 标识符的作用域

标识符是指使用标识符规则定义的各种单词，包括常量、变量、函数名、类名、对象名以及语句标号等。作用域又称为作用范围，每个标识符都有其作用范围，这个范围决定着标识符可供程序使用多长时间以及可以在何处访问它。一个标识符的作用域一般开始于标识符的说明处，而作用域的结束位置取决于标识符说明在程序中的位置。

4.5.1　作用域种类

根据作用范围从大到小排列,作用域可分为程序作用域、文件作用域、函数作用域和块作用域。通常一个程序由多个文件组成,每个文件又包含多个函数,各函数又由多个程序块组成。

程序作用域包含组成该程序的所有文件,它的作用范围最大,当一个标识符的作用范围为程序作用域时,它在整个程序的任何一个文件中、任何一个函数内都是可见的。外部函数和外部变量属于程序作用域。

文件作用域范围仅次于程序作用域,其作用范围在声明它的整个文件中,而在程序的其他文件中是不可见的。外部静态变量、用宏定义的符号以及在函数之外定义的所有变量都属于文件作用域。它们的作用范围从定义时起,一直延伸到文件结束,所有在这个范围内的函数可以直接访问这些标识符。

函数作用域指的是整个函数的作用范围,属于函数作用域的标识符有函数的形参、定义在函数内的变量、内部静态变量以及语句标号,它们的作用范围从定义时起,到该函数体结束为止。

块作用域是指在函数内 if 语句、switch 语句以及循环控制语句等的程序块内,一对花括号标识出一个程序块。左花括号表示程序块的开始,右花括号表示程序块的结束,所有在程序块内定义的自动类变量的作用范围都是块作用域,它们的作用范围从定义时起,一直到程序块结束为止。

一般把属于程序作用域和文件作用域的变量称为全局变量,而把属于函数作用域和块作用域的变量称为局部变量。

4.5.2　标识符的作用域规则

一个标识符可以有不存在、存在和可见这三种状态,这三种状态之间的关系是这样界定的:一个标识符在其作用域外是不存在的(除静态局部变量),即计算机的内存中没有它的存储空间;如果标识符在其作用域内,则该标识符处于存在状态,即计算机的内存中有该标识符的存储空间。但不是所有处于存在状态的标识符都是可见的,可见是指标识符不仅存在,而且该标识符能够被存取和访问,即能够输出该标识符的数值,也能够修改该标识符的值。处于存在但是不可见状态的标识符是指该标识符仍然在计算机内存中存在,但是却不可以去访问它。

【例 4.10】　作用在不同范围的变量的存在性和可见性。

```
#include <iostream>
using namespace std;
void Fun();
int num=100;
int main()
{
    cout<<"In main() num="<<num<<endl;
    int num=10;
    cout<<"In main() num="<<num<<endl;
    Fun();
    cout<<"In main() num="<<num<<endl;
    if (num==10)
    {
        int num=1;
        cout<<"In block num="<<num<<endl;
    }
    cout<<"In main() num="<<num<<endl;
return 0;
}
void Fun()
{
    cout<<"In Fun() num="<<num<<endl;
}
```

程序的运行结果：

```
In main() num=100
In main() num=10
In Fun() num=100
In main() num=10
In block num=1
In main() num=10
```

在这个程序中变量名为 num 的整型变量定义了三次，第一次在程序的第 4 行，这个整型变量不在任何函数内部，它是一个作用域为文件作用域的全局变量，该变量在整个文件内都是存在的，因为这个程序只有一个文件，所以该程序的程序作用域与文件作用域的范围相同，处于文件作用域的整型变量 num＝100。整型变量 num 的第二次定义出现在程序的第 8 行,该行处于 main()函数中,所以该行定义的变量 num 的作用域为函数作用域,即它的作用范围从定义点(第 8 行)开始一直延续到 main()函数的结束(第 18 行),第二个定义的 num 变量在整个 main()函数中都是存在的,处于函数作用域的整型变量 num=10。第三次定义的整型变量 num 出现在程序的第 14 行,该行处于从第 14 行开始到第 16 行结束的 if 程序块中,所以该变量的作用范围为从第 14 行开始到 16 行结束的块级作用域,处于块级作用域的变量 num=1。

　　程序的第一条输出语句在第 7 行,这时只定义了第一个处于文件作用域的变量 num,并且值为 100,虽然第 7 行的输出语句处于 main()函数中,但是其输出的 num 值仍为 100,因为这时能够访问第一个定义的整型变量 num,所以其处于存在并且可见的状态。第二条输出结果"In main() num=10"是程序第 9 行输出语句的结果,这是因为在第 8 行定义了一个函数作用域的同名变量 num,由输出结果可以判断这个函数作用域的变量 num 是存在并且可见的。文件作用域的变量 num 的状态又如何呢? 因为 C++ 允许在一个作用域范围内定义的标识符在该范围内的子范围中可以重新定义同名的标识符,这时,内层的同名标识符总是覆盖外层的同名标识符,也就是原先定义的标识符在子范围内虽然是不可见,但还是存在的,它被新定义的同名标识符覆盖了,过了子范围之后新定义的标识符就会消失,从而原来定义的标识符就可以显露出来。由此可见,从程序的第 8 行到第 18 行,main()函数内定义的标识符 num 覆盖了具有文件作用域的同名变量 num,因此这时输出的结果为"num=10"。程序的第 10 行语句是调用 Fun()函数,这时系统保存当前在 main()函数中的现场情况,转去执行 Fun()函数,程序不再处于 main()的函数作用域,所以函数作用域的变量 num 不再覆盖在文件作用域的 num 上,使得文件作用域的 nun 成为可见的,第 22 行语句的输出结果为"num=100"。Fun()函数执行完后,系统返回到 main()的作用域内,从而函数作用域的 num 再次隐藏了文件作用域的 num,程序第 11 行语句的输出结果为 num=10。程序运行到第 14 行,在比函数作用域更小的块级作用域内定义了同名的变量 num,这时在块级作用域内的 num 覆盖了函数作用域的 num,函数作用域的 num 又覆盖了文件作用域的 num,这时只有块级作用域的 num 是可见的,其他两个都是不可见的,因此 15 行的语句输出为"num=1"。当程序运行到第 17 行时,块级作用域的变量 num 结束了它的生命周期,从内存中消失,从而将函数作用域的变量 num 呈现出来,成为可见的,所以第 17 行的输出语句输出结果为"num=10"。

　　请读者写出下列程序的运行结果,并进行分析。

```cpp
#include <iostream>
using namespace std;
int main()
```

```
{
    int n=5;
    for(;n>0;n--)
    {
        int n=8;
        cout<<n<<",";
    }
    cout<<endl<<n<<endl;
    return 0;
}
```

4.5.3　全局变量和局部变量

C++ 通常把处于程序作用域和文件作用域的变量称为全局变量,而把处于函数作用域和块作用域的变量称为局部变量。

1. 全局变量

全局变量包含外部变量和静态类变量。

1) 外部存储类型

本节之前的所有示例都是单个文件构成的完整程序,可是在实际应用中程序一般都较大,需要由多个文件组成,C++ 规定 main()函数为程序的开始点,所以由多个源文件组成的程序中,只能有一个文件含有 main()主函数,其他文件都不能含有 main(),否则系统执行程序时不知从何开始。

在 C++ 的一个文件中定义一个变量时,如果这个变量处于任何函数的外部,则该变量是一个具有文件作用域的全局变量。该文件中的任何函数都可以访问它,因此它也是用来在函数之间传递共享信息的一个工具。对于由多个文件组成的程序来说,只能在某一个文件内共享信息有时是不够的,这时就用到了关键字 extern,它通过声明变量为外部变量或将函数声明为外部函数在多个文件之间进行沟通。

外部变量是定义在任何函数体之外,并且定义时不加任何存储类型声明的一种变量,外部变量在该变量定义之外的其他文件中引用时需要提前进行声明,声明外部变量的方法就是在变量的声明前加上 extern,表示该变量是外部变量,在一个程序中外部变量只能定义一次,但是可以用 extern 声明多次。

外部函数与外部变量的作用域是相同的,也是作用在整个程序的所有文件中,定义外部函数的方法也是在函数头的前面加上关键字 extern。一般情况下,extern 在定义函数时可以省略。

【例 4.11】 外部变量和外部函数的使用。

该程序由两个文件组成，即 first.cpp 和 second.cpp。

文件 first.cpp 内容如下：

```cpp
#include <iostream>
using namespace std;
int global_num=1;                    //全局变量的定义
void Fun1();                         //Fun1()在 first.cpp 中的函数的声明
void Fun2();                         //Fun2()函数的声明
int main()
{
    cout<<"In main() global_num="<<global_num<<endl;
    Fun1();
    cout<<"In main() global_num="<<global_num<<endl;
    return 0;
}
void Fun2()                          //外部函数的定义 extern 省略
{
    global_num++;
    cout<<"In Fun2() global_num="<<global_num<<endl;
}
```

文件 second.cpp 内容如下：

```cpp
#include <iostream>
using namespace std;
extern int global_num;               //外部变量的声明
void Fun2();                         //Fun2()函数在 second.cpp 中的声明
extern void Fun1()
{
    global_num++;
    cout<<"In Fun1() global_num="<<global_num<<endl;
    Fun2();
}
```

程序的运行结果：

```
In main()  global_num=1
In Fun1()  global_num=2
In Fun2()  global_num=3
In main()  global_num=3
```

该程序在第 3 行定义了全局整型变量,并赋初值 1。在 first.cpp 源文件中定义一个外部函数 Fun2(),其中定义时关键字 extern 被省略。在 second.cpp 源文件中定义了一个外部函数 Fun1()。在 first.cpp 文件中的 main() 函数要调用 Fun1() 和 Fun2(),所以在调用之前进行了函数的声明。虽然 Fun1() 是在 second.cpp 源文件中定义的,但是因为 Fun1() 定义为外部函数,所以在 first.cpp 中只要提前进行声明就可以调用,如 first.cpp 中的第 4 行。同样,Fun2() 定义在 first.cpp 文件中,在 second.cpp 文件中使用之前进行声明即可,如 second.cpp 中的第 4 行。外部变量的使用同外部函数,当外部变量在定义之外的其他文件中使用时需要提前进行声明,如 second.cpp 文件中的第 3 行。

2) 静态存储类型

前面介绍的是通过 extern 声明外部变量和外部函数,使其能在整个程序中都可以被访问,但是某些变量和函数有时只需要在定义它的源文件中使用即可。这时就需要用到关键字 static 来将外部变量声明为外部静态变量,将外部函数声明为静态函数,这样使得外部静态变量和静态函数被定义它们的源文件所独享。

如果将例 4.11 中 first.cpp 源文件的第 3 行全局变量的定义前加上关键字 static,则整型变量 global_num 就成为了外部静态变量,则该变量只能在 first.cpp 中使用。如果在 first.cpp 源文件中的第 13 行 Fun2() 定义的函数头前面加上关键字 static,则外部函数 Fun2() 就成为了静态函数,则它也只能在 first.cpp 中使用。这时在编译程序时不会出错,但是当进行连接时就会报错,指出在 second.cpp 源文件中没有整型变量 global_num,也找不到 Fun2() 函数,这说明,文件 second.cpp 无法共享 first.cpp 中的外部静态变量和静态函数。

在文件作用域下定义的内联函数默认为静态函数,在文件作用域下定义的 const 常量默认为外部静态变量,它们如果用 extern 声明之后,则可以成为外部存储类型。

2. 局部变量

局部变量是指作用域为函数作用域和块作用域的变量,包含在函数内或程序块内定义的普通变量和内部静态类变量。通过分析下面的程序来介绍普通的局部变量和内部静态类局部变量的区别。

【例 4.12】 普通局部变量与内部静态类变量的区别。

```
#include <iostream>
using namespace std;
voidFun();
int main()
{
    cout<<"第一次调用 Fun()"<<endl;
    Fun();
    cout<<"第二次调用 Fun()"<<endl;
    Fun();
    cout<<"第三次调用 Fun()"<<endl;
    Fun();
    return 0;
}
voidFun()
{
    int a=3;              //普通局部变量
    static b=3;           //内部静态类变量
    a++;
    b++;
    cout<<"auto a="<<a<<endl;
    cout<<"static b="<<b<<endl;
}
```

程序的运行结果：

```
第一次调用 Fun()
auto a=4
static b=4
第二次调用 Fun()
auto a=4
static b=5
第三次调用 Fun()
auto a=4
static b=6
```

该程序在 Fun() 函数内分别定义了普通的函数级作用域的整型变量 a 和内部静态类整型变量 b。由输出结果可知，在第一次调用 Fun() 函数时 a 和 b 的值均为 4，它们各自都在原来初值的基础上加了 1；但是第二次调用 Fun() 函数时 a 的值仍为 4，而 b 的值为

5；第三次调用 Fun() 函数时 a 的值仍为 4，而 b 的值为 6。由此可见，在每次调用 Fun()函数时，普通变量 a 都重新赋初值，而内部静态类变量仍然保留原来的值。对于普通的局部变量，当系统运行到它所处的作用域（函数或程序块）时，系统会为其分配存储空间，并赋上初值，系统执行完它所在的作用域的语句时，即执行完函数或程序块后，便会收回为它分配的存储空间，从而该局部变量生命周期结束。当系统再次调用该函数或执行该程序块时，系统再次重新分配空间并赋初值，因此在例 4.12 的结果中每次调用函数 Fun()后，a 的输出结果都是 4。

内部静态类的生命周期与程序的运行期相同，只要这种变量一定义，这种变量的生命周期就开始，直到程序结束，无论系统是否运行在它的作用域内，该变量都存在。只是当系统运行在它所处的作用域内的时候，系统可以访问该变量；当系统运行在它的作用域之外时，则该变量存在，但不可以访问，即不可见的；当系统再次运行到它的作用域时，该变量保持原来的值，而不是最初赋的值。所以例 4.12 中每次调用 Fun()时，内部静态类变量都在原来的基础上加 1。

静态类变量定义时有默认值，整型为 0，浮点型的为 0.0，字符型则为空字符。而普通的变量定义后在赋初值或赋值之前没有默认值，这时它的值是无意义的。

请读者自己分析下列程序的结果，以便进一步掌握局部变量的特性。

```cpp
#include <iostream>
using namespce std;
void Fun(int j);
int main()
{
    int i;
    for (i=1;i<5;i++)
        Fun(i);
    return 0;
}
void Fun(int j)
{
    static int a(5);
    int b(2);
    b++;
    cout<<a<<"+"<<b<<"+"<<j<<"="<<a+b+j<<endl;
    a+=5;
}
```

4.6　应用实例——水果超市管理系统购物车的设计

一个水果超市管理系统如同一个电子商务网站一样,购物车是必备的设计。购物车作为衔接商品和结账流程的中间桥梁,其重要性不言而喻。本节只简单介绍购物车的实现方法和注意事项。

在考虑如何设计购物车时,首先要对购物车做功能规划。作为购物车,最根本的功能是存储用户所购买商品的信息,另外,还应该有购买种类、数量以及金额等的统计,同时也包括删除商品等方法。

到目前为止,本书还没有介绍有关类和对象的知识,所以在水果超市系统中用到的水果类、购物车类等在这里只能用结构体、数组和函数等表示。

在该例中,定义一个结构体 FruitKind 来表示水果,每种水果都有名称和单价;用静态数组 allfruitkind 来存储水果超市中所有的水果信息;用数组 car 来表示购物车,购物车记录购买水果的种类、数量以及价钱,其数组元素的类型为定义的结构体类型 CartItem,该结构体包括水果的种类、重量和价钱。购物车具有的购买商品、统计金额和删除商品等功能,分别通过函数 Add()、DeleteItem() 和 CheckOut() 来实现。为了突出水果超市系统中购物车的主要功能,这里简化了其他功能,如水果种类管理等。由于篇幅的限制,只列举了购物车的 3 个主要功能——购买商品、统计金额和删除商品。

在本例题中对购物车购买商品、统计金额、删除商品等功能以及显示所购买商品信息,分别编写了函数来实现,并且为了使得各项功能对当前同一个购物车进行操作,所有这些函数的参数分别选择指针类型和引用类型,从而将函数内的变化反映到主函数中的购物车中。

【例 4.13】　水果超市系统购物车的设计。

```cpp
#include <iostream>
#include <string>
using namespace std;
struct FruitKind                    //定义水果结构体
{
    string fruitname;               //水果名称
    double price;                   //水果售价
};
struct CartItem                     //定义购买水果单项信息
```

```
{
    FruitKind fruit;                                    //水果种类
    double weight;                                      //数量
    double money;                                       //金额
};
void Add(CartItem car[],int &rcount);                   //向购物车中添加新购水果信息
void DeleteItem(CartItem car[],int &rcount);            //从购物车中删除某种水果信息
void CheckOut(CartItem car[],int &rcount);              //结账
void DispFruitKind();                                   //显示水果信息
void DispAllFruit(CartItem car[],int &rcount);          //显示购物车中所购水果的全部信息
static FruitKind allfruitkind[50];                      //存放超市中所有水果的名称和售价
void FruitKind()
                  //向数组 allfruitkind 中添加水果种类信息,为了简化程序事先录入三种水果
{
    allfruitkind[0].fruitname="apple";
    allfruitkind[0].price=2.5;
    allfruitkind[1].fruitname="banana";
    allfruitkind[1].price=3.5;
    allfruitkind[2].fruitname="orange";
    allfruitkind[2].price=4;
}
int main()
{
    CartItem car[100];                                  //初始化空的购物车,购物车用数组来表示
    int count=0;                                        //用于记录购买水果种类的数量
    char ch;
    cout<<"Welcome ,please select a function"<<endl;
    cout<<"A/a for add fruit..."<<endl;                 //输入字符 A/a 表示选购水果
    cout<<"C/c for checkout..."<<endl;                  //输入字符 C/c 表示结账
    cout<<"D/d for delete fruit..."<<endl;              //输入字符 D/d 表示退货
    cout<<"Q/q for quit..."<<endl;                      //输入字符 Q/q 表示退出系统
    cin>>ch;
    FruitKind();                                        //初始化水果种类
    while(1)
    {
        switch (ch)
        {
```

```
                    case 'A':
                    case 'a': Add(car, count);            //调用向购物车中添加水果处理函数
                        break;
                    case 'C':
                    case 'c': CheckOut(car, count);        //调用结账处理函数
                        break;
                    case 'D':
                    case 'd': DeleteItem(car, count);      //调用退货处理函数
                        break;
                    case 'Q':
                    case 'q': return 0;
                    default: cout<<"input error"<<endl;    //提示功能选择输入错误
            }
        cout<<"Welcome ,please select a function"<<endl;
        cout<<"A/a for add fruit..."<<endl;
        cout<<"C/c for checkout..."<<endl;
        cout<<"D/d for delete fruit..."<<endl;
        cout<<"Q/q for quit..."<<endl;
        cin>>ch;
    }
}
void Add(CartItem car[],int &rcount)                  //向购物车中添加新购水果信息
{
    cout<<"please,select a fruit:"<<endl;
    DispFruitKind();                                  //向顾客展示超市中所有水果的信息
    int k;
    cin>>k;                                           //输入顾客选择的水果编号
    CartItem c;
    c.fruit=allfruitkind[k-1];                        //获取顾客选择的水果基本信息
    cout<<"How much do you want to buy?"<<endl;
    double w;
    cin>>w;                                           //输入顾客购买水果的重量
    c.weight=w;
    c.money=allfruitkind[k-1].price *w;               //计算金额
    car[rcount]=c;rcount=rcount+1;                    //购物车信息条目加 1
}
void DeleteItem(CartItem car[],int &rcount)           //从购物车中删除某种水果信息
```

```
{
    cout<<"please,select the number of fruit :"<<endl;
    DispAllFruit(car,rcount);                        //向顾客展示其所购商品的全部信息
    int k;
    cin>>k;                                          //输入顾客要退货的水果编号
    for(int j=k-1;j<rcount-1;j++)
    car[j]=car[j+1];                                 //从购物车中删除退货商品
    rcount=rcount-1;                                 //购物车中的条目减 1
}
void CheckOut(CartItem car[],int &rcount)            //结账
{
    double sum=0;
    for(int i=0;i<rcount;i++)
        sum+=car[i].money;                           //将购物车中各条记录中的金额相加
    cout<<"Total money is "<<sum<<endl;
    rcount=0;                                        //购物车清空
}
void DispFruitKind()                                 //显示超市中所有水果的基本信息
{
    for(int i=0;i<3;i++)
    {
        cout<<"Fruit No="<<i+1<<"  Fruit Name="<<allfruitkind[i].fruitname<<
        "  Price="<<allfruitkind[i].price<<endl;
    }
}
void DispAllFruit(CartItem car[],int &rcount) //显示购物车中顾客所购水果的信息
{
    for(int i=0;i<rcount;i++)
        cout<<"Fruit No="<<i+1<<"  Fruit Name="<<car[i].fruit.fruitname<<
        "  Weight="<<car[i].weight<<"  Money="<<car[i].money<<endl;
}
```

习题

一、填空题

1. 当调用一个函数时,整个调用过程分为 3 步进行:第一步是_____;第二步是_____;第三步是_____,即返回函数调用的位置。

2. 定义一个函数时,若只允许函数体访问形参的值而不允许修改它的值,则应把该形参声明为_____,即在该形参声明的前面加上_____关键字进行修饰。

3. 假设有"void Fun(int x,int y＝100);"函数定义,则语句 Fun(5)与_____等价。

4. 在一个函数的定义或声明前加上关键字_____时,该函数就被声明为内联函数。

5. 变量的四种作用域分别是_____、_____、_____和_____。

二、选择题

1. 当一个函数无返回值时,定义的函数类型应是_____。

  A. void   B. 任意   C. int   D. 无

2. 在下列描述中,_____是引用调用。

  A. 形参是指针,实参是地址   B. 形参和实参都是变量

  C. 形参是数组名,实参是数组名   D. 形参是引用,实参是变量

3. 在传值调用中要求_____。

  A. 形参和实参类型任意,个数相等

  B. 实参和形参类型都完全一致,个数相等

  C. 实参和形参对应的类型一致,个数相等

  D. 实参和形参对应的类型一致,个数任意

4. 在 C++语言中,下列关于设置参数默认值的描述中,_____是正确的。

  A. 不允许设置参数的默认值

  B. 设置参数默认值只能在定义函数时设置

  C. 设置参数默认值时,应该先设置右边的再设置左边的

  D. 设置参数默认值时,应该全部参数都设置

5. 重载函数在调用时选择的依据中,_____是错误的。

  A. 参数个数   B. 参数的类型   C. 函数名字   D. 函数的类型

6. 下列为重载函数的一组函数声明的是_____。

    A. void Print(int x); void Print(double x);

    B. void Fun(int x); void Fun(int y);

    C. int Max(int x,int y); int Min(int x,int y);

    D. void Mm( ); int Mm( );

7. 下列对重载函数的描述中，_____是错误的。

    A. 重载函数中不允许使用默认参数

    B. 重载函数中编译是根据参数表进行选择的

    C. 不要使用重载函数来描述毫无相关的函数

    D. 一个函数名可以对应多个函数的实现

8. 若有以下函数调用语句，判断在此函数调用中实参的个数是_____。

```
Fun(a+b,(x,y),Fun(n+k,d,(a+b)));
```

    A. 3   B. 4   C. 5   D. 6

9. C++语言中规定函数的返回值类型是由_____决定的。

    A. return 语句中的表达式类型   B. 调用该函数时的主调函数类型

    C. 实参的类型   D. 在定义函数时所指定的函数类型

10. 在一个函数中，要求通过函数来实现一种不太复杂的功能，并且要求加快执行速度，选用_____合适。

    A. 内联函数   B. 重载函数   C. 递归调用   D. 嵌套调用

三、程序阅读题

1. 分析下列程序的输出结果。

```cpp
#include <iostream>
using namespace std;
int F(int i)
{
    return ++i;
}
int G(int &i)
{
    return ++i;
}
```

```
int main()
{
    int a,b;
    a=b=0;
    a+=F(G(a));
    b+=F(F(b));
    cout<<"a="<<a<<" b="<<b<<endl;
    return 0;
}
```

2. 分析下列程序的输出结果。

```
#include <iostream>
using namespace std;
void Swap(int &x, int &y)
{
    int temp;
    temp=x;
    x=y;
    y=temp;
}
int main()
{
    int x=30,y=50;
    Swap(x,y);
    cout<<"x="<<x<<",y="<<y<<endl;
    return 0;
}
```

3. 分析下列程序的输出结果。

```
#include <iostream>
using namespace std;
double F(double x)
{
    double y;
    y=(x*x-x+1)/2-1.6;
```

```
        return(y);
}
int main()
{
    double b,a;
    b=(F(8.5)+3*F(7))/F(4.2);
    cout<<"b="<<b<<endl;
    cout<<"input a=";
    cin>>a;
    cout<<"F(a)="<<F(a)<<endl;
    return 0;
}
```

4. 分析下列程序的输出结果。

```
#include <iostream>
using namespace std;
const int k(4);
const int n(6);
int Sum_of_Powers(int,int);
int Powers(int,int);
int main()
{
    cout<<"sum of "<<k<<" powers of intefers from 1 to "<<n<<"=";
    cout<<Sum_of_Powers(k,n)<<endl;
    return 0;
}
int Sum_of_Powers(int k,int n)
{
    int sum(0);
    for(int i(1);i<=n;i++)
        sum+=Powers(i,k);
    return sum;
}
int Powers(int m,int n)
{
    int i,product(1);
```

```
    for(i=1;i<=n;i++)
        product*=m;
    return product;
}
```

5. 分析下列程序的输出结果。

```cpp
#include <iostream>
using namespace std;
void Fun (int ,int,int*);
int main()
{
    int x,y,z;
    Fun(5,6,&x);
    Fun(7,x,&y);
    Fun (x,y,&z);
    cout <<x<<","<<y<<","<<z<<endl;
    return 0;
}
void Fun(int a,int b,int *c)
{
    b+=a;
    *c=b-a;
}
```

6. 分析下列程序的输出结果。

```cpp
#include <iostream>
using namespace std;
int &F1(int n,int s[])
{
    int &m=s[n];
    return m;
}
int main()
{
    int s[]={5,4,3,2,1,0};
```

```
        F1(3,s)=10;
        cout<<F1(3,s)<<endl;
        return 0;
    }
```

7. 分析下列程序的输出结果。

```
#include <iostream>
using namespace std;
void Fun();
int n=1;
int main()
{
    static int x=5;
    int y;
    y=n;
    cout<<"In Main--x="<<x<<",y="<<y<<",n="<<n<<endl;
    Fun();
    cout<<"In Main--x="<<x<<",y="<<y<<",n="<<n<<endl;
    return 0;
}
void Fun()
{
    static int x=4;
    int y=10;
    x+=2;
    n+=3;
    y+=n;
    cout<<"In Fun--x="<<x<<",y="<<y<<",n="<<n<<endl;
}
```

四、问答题

1. 为什么要使用函数？
2. 为什么需要函数原型？
3. 什么样的问题可以使用递归来解决？
4. 使用重载函数有什么好处？系统如何区分被重载的函数？

五、编程题

1. 编写一个程序,将用户输入的一个十进制数转换成二进制数、八进制数、十六进制数。

2. 判断一个整数是否仅由奇数字(1,3,5,7,9)组成。

3. 编程求 $n^1+n^2+n^3+\cdots+n^{20}$ 的值,其中 n=1,2,3,4,5。

4. 输入一个自然数,将该自然数的每一位数字按反序输出。

5. 编写程序,输入 5 个字符串,按照升序输出。要求 5 个字符串必须以指针数组形式存放。

6. 编写一个程序,计算分别选修 2、3 和 4 门课程的学生的平均分。其中将求平均分函数 avg() 设计成重载函数。

第 5 章

类 和 对 象

封装性(Encapsulation)是面向对象程序设计的重要特性之一,主要通过类和对象体现。类是 C++ 语言的核心概念,其本质是一种数据类型;而对象是某一种类的实例,因此类和对象密切相关。通过类的封装性,可以实现数据的隐藏性,便于程序的维护和修改。本章主要介绍类的定义以及类和对象的应用。

学习目标:

(1) 掌握类和对象的定义,掌握对象的初始化方法,了解成员函数的特性;

(2) 掌握静态成员的概念和使用方法,了解常类型的概念和使用方法;

(3) 掌握对象指针、对象引用以及对象数组的使用方法,了解子对象和堆对象的基本概念;

(4) 掌握友元函数和友元类的概念和使用方法;

(5) 了解类的作用域和对象的生存期的概念。

 5.1 类的定义

类是一种用户自定义的数据类型,是对具有共同属性和行为的一类事物的抽象描述,共同属性被描述为类中的数据成员,共同行为被描述为类中的成员函数。

5.1.1 类的定义格式

类的定义格式一般分为声明和实现两部分。声明部分用来声明类中的成员,包括数据成员和成员函数的声明,其中数据成员又称为属性,成员函数又称为方法或操作,用来对数据进行操作。数据成员的声明包含数据成员的名字和类型;成员函数可以在类体内定义,也可以在类体内只对其进行声明,而在类体外实现部分进行定义。如果一个类中所有的成员函数都是在类体内定义,则该类就没有类外实现部分。在类体内定义的成员函数为内联函数。具体定义格式如下：

```
class  <类名>                                 //声明部分
{
    public:
            <公有数据成员和成员函数的声明或实现>
    protected:
            <保护数据成员和成员函数的声明或实现>
    private:
            <私有数据成员和成员函数的声明或实现>
};
<函数类型>  <类名>::<成员函数名>  (<参数表>)     //实现部分
{
    <函数体>
}
```

其中,class 为关键字;＜类名＞为标识符;花括号内是类的声明部分,对该类的成员进行声明。类成员包含数据成员和函数成员,数据成员通常是变量或对象的声明语句,而函数成员指函数的定义或函数声明语句。

public:关键字,说明其后的成员为公有成员。通常将类的成员函数全部或部分定义为公有成员。

private:关键字,可默认,说明其后的成员为私有成员。通常将类的数据成员定义为私有成员,是被隐藏的部分。

protected:关键字,说明其后的成员为保护成员。

关键字 public、private 和 protected 称为访问权限控制符或访问权限修饰符,它们在类体中出现的顺序和次数没有限制,用来说明类成员的访问权限。

【例 5.1】 定义一个水果类。

```
class Fruit
{
    public:                          //声明公有的成员函数
        void SetFruitNumber(int num){fruitNumber=num;}
        void SetFruitName(string name){fruitName=name;}
        void SetPurchasePrice(double price){purchasePrice=price;}
        int GetFruitNumber(){return fruitNumber;}
        string GetFruitName(){return fruitName;}
```

```
        double GetPrice(){return purchasePrice;}
        void DispFruitName(){cout<<"水果名称:"<<fruitName;}
        void DispPurchasePrice(){cout<<"进价为:"<<purchasePrice;}
        void DispFruitNumber(){cout<<"水果编号"<<fruitNumber;}
        void DispFruit();
    private:                              //声明私有的数据成员
        int fruitNumber;
        string fruitName;
        double purchasePrice;
};
void Fruit::DispFruit()
{
    cout<<"水果编号:"<<fruitNumber<<", 名称:"<<fruitName;
}
```

该类有 13 个成员,包括 3 个私有的数据成员和 10 个公有的成员函数。其中成员函数 DispFruit() 在类体内声明,在类体外定义,用于显示数据成员的值;而其他几个成员函数的定义都在类体内给出,用于给数据成员赋值、获取数据成员的值并分别显示数据成员的值。3 个数据成员分别表示水果的编号、名称和进货价格。

【例 5.2】 定义一个类,描述平面上的一个点。

```
class Point
{
    public:                              //声明公有的成员函数
        void SetValue(int x,int y);
        int GetX(){return X;}
        int GetY(){return Y;}
        void Move(int x,int y);
    private:                              //声明私有的数据成员 X 和 Y
        int X,Y;
};
void Point::SetValue(int x,int y)        //成员函数 SetValue() 在类体外的实现
{
    X=x;Y=y;
}
```

```
void Point::Move(int x,int y)          //成员函数 Move()在类体外的实现
{
    X+=x;Y+=y;
}
```

该类的两个数据成员 X 和 Y 是私有成员,分别表示平面上点的横坐标和纵坐标;该类定义了 4 个公有的成员函数,其中 SetValue()用于给数据成员 X 和 Y 赋值,GetX()和 GetY()用于返回数据成员 X 和 Y 的值,Move()用来改变点的坐标值 X 和 Y。

成员函数的定义既可以在类体内,也可以在类体外的实现部分。在类体外定义时,必须使用"::"符号说明该函数属于哪个类,该符号称为作用域运算符。如上例中的 SetValue()和 Move()两个成员函数在类体外的定义。

定义类时需要注意以下几点:

(1) 在类体内对数据成员定义时,不允许初始化。

(2) 类中数据成员可以是任意类型的数据:整型、浮点型、字符型、数组、指针和引用等,也可以是对象,但是只能是其他类的对象,而不允许是自身类的对象。

(3) 当在类体外定义成员函数时,必须在类体内有函数原型声明语句。

(4) 一般情况下,在类体内先声明公有成员,后声明私有成员;在声明数据成员时,一般按数据成员的类型大小,由小到大进行声明,这样可以提高时空利用率。

(5) 通常将类的定义部分存放在一个用户自定义的头文件中,方便程序使用,例如可将上例中点类的定义存放在"point.h"文件中。

5.1.2 类成员的访问控制

类成员访问权限的控制,体现了类的隐藏性和封装性,是通过设置类成员的访问控制属性来实现的。访问控制属性有 3 种: public(公有)、private(私有)和 protected(保护)。

公有属性(public)定义了类的外部接口,对类而言,任何外部的访问都要通过外部接口来进行。公有成员既可以在类体内引用,也可以在类体外引用,是类与外界的接口,即公有的成员函数或数据成员可以被程序中的任何函数或语句访问(静态成员除外)。

私有属性(private)的成员不允许类外部的程序代码对其进行直接访问,只能被本类的成员函数或特殊说明的函数(友元)引用,保证了私有成员被隐藏在类中,对外界是不可见的。外部程序代码要访问私有成员,只能通过类的公有成员函数或友元函数,这样就实现了访问控制。

保护属性(protected)与私有属性相似,对于本类相当于私有成员,对于该类的派生类相当于公有成员,即保护的数据成员和成员函数不能被类外程序代码访问,只有类的成员

函数或友元和该类的派生类才可以访问(类的继承和派生在第 6 章中会详细讲述)。

5.1.3　成员函数的特性

成员函数具有一般函数的一些特性,可以重载,可以定义为内联函数,还可设置函数形参的默认值。

1. 成员函数可以重载

一般成员函数可以重载,构造函数也可以重载,但是析构函数不可以重载。

【例 5.3】　重载成员函数声明。

```cpp
class Point
{
    public:                              //声明公有的成员函数
        void SetValue(int x,int y);
        int GetX(){return X;}
        int GetY(){return Y;}
        void Move(int x,int y);          //重载的成员函数 Move(两个参数)
        void Move(int x);                //重载的成员函数 Move(一个参数)
    private:                             //声明私有的数据成员 X 和 Y
        int X,Y;
};
void Point::SetValue(int x,int y)        //成员函数 SetValue()在类体外的实现
{
    X=x;Y=y;
}
void Point::Move(int x,int y)            //成员函数 Move(int,int)在类体外的实现
{
    X+=x;Y+=y;
}
void Point::Move(int x)                  //成员函数 Move(int)在类体外的实现
{
    X+=x;Y+=10;
}
```

该类定义了两个同名的成员函数 Move(int)和 Move(int,int),二者互为重载。

2. 成员函数可以声明为内联函数

成员函数如果在类体内定义,默认为内联函数,而在类体外定义则不是内联函数。如果要使在类体外定义的函数也成为内联函数,则需定义时在函数头前加上关键字 inline。

【例 5.4】 内联函数的定义。

```
class Point
{
    public:
        void SetValue(int x,int y);
        int GetX(){return X;}              //成员函数 GetX() 为内联函数
        int GetY(){return Y;}              //成员函数 GetY() 为内联函数
        void Move(int x,int y);
    private:
        int X,Y;
};
void Point::SetValue(int x,int y)
{
    X=x;Y=y;
}
inline void Point::Move(int x,int y)       //成员函数 Move() 定义为内联函数
{
    X+=x;Y+=y;
}
```

该类中声明了 4 个成员函数,其中 GetX()、GetY() 和 Move() 为内联函数。

3. 成员函数的参数可以设置默认值

成员函数的参数可以设置为默认值,使用方法与一般函数的参数默认值相同。

【例 5.5】 成员函数的参数默认值。

```
class Point
{
    public:
        void SetValue(int x,int y);
        int GetX(){return X;}
        int GetY(){return Y;}
```

```
                void Move(int x,int y=10);           //设置成员函数 Move 的参数 y 的默认值
        private:
            int X,Y;
    };
    void Point::SetValue(int x,int y)
    {
        X=x;Y=y;
    }
    void Point::Move(int x,int y)                    //成员函数 Move()在类体外的实现
    {
        X+=x;Y+=y;
    }
```

该类中的成员函数 Move() 设置了参数的默认值,具体应用时需根据对象的调用情况来确定默认值的使用。

5.2　对象的定义和使用

在 C++ 程序运行时,类是以其实例——对象之间的操作和相互访问来完成程序功能的。

5.2.1　对象的定义方法

类是一种类型,不占用内存空间;对象是类的实例,是实体,定义对象时,系统会分配相应的存储空间。任何一个对象都属于某个类,对象包含其所属类的所有成员,因此在定义对象前,必须先定义类。

对象中只存放数据成员,成员函数不存放在每个对象中,而是存放在一个可被对象访问的公共区域中。

对象的定义格式如下:

<类名>　<对象名表>;

其中,<类名>是对象所属的类的名字;<对象名表>可以包含多个对象,对象名之间用逗号间隔。对象名可以是一般对象名,也可以是指向对象的指针名或引用名,还可以是对象数组名。

例如：

```
Point p1,p2,*pp,&rp=p1,p[10];
```

其中,p1,p2 是一般对象名;pp 是指向 Point 类对象的指针;rp 是对象 p1 的引用;p 是一维数组,有 10 个元素,每个元素是类 Point 的对象。

5.2.2 对象成员的表示方法

一个对象的成员就是该对象所属类的成员：数据成员和成员函数。

1. 一般对象的成员表示

```
<对象名>.<数据成员名>
<对象名>.<成员函数名>(<参数表>)
```

这里,".."是成员访问运算符,其功能是表示对象的成员,例如：

```
Point p1;
```

则 p1. X,p1. Y,p1. SetValue(10,5)等即为对象的成员。

2. 指针所指向的对象的成员表示

```
<对象指针名>--><数据成员名>
<对象名>--><成员函数名>(<参数表>)
```

其中,"->"也是一个表示成员的运算符,用于表示指针所指向的对象的成员,例如：

```
Point p1,*pp=&p1;
```

则 pp->X,pp->Y,pp->SetValue(10,5),pp->Move(2,2)等即为 pp 所指向的对象 p1 的成员。

3. 对象引用的成员表示

```
<对象引用名>.<数据成员名>
<对象引用名>.<成员函数名>(<参数表>)
```

例如：

```
Point p1,&rp=p1;
```

则 rp. X,rp. Y,rp. SetValue (10,5)等是 rp 所引用的对象 p1 的成员。

4. 对象数组元素的成员表示

```
<数组名>[<下标>].<数据成员名>
<数组名>[<下标>].<成员函数名>(<参数表>)
```

【例 5.6】 分析下面程序的运行结果,熟悉对象的定义和对象成员的表示方法。

```cpp
#include <iostream>
using namespace std;
class Point                              //定义平面上的点类型 Point
{
    public:                              //声明公有成员函数
        void SetValue (int x,int y);     //为数据成员(坐标)赋值
        int GetX(){return X;}            //取 x 坐标
        int GetY(){return Y;}            //取 y 坐标
        void Move(int x,int y);          //移动点(改变坐标值)
    private:
        int X,Y;                         //私有数据成员:点的坐标
};
void Point:: SetValue(int x,int y)
{
    X=x;Y=y;
}
void Point::Move(int x,int y)
{
    X+=x;Y+=y;
}
int main()
{
    Point p1,p2;
    p1.SetValue(10,20);
```

```
    p2.SetValue(5,6);
    p1.Move(5,10);
    p2.Move(3,4);
    cout<<"x1="<<p1.GetX()<<",y1="<<p1.GetY()<<endl;
    cout<<"x2="<<p2.GetX()<<",y2="<<p2.GetY()<<endl;
    return 0;
}
```

程序的运行结果：

```
x1=15,y1=30
x2=8,y2=10
```

该程序的主函数中,定义了两个点对象 p1 和 p2,并通过成员函数 SetValue()对其赋值,设置点的坐标,通过成员函数 Move()对其进行移动,改变点的坐标,最后输出两个点的坐标。

5.3 构造函数和析构函数

C++ 语言在创建对象时,系统会自动调用相应的构造函数对所创建的对象进行初始化,即完成对象的数据成员初始化的过程。当一个对象的生存期结束时,系统又会自动调用析构函数释放这个对象。

5.3.1 构造函数

构造函数是一种特殊的成员函数,其功能是对对象进行初始化。

1. 构造函数的特点

构造函数是一种成员函数,它既具有一般成员函数的特性,又具有自身的特点。

(1) 构造函数的名字与类名相同。

(2) 构造函数没有返回值,不允许定义构造函数的返回值类型,包括 void 类型。

(3) 构造函数可以有一个或多个参数,也可以无参数,分别称为有参构造函数和默认构造函数。

(4) 构造函数可以重载,重载构造函数由其参数个数、参数类型来区分。

(5) 程序中一般不直接调用构造函数,而是由系统在创建对象时自动调用执行。

2. 默认(无参)构造函数

这种构造函数不带参数,凡是不带参数的构造函数都称为默认构造函数。当创建不带任何实参的对象时,通常调用默认构造函数。

默认构造函数有两种:一种是由用户定义的无参构造函数,另一种是由系统自动提供。如果用户在一个类体中没有定义任何构造函数,系统会自动创建一个默认的构造函数,其函数体为空,用来对创建的对象进行初始化,使对象中的不同类型的数据成员具有默认值或无意义值,其格式如下:

```
<类名>::<默认构造函数名>()
{
}
```

3. 有参构造函数

构造函数可以带有一个或多个参数,创建对象时,如果被创建的对象带有实参,系统会根据实参的个数调用相应的有参构造函数对对象进行初始化。

在定义构造函数时,也可以为函数参数设定默认值。

> **注意:**
> 若类中已定义有参构造函数,则在需要使用无参构造函数时,必须由用户自己定义无参构造函数,因为系统不再提供默认的无参构造函数。

【例 5.7】 无参构造函数和有参构造函数的使用。

对例 5.2 中的点类重新定义,并存放在"point.h"文件中。

```cpp
#include <iostream>
using namespace std;
class Point
{
    public:
        Point(){cout<<"Default Constructor called."<<endl;}   //无参构造函数
        Point(int x,int y)                            //有参构造函数
        {X=x;Y=y;cout<<"Constructor called."<<endl;}
        void SetValue(int x1,int y1)                  //成员函数,修改数据成员值
        {X=x1;Y=y1;}
```

```
        void DisPoint()              //成员函数,输出点的坐标
        {cout<<X<<","<<Y<<endl;}
    private:
        int X,Y;                     //私有数据成员:点的坐标
};
```

上述定义中增加了一个无参构造函数和一个有参构造函数。

【例 5.8】 分析下列程序的输出结果。

```
#include <iostream>
#include <point.h>
using namespace std;
int main()
{
    Point a(12,6),b;
    a.DisPoint();
    b.SetValue(5,18);
    b.DisPoint();
    return 0;
}
```

程序的运行结果:

```
Constructor called.
Default Constructor called.
12,6
5,18
```

在该例中定义了两个对象,对象 a 通过调用有参构造函数进行初始化,而对象 b 通过调用无参构造函数进行初始化。

构造函数中同样可以使用默认参数值,如:

```
class Point
{
    public:
        Point(int x=0,int y=0)
        {X=x;Y=y;cout<<"Constructor called."<<endl;}
```

```
    //...
    private:
        int X,Y;
};
```

该例定义了两个默认参数值,可以采用下面的形式定义对象:

```
int main()
{
    Point p1,p2(5),p3(10,10);
//...
return 0;
}
```

对象 p1 的点的坐标为(0,0),p2 的点的坐标为(5,0),而 p3 的点的坐标则为(10,10)。

构造函数可以重载,因此在一个类的定义中可以同时有几个构造函数,但是在定义了多个构造函数后,要保证在创建对象时调用的构造函数的唯一性,不能调用多个构造函数。

如定义一个类:

```
class A
{
    public:
        A();
        A(int,int);
        A(double,double);
        //...
};
```

该类中有三个构造函数:一个无参构造函数和两个有参构造函数,其中有参构造函数参数的类型不同。三个构造函数构成了重载的构造函数,系统在调用时可以找到唯一的构造函数,不会造成二义性。但若按下述方式定义,就可能会出现二义性。

```
class A
{
    public:
        A();                      //无参构造函数
        A(int x=10);              //带默认参数的构造函数
```

```
        A(int,int);
        A(double,double);
        //...
};
```

执行程序时会出现二义性：

```
int main()
{
    A a1(10,10);
    A a2(2.5,3.6);
    A a3;                    //二义性
    return 0;
}
```

创建对象 a3 时，系统无法确定是调用无参的构造函数还是调用有默认参数值的构造函数来初始化对象。

5.3.2　拷贝构造函数

拷贝构造函数具有一般构造函数的功能，其作用是使用已知对象给所创建的对象进行初始化。拷贝构造函数只有一个参数，并且是对某一个对象的引用。其定义格式如下：

```
<构造函数名>(<类名>&<对象引用名>)
{
    <函数体>
}
```

例如，在上述 Point 类中再增加一个拷贝构造函数：

```
class Point
{
    public:
        Point(){cout<<"Default Constructor called."<<endl;}     //无参构造函数
        Point(int x,int y)                                       //有参构造函数
        {X=x;Y=y;cout<<"Constructor called."<<endl;}
        Point(Point &p);                                         //拷贝构造函数
        void SetValue(int x1,int y1)                             //成员函数,修改数据成员值
```

```
        {X=x1;Y=y1;}
        void DisPoint()                    //成员函数,输出点的坐标
        {cout<<X<<","<<Y<<endl;}
    private:
        int X,Y;                           //私有数据成员:点的坐标
};
Point::Point(Point &p)
{
    cout<<"Copy Constructor called."<<endl;
    X=p.X;
    Y=p.Y;
}
```

拷贝构造函数在以下三种情况下被调用。

（1）由一个对象初始化同类的另一个对象时

```
int main()
{
    Point p1(10,20),p2(p1);
    p2.DisPoint();
    return 0;
}
```

对象 p2 创建时调用拷贝构造函数,利用对象 p1 进行初始化,程序的运行结果:

```
Constructor called.
Copy Constructor called.
10,20
```

（2）当对象作为函数实参传递给函数形参时

```
void Fun(Point p)
{
    p.DisPoint();
}
int main()
{
    Point p1(10,20);
    Fun(p1);
}
```

当调用函数 Fun() 进行参数传递时,调用拷贝构造函数初始化形参对象 p,程序的运行结果:

```
Constructor called.
Copy Constructor called.
10, 20
```

当函数调用结束,释放形参对象 p。

（3）当函数返回值为对象时

```
Point Fun()
{
    Point p(10,20);
    return p;
}
int main()
{
    Point p1;
    p1=Fun();
    p1.DisPoint();
    return 0;
}
```

执行语句"return p;"时,系统调用拷贝构造函数用对象 p 去创建并初始化一个无名对象,函数返回时将无名对象的值赋给对象 p1,然后无名对象释放。程序的运行结果:

```
Default Constructor called.
Constructor called.
Copy Constructor called.
10,20
```

注意:
如果使用 Dev-C++ 集成开发环境和 GNU 编译器套件（GNU Compiler Collection）调试代码,当函数返回值为对象时,是不会自动调用拷贝构造函数时,其原因是 Dev-C++ 集成开发环境和 GNU 编译器套件做了优化,返回值为对象时,不再产生临时对象,因而不再调用拷贝构造函数。

如果一个类中没有定义拷贝构造函数,则系统会自动提供一个默认的拷贝构造函数。

这个构造函数很简单,仅仅使用"老对象"的数据成员的值对"新对象"的数据成员一一进行赋值,就是按位复制内存,把默认拷贝构造函数称为"浅拷贝"。它一般具有以下形式:

```
Point::Point(Point &p)
{
    X=p.X;
    Y=p.Y;
}
```

像默认构造函数一样,如果用户已经定义了拷贝构造函数,系统将不再提供默认的拷贝构造函数。对于简单的类,默认拷贝构造函数一般是够用的,也没有必要再显式地定义一个功能类似的拷贝构造函数。但是当类持有其他资源时,如动态分配的内存、打开的文件、指向其他数据的指针、网络连接等,默认拷贝构造函数就不能拷贝这些资源,必须显式地定义拷贝构造函数,以完整地拷贝对象的所有数据,这种将对象所持有的其他资源一并拷贝的行为叫做"深拷贝",必须显式地定义拷贝构造函数才能达到深拷贝的目的。

例如:

```
#include <iostream>
using namespace std;
class Example
{
public:
    Example(int n)
    {
        p=new int(n);
    }
    Example(Example& r)
    {
        p=new int;
        *p=*(r.p);
    }
    ~Example()          //析构函数,释放对象时由系统自动调用,将在下一节介绍
    {
        if(p!=NULL)
            delete p;
    }
```

```
    void disp(){
        cout<<*p<<endl;
    }
private:
    int *p;
};
int main()
{
    Example Example1(10);
    Example Example2(Example1);
    Example1.disp();
    Example2.disp();
    return 0;
}
```

程序的运行结果：

```
10
10
```

在程序中，Example 类的数据成员 p 是指针变量，创建 Example1 时系统自动调用构造函数，使用 new 运算符申请动态内存，申请成功会把分配的内存地址返回赋给指针变量 p。当使用 Example1 创建 Example2 时，拷贝构造函数不是简单地把 Example1 的数据成员 p 的值复制给 Example2 的数据成员 p，而是用 new 运算符为 Example2 的数据成员 p 分配地址，然后把 Example1 的数据成员 p 所指的动态变量的值复制给 Example2 的数据成员 p 所指的动态变量，是深拷贝。如果不进行深拷贝，使用默认拷贝构造函数进行浅拷贝，Example1 和 Example2 的数据成员 p 的值相等，那么两个指针变量会指向同一个动态内存，当释放 Example1 或 Example2 时，该对象的指针成员 p 所指向的动态内存将被释放，会造成另一个对象的指针成员成为野指针，出现内存错误。

5.3.3　析构函数

析构函数也是一种特殊的成员函数，其功能是用来释放所创建的对象。一个对象在其生存周期将要结束时由系统自动调用析构函数将其从内存中清除，即释放由构造函数分配的内存。

析构函数除了具备成员函数的特点外，也有其独特的特点。

（1）析构函数名同类名，为了与构造函数区别，在析构函数名前加"～"符号。

（2）析构函数定义时不能给出类型，也无返回值，并且无参数。

（3）析构函数不能被重载，一个类中只能定义一个析构函数。

（4）析构函数通常被系统自动调用，用户不能调用。

（5）如果一个类中没有定义析构函数，则系统提供一个默认析构函数，其格式如下：

```
<类名>::<默认析构函数名>
{}
```

默认析构函数的函数体为空。

析构函数在下面两种情况下使用：

（1）如果在函数体内定义一个对象，当函数结束时，系统自动调用析构函数释放该对象。

（2）如果一个对象是使用 new 运算符动态创建的，则在使用 delete 运算符释放时，会自动调用析构函数。

【例 5.9】 分析下列程序的输出结果。

```cpp
#include <iostream>
using namespace std;
class Point
{
    public:
        Point(){cout<<"Default Constructor called."<<endl;}
        Point(int x,int y)
        {X=x;Y=y;cout<<"Constructor called."<<endl;}
        ~Point()
        {cout<<"Destructor called."<<endl;}
        void DisPoint()
        {cout<<X<<","<<Y<<endl;}
    private:
        int X,Y;
};
int main()
{
    Point a(12,6),*p=new Point(5,12);
```

```
        a.DisPoint();
        p->DisPoint();
        delete p;
        return 0;
}
```

程序的运行结果：

```
Constructor called.
Constructor called.
12,6
5,12
Destructor called.
Destructor called.
```

该程序中定义了两个对象：对象 a 和一个动态对象，分别调用两次构造函数进行初始化，显示两行"Constructor called."信息；然后调用 DisPoint()成员函数显示对象 a 和动态对象的值；执行"delete p;"语句时，系统调用析构函数释放 p 所指向的动态对象，显示"Destructor called."；在主函数结束前，系统自动调用析构函数释放对象 a。

> **注意：**
> 先创建的对象后析构，后创建的对象先析构。

【例 5.10】　构造函数、拷贝构造函数和析构函数的综合应用。

```
#include <iostream>
using namespace std;
class Point
{
    public:
        Point(){cout<<"Default Constructor called."<<endl;}
        Point(int x,int y)
        {X=x;Y=y;cout<<"Constructor called."<<endl;}
        Point(Point &p);
        ~Point()
        {cout<<"Destructor called."<<endl;}
        int GetX(){return X;}
```

```
        int GetY(){return Y;}
        void DisPoint()
        {cout<<X<<","<<Y<<endl;}
    private:
        int X,Y;
};
Point::Point(Point &p)
{
    X=p.X;
    Y=p.Y;
    cout<<"Copy Constructor called."<<endl;
}
Point Fun(Point q)
{
    int x1,y1;
    x1=q.GetX()+10;
    y1=q.GetY()+20;
    Point m(x1,y1);
    return m;
}
int main()
{
    Point p1,p2(5,5),p3(p2);
    p1=Fun(p3);
    p1.DisPoint();
    return 0;
}
```

程序的运行结果：

```
Default Constructor called.
Constructor called.
Copy Constructor called.
Copy Constructor called.
Constructor called.
Copy Constructor called.
Destructor called.
```

```
Destructor called.
Destructor called.
15, 25
Destructor called.
Destructor called.
Destructor called.
```

 ## 5.4 静态成员

静态成员的提出是为了解决数据共享的问题。为了共享某个数据,可以将该数据声明为全局变量,但这样会削弱数据的封装性,因此用静态成员来实现,既实现了数据共享,又不会影响数据的封装性。静态成员用 static 来修饰,不管有多少个属于类的对象,其静态成员在内存中只有一个拷贝,为类中所有对象共享。

静态成员有两种:静态数据成员和静态成员函数。

5.4.1 静态数据成员

静态数据成员是该类所有对象共有的数据成员,可以实现同类对象之间的信息交换,类中所有对象都可以引用静态数据成员,它的值对每个对象都是一样的。使用静态数据成员可以节省内存,提高系统的运行效率。

在类中定义静态数据成员的格式为:

```
class <类名>
{
    //...
    static <类型说明符>  <数据成员名>;
    //...
};
```

如:

```
class A
{
    public:
        A(int i){a=i;}
```

```
        //...
    private:
        int a;
        static int s;
};
int A::s=0;
```

在该程序段中,类 A 定义了一个静态数据成员 s,并在类体外对其进行了初始化。

对静态数据成员初始化必须在类外进行,其格式如下:

<数据类型> <类名>::<数据成员>=<初值>;

静态数据成员不属于某个对象,在给对象分配存储空间时不包括静态数据成员所占的空间。静态数据成员独立于所有对象,占据的存储空间是系统为其开辟的一个单独的空间,该空间与类的对象无关,只要定义了静态数据成员,即使没有定义对象,静态数据成员的空间也已被分配,可以通过对象引用,也可以通过类引用,引用形式如下:

<类名>::<静态数据成员>

【例 5.11】 静态数据成员的使用。

```
#include <iostream>
using namespace std;
class A
{
    public:
        A(int i){n=i;}
        void add(){s+=n;}
        static int s;              //声明公有静态数据成员 s
    private:
        int n;
};
int A::s=0;                        //静态数据成员 s 初始化为 0
int main()
{
    A a(2),b(5),c(8);
```

```
    a.add();
    cout<<"s="<<A::s<<endl;
    b.add();
    cout<<"s="<<A::s<<endl;
    c.add();
    cout<<"s="<<A::s<<endl;
    return 0;
}
```

程序的运行结果：

```
s=2
s=7
s=15
```

　　程序中定义了三个对象 a、b 和 c,每调用一次成员函数 add(),s 的值都发生改变。程序中 A::s 就是通过类名来引用静态数据成员的。

5.4.2　静态成员函数

　　当一个成员函数被声明为 static 时,即成为静态成员函数,声明格式如下：

```
static <类型>  <成员函数名>(<参数表>);
```

　　静态成员函数的实现可以在类体内,也可以在类体外。静态成员函数是类中所有对象所共享的成员函数,而不只属于某个对象。对其引用的方法有两种：

```
<类名>::<静态成员函数名>(<参数表>)
```

或

```
<对象名>.<静态成员函数名>(<参数表>)
```

　　正由于静态成员函数不属于某个特定的对象,因此不能像一般的成员函数那样随意地访问对象中的非静态数据成员,只能引用类中声明的静态数据成员。如果要引用非静态数据成员,可通过对象引用。

　　【例 5.12】　静态成员函数的使用。

```
#include <iostream>
#include <string>
using namespace std;
class Student
{
    public:
        Student(){total++;}
        static void DispTotal()                    //定义静态成员函数
        {
            cout<<"Students' number is:"<<total<<endl;
                                        //静态成员函数中只引用静态数据成员
        }
    private:
        string name;
        int score;
        static int total;                           //定义静态数据成员
};
int Student::total=0;                               //初始化静态数据成员
int main()
{
    Student s1[50];
    Student::DispTotal();
    return 0;
}
```

程序的运行结果：

```
Students' number is:50
```

主函数中的语句"Student::DispTotal();"就是通过类名来引用静态成员函数 DispTotal()的。

5.5　常对象和常成员

常对象是指在程序中被定义为常类型的对象,常成员是指使用常类型修饰声明的成员,包括常数据成员和常成员函数。

5.5.1 常对象

常对象是指对象常量,定义格式如下:

```
const <类名>  <对象名>(<初值>);
```

或

```
<类名>const  <对象名>(<初值>);
```

常对象的数据成员值不能被改变,常对象只能调用类中的常成员函数。
例如:

```
class A
{
    public:
        A(int i,int j){x=i;y=j;}
        //...
    private:
        int x,y;
};
const A a(5,5);
A const b(10,10);
```

其中,对象 a 和 b 均为常对象,它们的数据成员 x 和 y 的值不能被改变。

5.5.2 常数据成员

常数据成员使用关键字 const 来声明,如以下格式:

```
const  <类型>  <常数据成员名>;
```

由于常数据成员的值必须初始化,且不能改变,因此在类中声明常数据成员时,只能
通过构造函数成员初始化列表的方式来实现。格式如下:

```
<构造函数名>(<参数表>):<成员初始化列表>
{
    <函数体>
}
```

例如：

```
class A
{
    public:
        A(int i,int j):x(i)
        {y=j;}
        //...
    private:
        const int x;
        int y;
};
```

该类中有一个常数据成员 x,其初始化通过构造函数成员初始化列表来实现,而且 x 的值在程序运行期间不可改变。

5.5.3 常成员函数

常成员函数也要用关键字 const 来声明：

<类型> <成员函数名>(<参数表>) const;

const 是函数类型的一部分,在函数声明和函数定义部分都要有该关键字。const 是用于判断函数重载的条件,即带 const 的函数可以和不带 const 的函数重载。

常成员函数可以引用对象的数据成员,但是不能更新数据成员,也不能调用该类中没有用 const 修饰的成员函数;常成员函数既可以被常对象调用,也可以被非常对象调用。

【例 5.13】 常对象、常成员函数的使用。

```
#include <iostream>
using namespace std;
class A
{
    public:
        A(int i){n=i;}
        void Print(){cout<<"1:n="<<n<<endl;}          //非常成员函数
        void Print() const                            //常成员函数
        {cout<<"2:n="<<n<<endl;}
```

```
    private:
        int n;
};
int main()
{
    A a(10);
    const A b(20);                    //b 为常对象
    a.Print();                        //调用非常成员函数
    b.Print();                        //调用常成员函数
    return 0;
}
```

程序的运行结果：

```
1:n=10
2:n=20
```

程序中类 A 定义了两个重载的成员函数 Print()，其中一个是常成员函数。主函数中定义了两个对象：一般对象 a 和常对象 b，a 调用非常成员函数，b 调用常成员函数。

如果在类中只定义常成员函数 Print()，程序仍然可以正确执行，得到相应的结果，说明常成员函数可以被一般对象调用。

【例 5.14】 常数据成员、常成员函数的使用。

```
#include <iostream>
using namespace std;
class A
{
    public:
        A(int i);
        void Print();
    private:
        const int a;                  //常数据成员
        static const int b;           //静态常数据成员
};
const int A::b=10;
A::A(int i):a(i)                      //通过初始化列表初始化常数据成员 a
```

```
{ }
void A::Print()
{
    cout<<a<<","<<b<<endl;
}
int main()
{
    A a1(100),a2(0);
    a1.Print();
    a2.Print();
    return 0;
}
```

程序的运行结果：

```
100,10
0,10
```

该程序中，类 A 定义了两个常数据成员，其中 b 是静态常数据成员。常数据成员 a 通过构造函数的初始化列表进行初始化，而静态常数据成员 b 的初始化在类体外完成。

5.6　对象指针和对象引用

对象指针和对象引用经常用来作为函数的形参，尤其是对象引用，因此这是两个重要的概念。

5.6.1　对象指针

1. 指向对象的指针

对象指针是指向对象的指针，其定义格式如下：

```
<类名>*<对象指针名>;
```

对象指针在定义过程中可以赋初值也可以不赋初值。例如：

```
Point p1(5,10), *pp=&p1;
```

p1 为一个点对象,pp 为对象指针,指向点 p1。

对象指针也可以被赋值,可以使用同类对象的地址值,也可以使用 new 运算符为对象指针赋值。

通过对象指针可以访问所指向对象的成员,用运算符"－＞"实现。对象指针主要用作函数参数或函数返回值。

【例 5.15】 对象指针的应用。

```
#include <iostream>
using namespace std;
class A
{
    public:
        A(){x=0;y=0;}
        A(int i,int j)
        {
            x=i;y=j;
        }
        void SetValue(int i,int j)
        {
            x=i;y=j;
        }
        void Disp()
        {
            cout<<x<<","<<y<<endl;
        }
    private:
        int x,y;
};
void Fun(A *p)                      //对象指针作函数形参
{
    p->SetValue(10,20);            //通过对象指针引用成员函数
}
int main()
{
    A a(1,2);
    Fun(&a);                        //对象的地址作实参
```

```
    a.Disp();
    return 0;
}
```

程序的运行结果：

```
10,20
```

该程序在函数 Fun() 中定义了一个对象指针作形参，调用函数 Fun() 时，实参是同类对象 a 的地址值，在参数传递过程中实现传址调用，在函数执行过程中改变了实参的值。

2. 指向类的数据成员的指针

类数据成员指针就是指向类中数据成员的指针，使用该指针可以访问其所指向的类中的数据成员，但是该数据成员必须具有公有属性。定义格式如下：

```
<类型>   <类名>::*<指针变量名>;
```

其中，<类型>为数据成员的类型。若要让已定义的指针变量指向某个类中的数据成员，可以通过下述语句实现：

```
<类数据成员指针变量名>=&<类名>::<类数据成员名>;
```

例如，有类定义如下：

```
class A
{
    public:
        A(int i){x=i;}
        int AddValue()
        {return x+y;}
        int y;
    private:
        int x;
};
```

定义一个指向类 A 的数据成员 y 的指针 py：

```
int A::*py=&A::y;
```

也可以写成：

```
int A::*py;
py=&A::y;
```

【例 5.16】　指向数据成员的指针的应用。

```cpp
#include <iostream>
using namespace std;
class A
{
    public:
        void Disp()
        {
            cout<<"m="<<m<<endl;
            cout<<"n="<<n<<endl;
        }
        int m,n;
};
int main()
{
    int A::*p=&A::m;              //定义指针 p,使其指向数据成员 m
    A a;
    a.*p=10;                     //通过指针 p 和成员指针选择符 .* 为 m 赋值
    p=&A::n;                     //对 p 重新赋值,使其又指向数据成员 n
    a.*p=20;                     //通过指针 p 为 n 赋值
    a.Disp();
    return 0;
}
```

程序的运行结果：

```
m=10
n=20
```

在主函数中先定义指针变量 p,使其指向类 A 的数据成员 m,由于 m 是公有成员,可以在主函数中通过对象 a 来直接引用,使用指针变量 p 和成员指针选择符. * 为 m 赋值;然后又对 p 重新赋值,使其指向数据成员 n,通过指针 p 为其赋值,最后输出结果。

3. 指向类成员函数的指针

类成员函数指针就是指向类中成员函数的指针,使用该指针可以访问其所指向的类中的成员函数(必须具有公有属性)。定义格式如下:

> <类型>　(<类名>::*<指针变量名>)(形参表);

其中,<类型>为成员函数的返回值类型,可以通过以下方式给指向类成员函数的指针变量赋值,使该指针变量指向类中的某个成员函数。

> <指向类成员函数的指针变量名>=<类名>::<类成员函数名>;

若要通过类成员函数指针调用该成员函数,其调用格式如下:

> (<对象名>.*<指向类成员函数的指针变量名>)(实参表)

【**例 5.17**】　指向类成员函数指针的应用。

```cpp
#include <iostream>
using namespace std;
class A
{
    public:
        void Setm(int i){m=i;}
        void Setn(int i){n=i;}
        void Disp()
        {
            cout<<"m="<<m<<",n="<<n<<endl;
        }
    private:
        int m,n;
};
int main()
{
    void(A::*pfun)(int);          //定义指向类 A 成员函数的指针 pfun
```

```
    A a;
    pfun=A::Setm;              //给指针变量 pfun 赋值,使其指向成员函数 Setm
    (a.*pfun)(10);             //通过 pfun 调用成员函数 Setm
    pfun=A::Setn;              //重新给 pfun 赋值,使其指向成员函数 Setn
    (a.*pfun)(20);             //调用成员函数 Setn
    a.Disp();
    return 0;
}
```

程序的运行结果:

```
m=10,n=20
```

程序中定义了指向类 A 成员函数的指针变量 pfun,先使其指向成员函数 Setm(),调用该成员函数后再给指针变量重新赋值,使其又指向成员函数 Setn(),最后通过指针变量 pfun 调用 Setn(),完成为对象 a 的两个数据成员 m 和 n 赋值的功能。

5.6.2 this 指针

this 指针是一个隐含于每一个类的成员函数中的特殊指针,它用于指向正在被成员函数操作的对象。this 指针是系统创建的,是该类的指针类型,存储该类的某个对象的地址。

this 指针明确指出了成员函数当前所操作的对象,当通过一个对象调用其成员函数时,系统先将该对象的地址赋给 this 指针,然后调用成员函数,成员函数执行时就隐含使用了 this 指针。可以使用 * this 来表示正在调用该成员函数的对象。

【例 5.18】 this 指针的应用。

```
#include <iostream>
using namespace std;
class A
{
    public:
        A(){n=0;}
        A(int i)
        {
            n=i;
        }
```

```
        void AddValue(int j)
        {
            A s;
            s.n=n+j;
            *this=s;
        }
        void Disp()
        {
            cout<<"n="<<n<<endl;
        }
    private:
        int n;
};
int main()
{
    A a(10);
    a.Disp();
    a.AddValue(5);          //此时 this 指针指向对象 a
    a.Disp();
    return 0;
}
```

程序的运行结果：

```
n=10
n=15
```

程序中对象 a 调用成员函数 AddValue()时，this 指针指向对象 a，*this 即为对象 a；成员函数 AddValue()函数体中的语句 *this＝s;的功能是将对象 s 的数据成员赋给对象 a 的相应的数据成员，则成员函数 AddValue()调用结束后对象 a 的数据成员 n 为 15。

5.6.3 对象引用

对象引用是对象的别名，其定义格式如下：

```
<类名>    &<对象引用名>=<对象名>;
```

假设 A 是已声明定义的类：

```
A a(10),&ra=a;
```

则 ra 为对象 a 的引用,是对象 a 的别名。

对象引用常用作函数的形参。对象引用在作函数的形参时,要求实参为对象名,实现引用调用。在 C++ 中,对象引用作函数参数要比对象指针作参数更普通,既可以实现对象指针作函数参数的作用,同时又简单、直接。

但是正因为引用调用可以在被调用函数中通过引用来改变实参的值,为了避免这种改变,往往使用对象的常引用作为形参。

【例 5.19】 对象引用作函数的参数。

```cpp
#include <iostream>
using namespace std;
class A
{
    public:
        A(){x=0;y=0;}
        A(int i,int j)
        {
            x=i;y=j;
        }
        void SetValue(int i,int j)
        {
            x=i;y=j;
        }
        void Disp()
        {
            cout<<x<<","<<y<<endl;
        }
    private:
        int x,y;
};
void Fun(A &r)                    //对象引用作形参
{
    r.SetValue(10,20);
}
int main()
```

```
{
    A a(1,2);
    Fun(a);
    a.Disp();
    return 0;
}
```

该程序只是把例 5.15 中函数 Fun() 的形参由对象指针换成了对象引用,而程序实现的功能是完全一样的。

 ## 5.7 对象数组

对象数组是指元素为类的对象的数组,对象数组的定义、赋值和引用与普通数组一样,只是数组的元素与普通数组不同,它是同类的若干对象。同样可以有指向对象数组的指针和对象指针数组。

5.7.1 对象数组的定义和使用

对象数组的定义格式如下:

<类名> <数组名>[<大小>]...;

其中,<类名>用于说明数组元素是属于哪个类的对象,<大小>指出数组元素的个数,方括号的个数代表数组的维数。

例如:

Point p[10];

表示定义了一个一维数组 p,其中有 10 个元素,每个元素是属于类 Point 的点对象。

Point pmatrix [5][8];

表示定义了一个有 5 行 8 列的二维数组 pmatrix,其中共有 40 个元素,每个元素是属于类 Point 的点对象。

对象数组中的元素必须是同一个类的对象,在生成对象数组时,将针对每个数组元素按其下标的排列顺序依次调用一次构造函数,调用的次数等于数组元素的个数。

在定义对象数组时可以直接进行初始化,也可以通过赋值语句实现赋值。

【例 5.20】　对象数组的定义、初始化和使用。

```cpp
#include <iostream>
using namespace std;
class Point
{
    public:
        Point(){cout<<"Default Constructor called."<<endl;}
        Point(int x,int y)
        {X=x;Y=y;cout<<"Constructor called."<<endl;}
        ~Point()
        {cout<<"Destructor called."<<endl;}
        void DisPoint()
        {cout<<X<<","<<Y<<endl;}
    private:
        int X,Y;
};
int main()
{
    Point p1[4]={Point(2,3),Point(5,5)};
    p1[2]=Point(9,8);
    p1[3]=Point(20,25);
    for(int i=0;i<4;i++)
        p1[i].DisPoint();
    return 0;
}
```

程序的运行结果:

```
Constructor called.
Constructor called.
Default Constructor called.
Default Constructor called.
Constructor called.
Destructor called.
Constructor called.
Destructor called.
```

```
2,3
5,5
9,8
20,25
Destructor called.
Destructor called.
Destructor called.
Destructor called.
```

由该程序可以看出：对象数组在定义过程中进行元素的初始化时调用有参构造函数，而如果只定义不进行初始化，则调用无参构造函数。利用赋值语句对数组元素进行赋值时，系统先调用有参构造函数创建无名对象，并将其值赋给相应对象数组元素，然后再将无名对象释放，释放时调用析构函数。在程序执行结束前，调用析构函数将数组各个对象元素释放，释放顺序与创建对象的顺序刚好相反。

5.7.2 对象指针数组

对象指针数组是指数组的元素是指向对象的指针，所有数组元素都是指向相同类的对象的指针。其定义格式如下：

```
<类名>    *<对象指针数组名>[<大小>]...;
```

其中，<类名>是指对象指针数组中指针所指向的对象的类，<大小>表示数组元素的个数，方括号的个数代表数组的维数。

对象指针数组可以初始化，也可以被赋值。

【例 5.21】 对象指针数组的使用。

```cpp
#include <iostream>
using namespace std;
class Point
{
    public:
        Point(){X=0;Y=0;}
        Point(int x,int y)
        {X=x;Y=y;}
        void DisPoint()
        {cout<<X<<","<<Y<<endl;}
```

```
    private:
        int X,Y;
};
int main()
{
    Point p1,p2(2,3),p3(5,5),p4(9,8);    //定义对象
    Point *parray[4]={&p1,&p2};  //定义对象指针数组,并初始化 parray[0]和 parray[1]
    parray[2]=&p3;                        //给 parray[2]赋值
    parray[3]=&p4;                        //给 parray[3]赋值
    for(int i=0;i<4;i++)
        parray[i]->DisPoint();           //调用 parray[i]所指对象的成员函数 DisPoint()
    return 0;
}
```

程序的运行结果：

```
0,0
2,3
5,5
9,8
```

5.7.3　指向对象数组的指针

指向对象数组的指针可以指向一维数组,也可以指向多维数组。指向一维对象数组的指针较常用,其定义格式如下：

```
<类名>  (*<对象数组指针名>)[<大小>];
```

其中,<类名>是指该指针所指向的一维对象数组中对象所属的类,<大小>是指该指针所指向的一维对象数组的大小。

例如：

```
A(* p)[3];
```

其中,p 为一个指向一维对象数组的指针,该一维数组具有三个类 A 的对象。

【例 5.22】　指向对象数组的指针的使用。

```cpp
#include <iostream>
using namespace std;
class Point
{
    public:
        Point(){X=0;Y=0;}
        Point(int x,int y)
        {X=x;Y=y;}
        void DisPoint()
        {cout<<X<<","<<Y<<endl;}
    private:
        int X,Y;
};
int main()
{
    Point p[2][3];        //定义二维对象数组 p
    Point(*pp)[3]=p;      //定义指向一维对象数组的指针 pp,使其指向二维对象数组的首行
    int i,j;
    for(i=0;i<2;i++)   //为二维对象数组元素赋初值
        for(j=0;j<3;j++)
            p[i][j]=Point(i,j);
    for(i=0;i<2;i++)    //输出二维对象数组元素的值
        for(j=0;j<3;j++)
            pp[i][j].DisPoint();
    return 0;
}
```

程序的运行结果：

```
0,0
0,1
0,2
1,0
1,1
1,2
```

5.8 子对象和堆对象

子对象和堆对象是两个经常使用的概念,当一个类的成员是另一个类的对象时,该成员对象就称为子对象;而堆对象也称动态对象,是一种在程序运行过程中根据需要随时创建的对象。

5.8.1 子对象

子对象是指某个类的数据成员本身又是另一个类的对象,体现了类的定义嵌套,此时也称这两个类是组合关系。

例如:

```
class A
{
    //...
};
class B
{
    //...
    private:
        A a;
    //...
};
```

这里,类 B 中的数据成员 a 即为类 A 的对象,是一个子对象;而类 A 和类 B 即是组合关系。

当一个类中出现了子对象,该类的构造函数就要负责子对象的初始化,子对象的初始化应通过构造函数的初始化列表来完成。

【例 5.23】 子对象的使用。

```
#include <iostream>
using namespace std;
class A
{
    public:
```

```
        A(int i,int j)
        {x=i;y=j;}
        void Disp()
        {
            cout<<"x="<<x<<",y="<<y;
        }
    private:
        int x,y;
};
class B
{
    public:
        B(int i,int j,int k):m(i,j)      //利用初始化列表初始化子对象 m{n=k;}
        void Disp()
        {
            m.Disp();                    //调用子对象的成员函数 Disp()
            cout<<",n="<<n<<endl;
        }
    private:
        A m;                             //定义子对象 m
        int n;
};
int main()
{
    B b(5,10,15);
    b.Disp();
    return 0;
}
```

程序的运行结果：

```
x=5, y=10,n=15
```

该程序中，类 B 定义了一个子对象 m，通过类 B 的构造函数的初始化列表对子对象
进行初始化，在构造函数的函数体中再对类 B 中定义的其他数据成员初始化。对类 B 中
数据成员 n 的初始化也可以在初始化列表中进行。如下格式：

```
B(int i,int j,int k):m(i,j),n(k)
{ }
```

5.8.2　堆对象

堆对象在程序运行过程中可以根据需要随时创建和删除,非常灵活,方便使用。这种堆对象存储在内存的一个特殊区域,这些特殊的存储单元称为堆。

创建或删除堆对象用到如下两个运算符: new 和 delete。

使用 new 运算符可以创建一个对象或一个对象数组,其格式如下:

```
new <类名>(<初值>)
```

或者

```
new <类名>[<大小>]
```

new 运算符返回一个地址值,通常将其赋给一个同类型的指针,<初值>是创建对象时用来给所创建的对象进行初始化的值,若省略,则所创建的对象得到默认值。

例如:

```
Point *p;
p=new Point(10,20);
```

p 是指向点类对象的指针,它指向了一个由 new 运算符创建的堆对象,该堆对象所表示的点的值为(10,20)。这里,new 运算符负责开辟一个可存放类 Point 对象大小的存储空间,并将其首地址赋给指针 p;new 运算符同时自动调用构造函数创建堆对象并初始化,将数据成员的值存放在开辟的内存单元中。

又如:

```
Point *q;
q=new Point[10];
```

定义 q 为指向类 Point 对象的指针,利用 new 运算符开辟一个一维对象数组空间,并将该堆对象数组的首元素的地址赋给指针 q,同时 new 运算符还自动调用无参构造函数给对象数组元素初始化。

使用 delete 运算符可以释放堆对象,其格式如下:

```
delete <指针名>;
```

或

```
delete []<指针名>;
```

前者用于将指针名所指针的对象释放,后者的作用是将 new 创建的对象数组释放。
例如:

```
delete p;
delete []q;
```

【例 5.24】 堆对象的使用。

```cpp
#include <iostream>
using namespace std;
class A
{
    public:
        A(int i,int j)
        {x=i;y=j;
        cout<<"Constructor called."<<endl;
        }
        ~A(){cout<<"Destructor called."<<endl;}
        void Disp();
    private:
        int x,y;
};
void A::Disp()
{
    cout<<x<<","<<y<<endl;
}
int main()
{
    A *p1,*p2;                    //定义两个对象指针
    p1=new A(5,5);                //创建堆对象并将地址赋给 p1
```

```
        p2=new A(10,20);          //创建堆对象并将地址赋给 p2
        p1->Disp();               //通过对象指针访问堆对象的成员函数
        p2->Disp();
        delete p1;                //释放 p1 所指向的堆对象
        delete p2;                //释放 p2 所指向的堆对象
        return 0;
}
```

程序的运行结果：

```
Constructor called.
Constructor called.
5,5
10,20
Destructor called.
Destructor called.
```

◤ 5.9　友元

类具有封装性,类中的私有成员一般只能通过类中的成员函数才能访问,而程序中类外的函数是不能直接访问私有成员的。在程序中,通过对象调用公有的成员函数访问类的私有成员会较多地占用系统的时间和空间,为了提高运行效率,引入了友元的概念。

5.9.1　友元函数

在一个类体内声明的友元函数不是该类的成员函数,只是独立于该类的一般函数,但是它具有类成员函数可访问该类所有成员的功能。其声明格式如下:

```
friend <类型>　<函数名>(<参数表>);
```

友元函数破坏了类的封装性,使用时应特别慎重。

友元函数可在类体内任何位置声明,但其函数定义一般放在类体外。

【例 5.25】　友元函数的使用。

```
#include <iostream>
#include <cmath>
using namespace std;
class Point
{
    public:
        Point(double x,double y){X=x;Y=y;}
        void Disp()
        {
        cout<<X<<","<<Y<<endl;
        }
        friend double Distance(Point &a,Point &b);
    private:
        double X,Y;
};
double Distance(Point &a, Point & b)
{
    double dx=a.X-b.X;
    double dy=a.Y-b.Y;
    return sqrt(dx*dx+dy*dy);
}
int main()
{
    Point p1(5.0,5.0),p2(10.0,18.0);
    p1.Disp();
    p2.Disp();
    double d=Distance(p1,p2);
    cout<<"The distance is:"<<d<<endl;
    return 0;
}
```

程序的运行结果：

```
5,5
10,18
The distance is:13.9284
```

由该程序可知,友元函数可以访问类中的私有成员,但是不可以直接引用数据成员,而必须通过对象来引用,通常友元函数的参数是对象的引用。另外,从程序中也可以看出,友元函数的调用和一般函数相同,不必通过对象来调用。

5.9.2 友元类

友元不仅可以是函数,还可以是一个类,即一个类可以作为另一个类的友元,该类即为友元类。当一个类是另一个类的友元类时,该类中所有的成员函数都是这个类的友元函数。友元类的声明格式如下:

```
friend class <类名>;
```

例如:

```
class A
{
friend class B
//...
};
class B
{
    //...
}
```

该例中,在类 A 里声明了一个友元类 B,类 B 称为类 A 的友元类,则类 B 中的所有成员函数都是类 A 的友元函数。

使用友元类时,要注意友元关系是不可逆的,同时友元关系也是不可传递的。即 B 类是 A 类的友元类,但是不等于 A 类也是 B 类的友元类;B 类是 A 类的友元类,C 类是 B 类的友元类,但是 C 类也不一定是 A 类的友元类。

【例 5.26】 友元类的使用。

```
#include <iostream>
using namespace std;
class A
{
    friend class B;                        //声明友元类
    public:
        A(){}
```

```
            A(int i){x=i;}
            void Disp(){cout<<x<<","<<y<<endl;}
        private:
            int x;
            static int y;
};
int A::y=1;
class B
{
    public:
        B(int i,int j)
        {
            a.x=i;
            A::y=j;
        }
        void Disp()
        {
            cout<<a.x<<","<<A::y<<endl;        //通过子对象 a 访问类 A 的私有成员
        }
    private:
        A a;
};
int main()
{
    A a1(10);
    a1.Disp();
    B b1(15,18);
    b1.Disp();
    a1.Disp();
    return 0;
}
```

程序的运行结果：

```
10,1
15,18
10,18
```

该程序中,在 A 类中声明了类 B 是其友元类,在类 B 中又定义了一个子对象 a,因此在类 B 中的构造函数和成员函数中可以引用 A 类的私有成员 a.x 和 A 类中的静态私有成员 y。

 ## 5.10 类的作用域和对象的生存期

类的作用域又称为类域,是指该类的定义中类体内的部分,即由一对花括号括起来的若干成员。对象和普通变量一样,也有从创建到被撤销的过程,这个过程就是对象的生存期。

5.10.1 类的作用域

每个类都有自己的作用域,范围就是所定义的类体内的成员。一个文件可以包含若干个类,而一个类又可以定义多个成员函数,类的作用域介于文件域和函数域之间。

在类作用域中定义的数据成员不能使用 register、extern 等修饰,类中定义的成员函数也不能用 extern 来修饰。

类成员的作用域在下列情况下具有类作用域(假设类 A 中的成员 M):

(1) 类的成员函数中出现了该类的成员 M,并且该成员函数中没有定义同名标识符。

(2) 在该类的某个对象的该成员表达式中,例如:A a;,则在 a.M 中。

(3) 在该类的某个指向对象指针的该成员表达式中,例如:A a, * pa;,则在 pa—> M 中。

(4) 在使用域运算符所限定的该成员中,例如:A::M。

5.10.2 对象的生存期

对象的生存期又称为对象的寿命,是指一个对象从创建开始到被释放为止的存在时间。在 C++ 中,一般可按对象的生存期和作用域不同,将对象分为三种:全局对象、局部对象和静态对象。

1. 全局对象

全局对象定义在某个文件中,其生存期最长,作用域最大,其作用域是整个程序,当程序结束时才被释放。全局对象的缺点是安全性较差,因为在整个程序的各个文件中都可以改变它。

全局对象的定义在函数体外,定义时不加修饰符。在某个文件中定义的全局对象,在其他文件中使用时应该用 extern 来声明。

2. 局部对象

局部对象定义在一个函数体内或者是程序块内,其生存期短,作用域小,其作用域是该函数体或程序块内。局部对象是在对象声明时创建的,而在退出定义该对象所在的函数或块时,系统自动调用析构函数将其释放。函数的参数也属于局部对象。局部对象的安全性好,不会长期占用内存。

3. 静态对象

静态对象的生存期较长,当程序运行结束时才被释放。根据作用域的不同静态对象又分为内部静态对象和外部静态对象。定义在函数体或程序块内的静态对象称为内部静态对象,其作用域为该函数体或程序块;定义在函数体外的静态对象称为外部静态对象,其作用域是从定义位置开始直到文件结束。外部静态对象的作用域是文件级的,而全局对象的作用域是程序级的。静态对象存放在静态存储区中。

静态对象定义时需在前面加关键字 static。

【例 5.27】 类作用域和对象的生存期。

```cpp
#include <iostream.h>
#include <string.h>
class A
{
    public:
        A(char *ps)
        {
            strcpy(s,ps);
            cout<<"Constructor called for "<<s<<endl;
        }
        ~A()
        {
            cout<<"Destructor called for "<<s<<endl;
        }
    private:
        char s[50];
};
void Fun()
```

```
{
    A FunObject("FunObject");                 //定义局部对象
    static A staticObject("StaticObject");    //定义内部静态对象
    cout<<"In Fun()."<<endl;
}
A GlobalObject("GlobalObject");               //定义全局对象
int main()
{
    A MainObject("MainObject");               //定义局部对象
    cout<<"In main(), before called Fun"<<endl;
    Fun();
    cout<<"In main(), after called Fun"<<endl;
    return 0;
}
```

程序的运行结果：

```
Constructor called for GlobalObject
Constructor called for MainObject
In main(), before called Fun
Constructor called for FunObject
Constructor called for StaticObject
In Fun().
Destructor called for FunObject
In main(), after called Fun
Destructor called for MainObject
Destructor called for StaticObject
Destructor called for GlobalObject
```

由此可以看出：全局对象和静态对象的生存期最长，全局对象在程序开始时即被创建，两者都是在程序结束时，调用析构函数来释放。

 ## 5.11 应用实例——水果超市管理系统基本类的设计

水果超市管理系统采用面向对象的程序设计方法，主要是对封装和继承的应用。系统既然要对水果的销售进行管理，必然要在系统中设计若干个类以实现各种管理功能。

其中,"水果"类 Fruit 是一个最基本的类,由此派生出"正价水果"类 RegularFruit 和"特价水果"类 DiscountFruit 等;而为了实现系统的功能,完成对水果销售的管理,还需设计"水果种类"类 FruitKind、"购买水果品种"类 CartItem 和"购物车"类 Cart 等基本类。

5.11.1　"水果"类 Fruit 的设计

在水果超市管理系统中要处理各种各样的水果,正价水果、特价水果等,但无论是哪类水果都具备水果的基本特征,因此可以将各种水果的共性特征抽取出来,形成一个基本类,这就是"水果"类,包括水果编号、水果名称、水果进价等数据成员以及修改和输出这些数据成员的成员函数等,如表 5-1 所示。

表 5-1　"水果"类 Fruit 成员说明

数据成员	成　员　函　数
fruitNumber：水果编号 fruitName：水果名称 purchasePrice：水果进价	Fruit()：构造函数 DispFruitNumber()：显示水果编号 SetFruitNumber()：修改水果编号 GetFruitNumber()：获取水果编号 DispFruitName()：显示水果名称 SetFruitName()：修改水果名称 GetFruitName()：获取水果名称 DispPurchasePrice()：显示水果进价 SetPurchasePrice()：修改水果进价 GetPrice()：获取水果进价 DispFruit()：显示水果信息

【例 5.28】　"水果"类 Fruit 的设计,本例中的"水果"类定义可保存在 Fruit.h 文件中。

```
Fruit.h 文件:
#include <iostream>
#include <string>
using namespace std;
class Fruit                                      //水果类
{
    public:
        Fruit();                                 //没有任何参数的构造函数
        Fruit(int num,string name,double price); //有参数的构造函数
```

```
        void DispFruitNumber(){cout<<"水果编号"<<fruitNumber;}        //显示水果编号
        void SetFruitNumber(int num){fruitNumber=num;}              //修改水果编号
        int GetFruitNumber(){return fruitNumber;}                   //得到水果编号
        void DispFruitName(){cout<<"水果名称:"<<fruitName;}          //显示水果名称
        void SetFruitName(string name){fruitName=name;}             //修改水果名称
        string GetFruitName(){return fruitName;}                    //得到水果名称
        void DispPurchasePrice(){cout<<"进价为:"<<purchasePrice;}    //显示水果进价
        void SetPurchasePrice(double price){purchasePrice=price;}   //修改水果进价
        double GetPrice(){return purchasePrice;}                    //得到水果进价
        void DispFruit();                                           //显示水果信息
    protected:
        int fruitNumber;                                            //水果编号
        string fruitName;                                           //水果名称
        double purchasePrice;                                       //水果进价
};
Fruit::Fruit()                                  //没有任何参数的构造函数
{
    fruitNumber=0;
    fruitName=" ";
    purchasePrice=0;
}
Fruit::Fruit(int num,string name,double price)      //有参数的构造函数
{
    fruitNumber=num;
    fruitName=name;
    purchasePrice=price;
}
void Fruit::DispFruit()                             //显示水果信息
{
    cout<<"水果编号:"<<fruitNumber<<", 名称:"<<fruitName;
}
源程序文件 fruit.cpp:
#include <iostream>
#include <string>
#include"Fruit.h"
using namespace std;
int main()
```

```
{
    Fruit Apple,Orange(1002,"Orange",0.8);
    Apple.SetFruitNumber(10001);
    Apple.SetFruitName("Apple");
    Apple.SetPurchasePrice(1.2);
    Apple.DispFruit();
    cout<<endl;
    cout<<"水果编号:"<<Orange.GetFruitNumber()<<endl;
    cout<<"名称:"<<Orange.GetFruitName()<<endl;
    cout<<"进价:"<<Orange.GetPrice()<<endl;
    return 0;
}
```

程序的运行结果：

```
水果编号: 10001,    名称: Apple
水果编号: 1002
名称: Orange
进价: 0.8
```

"水果"类的设计是为了销售管理的应用,在具体应用中还要用到"正价水果"和"特价水果"类的定义,这两个类的定义需要用到继承和派生的概念,而这里的"水果"类 Fruit 只是作为基类存在,具体应用将在第 6 章进行详细讲解。另外,本例中的所有的数据成员的属性设置为"保护"属性,也是出于继承的考虑,将会在第 6 章中介绍。

5.11.2 "水果种类"类 FruitKind 的设计

在水果超市管理系统中,为了实现对水果超市的库存、销售和利润情况进行管理,首先要对超市中欲销售的水果种类进行设置,包括正价水果、特价水果都有哪些,每种水果的进价和售价是多少等。这些初始化工作是在"水果种类"类 FruitKind 中实现的,具体操作由超市的系统管理员来完成。在该类中使用了"正价水果(RegularFruit)"和"特价水果(DiscountFruit)"两个派生类,这两个类的具体定义和使用会在本书第 6 章中进行详细阐述,在本例中读者只需将其理解为两个类即可。本例的"水果种类"FruitKind 的成员如表 5-2 中说明。

表 5-2 "水果种类"类 FruitKind 成员说明

数 据 成 员	成 员 函 数
discKind：一维数组，用于存储特价水果种类	FruitKind()：构造函数
reguKind：一维数组，用于存储正价水果种类	AddDiscKind()：添加特价水果种类
discKindLength：特价水果种类数目	AddReguKind()：添加正价水果种类
reguKindLength：正价水果种类数目	InitFruitKind ()：水果总类初始化
	DispFruitKind()：显示超市所有水果列表
	GetDiscFruit()：返回某种特价水果
	GetReguFruit()：返回某种正价水果
	DispReguFruitKind()：显示正价水果信息
	DispDiscFruitKind ()：显示特价水果信息

【例 5.29】 "水果种类"类 FruitKind 的设计。

```cpp
class FruitKind                                 //水果种类
{
    public:
        FruitKind();                            //构造函数
        void AddDiscKind (int num, string name, double inPrice, double
        outPrice);                              //增加特价水果种类
        void AddReguKind (int num, string name, double inPrice, double
        outPrice);                              //增加正价水果种类
        void InitFruitKind();                   //初始化水果种类列表
        void DispFruitKind();                   //显示超市所有水果种类列表
        DiscountFruit GetDiscFruit(int num);    //返回第 i 种特价水果
        RegularFruit GetReguFruit(int num);     //返回第 i 种正价水果
        void DispReguFruitKind();               //显示正价水果信息
        void DispDiscFruitKind();               //显示特价水果信息
    private:
        DiscountFruit discKind[100];            //保存特价水果种类
        RegularFruit  reguKind[100];            //保存正价水果种类
        int discKindLength;                     //保存特价水果种类数
        int reguKindLength;                     //保存正价水果种类数
};
FruitKind::FruitKind()                          //构造函数
```

```
{
    discKindLength=0;
    reguKindLength=0;
}
DiscountFruit FruitKind::GetDiscFruit(int num)              //返回第 i 种特价水果
{
    for(int i=1;i<=discKindLength;i++)
    {
        if (discKind[i-1].GetFruitNumber()==num)
            return discKind[i-1];
    }
}

RegularFruit FruitKind::GetReguFruit(int num)              //返回第 i 种正价水果
{
    for(int i=1;i<=reguKindLength;i++)
    {
        if (reguKind[i-1].GetFruitNumber()==num)
            return reguKind[i-1];
    }
}
void FruitKind::InitFruitKind()                           //初始化水果种类列表
{
    cout<<"请先初始化水果种类,首先请输入正价水果的种类"<<endl;
    cout<<"请输入要添加正价水果种类的数量:"<<endl;
    int kindNumber;
    cin>>kindNumber;
    string name;
    double inPrice;
    double outPrice;
    for(int i=1;i<=kindNumber;i++)
    {
        cout<<"请输入第"<<i<<"种正价水果的名称:"<<endl;
        cin>>name;
        cout<<"请输入第"<<i<<"种正价水果的进价:"<<endl;
        cin>>inPrice;
        cout<<"请输入第"<<i<<"种正价水果的售价:"<<endl;
        cin>>outPrice;
```

```
        AddReguKind(i,name,inPrice,outPrice);
    }
    cout<<"正价水果种类已录入完毕,请输入特价水果种类:"<<endl;
    cout<<"请输入要添加特价水果种类的数量:"<<endl;
    cin>>kindNumber;
    for(i=1;i<=kindNumber;i++)
    {
        cout<<"请输入第"<<i<<"种特价水果的名称:"<<endl;
        cin>>name;
        cout<<"请输入第"<<i<<"种特价水果的进价:"<<endl;
        cin>>inPrice;
        cout<<"请输入第"<<i<<"种特价水果的售价:"<<endl;
        cin>>outPrice;
        AddDiscKind(i,name,inPrice,outPrice);
    }
}
void FruitKind::AddReguKind(int num, string name, double inPrice, double
outPrice)                                              //增加正价水果种类
{
    reguKind[reguKindLength].SetFruitNumber(num);
    reguKind[reguKindLength].SetFruitName(name);
    reguKind[reguKindLength].SetPurchasePrice(inPrice);
    reguKind[reguKindLength].SetRegularPrice(outPrice);
    reguKindLength++;
}
void FruitKind::AddDiscKind(int num, string name, double inPrice, double
outPrice)                                              //增加特价水果种类
{
    discKind[discKindLength].SetFruitNumber(num);
    discKind[discKindLength].SetFruitName(name);
    discKind[discKindLength].SetPurchasePrice(inPrice);
    discKind[discKindLength].SetDiscountPrice(outPrice);
    discKindLength++;
}
void FruitKind::DispReguFruitKind()                    //显示正价水果信息
{
    cout<<"正价水果有:"<<endl;
    for(int i=0;i<reguKindLength;i++)
```

```
    {
        cout<<"水果编号:"<<reguKind[i].GetFruitNumber()<<",水果名称:"
<<reguKind[i].GetFruitName()<<",售价:"<<reguKind[i].GetRegularPrice()<<endl;
    }
}
void FruitKind::DispDiscFruitKind()    //显示特价水果信息
{
    cout<<"特价水果有:"<<endl;
    for(int i=0;i<discKindLength;i++)
    {
        cout<<"水果编号:"<<discKind[i].GetFruitNumber()<<",水果名称:"
<<discKind[i].GetFruitName()<<",售价:"<<discKind[i].GetDiscountPrice()<<endl;
    }
}
void FruitKind::DispFruitKind()//显示超市所有水果种类列表
{
    DispReguFruitKind();
    DispDiscFruitKind();
}
```

这里需要说明的是,"水果种类"初始化成员函数 InitFruitKind() 的功能是将水果超市中所有的正价水果和特价水果的信息输入到系统中,包括水果的种类数目、每种水果的名称、进价和售价等,该函数需要调用其他成员函数来实现,如 AddReguKind() 和 AddDiscKind() 等。

5.11.3 "购买水果品种"类 CartItem 的设计

在水果超市管理系统中,购物车用来记录购买水果的种类,数量以及价钱,而"购买水果品种"类 CartItem 用来记录所购买的每一种水果的情况,包括购买的数量和金额等,其成员如表 5-3 说明。

表 5-3 "购买水果品种"类 CartItem 成员说明

数 据 成 员	成 员 函 数
f：指针,指向 Fruit 类对象 weight：某种水果购买的数量 money：购买某种水果的金额	CartItem()：构造函数 DispCartItem()：显示某种水果的购买信息 GetMoney()：获取购买某种水果的金额 GetFruit()：返回指针 f,指向购买的某种水果 GetWeight()：返回该种水果购买的数量

【例 5.30】 "购买水果品种"类 CartItem 的设计。

```
class CartItem                              //购买水果单项信息
{
    private:
        Fruit *f;                           //水果基本信息
        double weight;                      //购买的质量
        double money;                       //价钱
    public:
        CartItem(){};                       //不含任何参数的构造函数
        CartItem(Fruit *pf,double w,double m);  //单项购货清单的构造函数
        void DispCartItem();                //显示单项购货信息:名称,质量,金额等
        double GetMoney(){return money;}    //返回单项金额
        Fruit*GetFruit(){return f;}         //返回购买水果种类
        double GetWeight(){return weight;}  //返回购买的质量
};
CartItem::CartItem(Fruit *pf,double w,double m)     //单项购货清单的构造函数
{
    f=new Fruit();
    *f=*pf;
    weight=w;
    money=m;
}
void CartItem::DispCartItem()               //显示单项购货信息:名称,质量,金额等
{
    f->DispFruit();                         //调用 Fruit 类的函数
    cout<<",质量"<<weight<<", 金额"<<money<<endl;
}
```

5.11.4 "购物车"类 Cart 的设计

"购物车"类 Cart 用于实现购买商品、统计金额、删除商品以及显示所购买商品信息等功能,如表 5-4 所示。

表 5-4 "购物车"类 Cart 成员说明

数 据 成 员	成 员 函 数
car：一维数组，存储购物车中所购买的水果信息 count：记录购物车中所购买的水果品种数量	Cart()：构造函数 AddItem()：在购物车中添加购买的水果 DeleteItem()：在购物车中删除某种水果 CheckOut()：结账 DispCart()：显示购物车中所购买的水果

【例 5.31】 "购物车"类 Cart 的设计。

```cpp
class Cart                              //购物车
{
    public:
        Cart(){count=0;}                //购物车的初始化
        void AddItem(CartItem c);       //往购物车中添加购买信息
        void DeleteItem(int i);         //从购物车中删除商品
        void CheckOut(double &p,double &tm);  //购物车结账
        void DispCart();                //显示购物车中所购买的商品信息
    private:
        CartItem car[100];              //记录购物车中所买商品的详细信息
        int count;                      //记录购物车中所买商品的品种个数
};
void Cart::AddItem(CartItem c)          //往购物车中添加购买信息
{
    car[count]=c;
    count=count+1;
}
void Cart::DeleteItem(int i)            //从购物车中删除商品
{
    for(int j=i;j<count-1;j++)
      car[j]=car[j+1];
    count=count-1;
}
void Cart::CheckOut(double &p,double &tm)  //购物车结账
{
    double sum=0;
    for(int i=0;i<count;i++)
```

```
    {
        sum+=car[i].GetMoney();
        p+ = car[i].GetMoney()-(car[i].GetFruit()->GetPrice()*car[i].
        GetWeight());              //计算单笔商品的利润,添加到全局变量profit中
    }
    tm+=sum;                      //将单个购物车的销售额添加到全局变量的销售总额中
    cout<<"合计金额为 "<<sum<<endl;
    count=0;                      //完成一次交易之后购物车清空
}
void Cart::DispCart()             //显示购物车中所购买的商品信息
{
    for(int i=0;i<count;i++)
    {
        cout<<"第"<<i+1<<"条:";
        car[i].DispCartItem();    //调用单项购物清单CartItem类中的函数
    }
}
```

该类定义中需加以说明的是购物车结账成员函数 CheckOut(),该函数功能是计算每一购买水果的单项金额和本次购买行为的总金额,并统计出每一笔销售的利润,均保存在全局变量中(profit 和 tm)。

 习题

一、填空题

1. 类是对具有共同属性和行为的一类事物的抽象描述,共同属性被描述为类中的_____,共同行为被描述为类中的_____。

2. 对类中的成员函数和属性的访问是通过_____、_____和_____这三个关键字来控制的。

3. 一般情况下,按照面向对象的要求,把类中的数据成员定义为_____权限,而把成员函数定义为_____权限。

4. 类中的构造函数是一个特殊的成员函数,它由类的对象_____调用,它的作用是_____。

5. 在定义类的对象时,C++ 程序将自动调用该对象的_____函数初始化对象

本身。

6. 在释放类的对象时,C++程序将自动调用该对象的_____函数。

7. 非成员函数应声明为类的_____才能访问这个类的 private 成员。

8. _____是指在程序运行过程中根据需要随时可以建立或删除的对象。

9. 在 C++语言中,每个类都有一个隐含的指针叫做_____指针,该指针指向_____。

10. 有如下定义语句:"Sample s[10];",Sample 为某种类的类名,则系统自动调用该类构造函数_____次;当类对象数组 s 离开它的作用域时,系统自动调用该类析构函数_____次。

二、选择题

1. 构造函数的返回值类型应是_____。
   A. void   B. 任意   C. int   D. 无

2. 下列类的定义中正确的是_____。
   A. class A{int x＝0;int y＝1;}   B. class B{int x＝0;int y＝1};
   C. class C{int x,int y}   D. class D{int x;int y;};

3. 下列关于类和对象的描述中,正确的是_____。
   A. 类与对象没有区别
   B. 要为类和对象分配存储空间
   C. 对象是类的实例,为对象分配存储空间而不为类分配存储空间
   D. 类是对象的实例,为类分配存储空间而不为对象分配存储空间

4. 在 C++中,数据封装要解决的问题是_____。
   A. 数据的规范化   B. 便于数据转换
   C. 避免数据丢失   D. 防止不同模块之间数据的非法访问

5. 对类的构造函数和析构函数描述正确的是_____。
   A. 构造函数可以重载,析构函数不能重载
   B. 构造函数不能重载,析构函数可以重载
   C. 构造函数可以重载,析构函数也可以重载
   D. 构造函数不能重载,析构函数也不能重载

6. 假定 Sample 是一个类,则该类的拷贝构造函数的声明语句为_____。
   A. Sample & (Sample x);   B. Sample (Samle x);
   C. Sample (Sample & x);   D. Sample (Sample * x);

7. 下面对友元函数描述正确的是_____。

　　A. 友元函数的实现必须在类的内部定义

　　B. 友元函数是类的成员函数

　　C. 友元函数破坏了类的封装性和隐藏性

　　D. 友元函数不能访问类的私有成员

8. f1() 函数是类 A 的公有成员函数，p 是指向类的成员函数 f1() 的指针，下列表示中正确的是_____。

　　A. p＝f1()　　　B. p＝f1　　　C. p＝A::f1　　　D. p＝A::f1()

9. p 是指向类 A 数据成员 a 的指针，a 是类 A 的一个对象。在给 a 成员赋值为 5 的下列表达式中，正确的是_____。

　　A. a.p＝5　　　B. a－＞p＝5　　　C. a.＊p＝5　　　D. ＊a.p＝5

10. 语句"void Set(A & a);"是类 A 中的一个成员函数的声明，其中 A & a 的含义是_____。

　　A. 类 A 的对象引用 a 作该函数的参数

　　B. 类 A 的对象 a 的地址值作函数的参数

　　C. 表达式变量 A 与变量 a 按位与作函数参数

　　D. 指向类 A 对象指针 a 作函数参数

11. 关于 this 指针的描述中，错误的是_____。

　　A. this 指针是指向对象的指针

　　B. this 指针是在使用对象引用成员函数时系统自动生成的

　　C. this 指针是指向成员函数的指针

　　D. this 指针可以在程序中显示使用

12. 下面对静态数据成员的描述中，正确的是_____。

　　A. 静态数据成员可以在类体内进行初始化

　　B. 静态数据成员可以被类的对象调用

　　C. 静态数据成员不能受 private 控制符的作用

　　D. 静态数据成员不能通过类的对象调用

13. 对于常数据成员，下面描述正确的是_____。

　　A. 常数据成员可以不初始化，并且不能更新

　　B. 常数据成员必须被初始化，并且不能更新

　　C. 常数据成员可以不初始化，并且可以被更新

　　D. 常数据成员必须被初始化，并且可以被更新

14. 下面描述正确的是_____。

　　A. 类的成员函数可以操作常对象　　B. 类的成员函数不能操作常对象

C. 只有常成员函数可以操作常对象　D. 在常成员函数中,常对象可以被更新

15. 关于 new 运算符的描述错误的是_____。

　　A. 使用 new 创建对象数组时必须定义初始值

　　B. 使用 new 创建对象时,会调用类的构造函数

　　C. new 可以用来动态创建对象和对象数组

　　D. 使用 new 创建的对象可以使用 delete 删除

16. 类 Sample 的定义如下:

```
class Sample
{
    public:
        Sample(){}
        Sample(int i){value=new int(i);}
        int *value;
};
```

　　若要对 value 赋值,则下面语句正确的是_____　。

　　A. Sample s；s. value＝10；　　　B. Sample s；＊s. value＝10；

　　C. Sample s；s. ＊value＝10；　　　D. Sample s(10)；

17. _____ 的功能是对对象进行初始化。

　　A. 析构函数　　　B. 数据成员　　　C. 构造函数　D. 静态成员函数

18. 下列关于析构函数的说法不正确的是_____。

　　A. 析构函数的名字是类名　　　　B. 类中只有一个析构函数

　　C. 析构函数可以有参数　　　　　D. 析构函数无函数类型

19. 下列各类函数中,_____ 不是类的成员函数。

　　A. 构造函数　　　B. 析构函数　　　C. 友元函数　D. 拷贝构造函数

20. 下列关于拷贝构造函数的说法不正确的是 _____。

　　A. 拷贝构造函数的名字和类名是一样的

　　B. 类中只有一个拷贝构造函数

　　C. 拷贝构造函数可以有多个参数

　　D. 拷贝构造函数无任何函数类型

三、程序阅读题

1. 阅读下面类的定义,找出错误,并说明错误原因。

```
class Sample{
    int i=0;
    public:
        void Sample();
        ~Sample();
        ~Sample(int value);
};
```

2. 阅读下面类的定义,找出错误,并说明错误原因。

```
#include <iostream>
using namespace std;
class Sample
{
    public:
        Sample(int a=0,b=1);
        disp();
        void ~Sample(int a);
    private:
        int x,y;
};
Sample::Sample(int a=0,int b=1){x=a;y=b;}
void Sample::disp(){cout<<x<<y<<endl;}
void Sample::~Sample(int a){if (a) cout<<x;else cout<<y;}
```

3. 阅读下面的程序,找出程序中的错误,说明错误原因并改正。

```
#include <iostream>
using namespace std;
class Sample
{
    public:
        Sample(int a){X=a;}
        void Print(){cout<<"X="<<X<<endl;}
    private:
        const int X;
};
int main()
```

```
{
    const Sample s(10);
    s.Print();
    return 0;
}
```

4. 阅读下面的程序,分析程序执行结果。

```cpp
#include <iostream>
using namespace std;
class Sample
{
    public:
        Sample(int a){X=a;}
        void Print()const{cout<<"Const:X="<<X<<endl;}
        void Print(){cout<<"X="<<X<<endl;}
    private:
        int X;
};
int main()
{
    const Sample s1(10);
    Sample s2(20);
    s1.Print();
    s2.Print();
    return 0;
}
```

5. 阅读下面的程序,说明 this 指针的用途。

```cpp
#include <iostream>
using namespace std;
class A
{
    public:
        A(int xx,int yy){X=xx;Y=yy;}
        void Set(A &p);
        void Disp()
```

```
        {cout<<X<<","<<Y<<endl;}
    private:
        int X,Y;
};
void A::Set(A &p)
{
    if(this!=&p)
    {X=p.X;Y=p.Y;}
}
int main()
{
    A o1(2,5),o2(10,20);
    o1.Disp();
    o1.Set(o2);
    o1.Disp();
    return 0;
}
```

6. 阅读下面的程序,写出程序运行结果。

```
#include <iostream>
using namespace std;
class A
{
    public:
        A(){x=0;}
        A(int a){cout<<(x=a);}
        ~A(){cout<<++x;}
        void Disp(){cout<<x;}
    private:
        int x;
};
int main()
{
    A o1(2);
    o1.Disp();
    o1.~A();
    return 0;
}
```

7. 阅读下面的程序,写出程序运行结果。

```cpp
#include <iostream>
using namespace std;
class Toy
{
    public:
        Toy(char*_n) { strcpy (name,_n); count++;}
        ~Toy(){ count--; }
        char*GetName(){ return name; }
        static int getCount(){ return count; }
    private:
        char name[10];
        static int count;
};
int Toy::count=0;
int main()
{
    Toy t1("Snoopy"),t2("Mickey"),t3("Barbie");
    cout<<t1.getCount()<<endl;
    return 0;
}
```

四、问答题

1. 类和数据类型有什么联系?
2. 类和对象有什么区别?
3. 什么是拷贝构造函数?它在什么情况下被执行?
4. 友元关系有何性质?它有什么优缺点?
5. C++ 中静态成员有何性质?它有什么特点?
6. 什么是浅拷贝?什么是深拷贝?
7. 什么是 this 指针?它的作用是什么?
8. 什么是子对象?什么是堆对象?
9. 什么是析构函数?其作用是什么?

五、编程题

1. 定义一个满足如下要求的 Date 类：
   (1) 用下面格式输出日期：日/月/年。
   (2) 可运行在日期上加一天的操作。
   (3) 设置日期。

2. 设计一个类 Rectangle，要求如下：
   (1) 该类中的私有成员存放矩形的长和宽，并且设置其默认值为 1。
   (2) 通过成员函数设置长和宽。
   (3) 求周长和面积。

3. 设计一个时间类 Time，要求如下：
   (1) 有一个无参构造函数，其初始的小时和分钟分别为：0、0。
   (2) 有一个有参的构造函数，其参数分别对应小时和分钟。
   (3) 用一个成员函数实现时间的设置。
   (4) 用一个友元函数实现以 12 小时的方式输出时间。
   (5) 用一个友元函数实现以 24 小时的方式输出时间。

4. 编写一个程序，通过设计类 Student 来实现学生数据的输入/输出。学生的基本信息包括姓名、性别和年龄。

5. 定义一个类 Student，记录学生计算机课程的成绩。要求使用静态数据成员或静态成员函数计算全班学生计算机课程的总成绩和平均成绩。

6. 设计一个 Book 类，包含图书的书名、作者、月销售量等数据成员，其中书名和作者采用字符串类型，另有两个构造函数（一个无参的构造函数，一个有 3 个参数的构造函数分别来初始化 3 个数据成员）、一个析构函数，以及 2 个成员函数 SetBook() 和 Print()（分别用于设置数据和输出数据）。

第 6 章

继承与派生

继承(inheritance)也是面向对象程序设计最重要的特征之一,实现了代码重用,增强了软件模块的可复用性和可扩充性,提高了软件的开发效率。有了继承机制,就可以在已有类的基础上添加新的成员构成新的类,从而提供了定义类的另一种方法。继承可以充分利用前人或自己以前的开发成果,同时又能够在开发过程中保持足够的灵活性,不拘泥于复用的模块。本章是全书的重点之一,同时也是学习第 7 章多态的基础。

学习目标:

(1) 了解类层次的概念;

(2) 理解继承的概念和实现方法;

(3) 掌握继承中的构造函数和析构函数的实现方法;

(4) 理解并会处理多继承中的二义性问题;

(5) 掌握虚基类的概念及使用方法。

 ## 6.1 基类和派生类

6.1.1 继承的概念

为了用软件语言对现实世界中的层次结构进行模型化,面向对象的程序设计技术引入了继承的概念。

继承是由一个已有类创建一个新类的过程。已有类称为基类或父类,新类称为派生类或子类。派生类继承基类的成员,并根据需要添加新的成员,或对原有的成员进行改造(改写),以适应新类的需求。

派生类也可以作为其他类的基类,这个过程可以一直进行下去,从一个基类派生出来的多层类就形成了类的层次结构。

现实世界中的许多事物之间不是相互孤立的,它们往往具有共同的特征,也存在内在的差别。人们可以采用层次结构来描述这些实体之间的相似之处和不同之处。例如,动物学根据自然界动物的形态、身体内部构造、胚胎发育的特点、生理习性、生活的地理环境等特征,将特征相同或相似的动物归为同一类。根据身体中是否有脊椎可将动物分为两大门类:有脊椎动物和无脊椎动物,有脊椎动物又可以根据会不会飞、有没有乳腺、有没有鳍等分为哺乳类、鸟类、爬行类、两栖类和鱼类等。

图 6-1 反映了动物类别之间的层次结构。越高层的动物类别往往具有最一般、最普遍的特征,越下层的动物类别越具体,并且下层包含了上层的特征。它们之间的关系是基类与派生类之间的关系。

继承可以帮助人们描述现实世界的层次关系、精确地描述事物以及理解事物的本质,是人们理解现实世界、解决实际问题的重要方法。

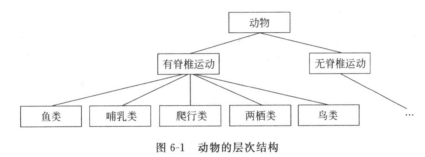

图 6-1　动物的层次结构

6.1.2　派生类的定义格式

定义格式如下:

```
class <派生类名>:<继承方式>  <基类名>
{
    <派生类新增成员说明>
};
```

其中,<派生类名>是指通过继承派生出来的新类的名字,<基类名>是指这个派生类的基类,必须是已经声明过的类。<继承方式>由关键字 public、private 和 protected 指明。

继承方式有 3 种:公有继承,由关键字 public 表示;私有继承,由关键字 private 表示;保护继承,由关键字 protected 表示。如果省略,将默认关键字为 private,即私有继承。

6.1.3 派生类对象的结构

派生类主要通过以下 3 种方式实现。

1. 继承基类成员

基类的全部成员(除构造、析构函数外)被派生类继承,作为派生类成员的一部分。

2. 添加新成员

派生类在基类的基础之上,根据需要添加新的成员,包括数据成员和成员函数,以适应新的需要。

3. 改造基类原有成员

派生类将根据实际情况对从基类继承来的成员进行改写或限制以适应新的需求。对基类成员的限制是通过继承方式实现的,对基类成员的改写则是通过定义一个与基类成员同名的成员来实现。既可以是成员函数也可以是数据成员,新成员对基类成员进行了"覆盖"。当通过派生类对象调用同名的成员时,系统将自动调用派生类中新定义的成员,而不是从基类继承的同名成员,称之为"同名覆盖"。如果是成员函数,则派生类和基类的同名函数的参数必须相同,否则会被认为是函数重载。

在派生类中添加的新成员和改写的成员统称为派生类成员。例如:

```
class BaseClass                        //BaseClass 是基类
{
    <声明基类成员>
};
class DerivedClass:public BaseClass    //DerivedClass 是派生类
{
    <声明派生类成员>
};
```

派生类对象包括两个部分:一部分是基类成员,一部分是派生类成员。如图 6-2 所示。

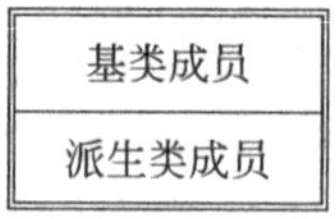

基类成员
派生类成员

图 6-2 派生类对象结构

6.2　继承方式

在声明一个派生类时,派生类继承了基类的全部数据成员和除了构造函数、析构函数之外的全部成员函数。采用不同的继承方式,从基类继承来的成员在派生类中的访问权限也将有所不同。派生类对基类的继承方式有 3 种:公有继承(public)、私有继承(private)和保护继承(protected)。

6.2.1　公有继承(public)

公有继承具有如下特点:

(1) 基类的公有成员在派生类中仍然为公有成员,可以由派生类成员函数或派生类对象直接访问。

(2) 基类的私有成员在派生类中不可见,无论是派生类的成员函数还是派生类对象都无法直接访问,只能通过基类的非私有成员函数来访问。

(3) 基类的保护成员在派生类中仍然为保护成员,可以由派生类的成员函数直接访问,但是不能通过派生类对象直接访问。

【例 6.1】　公有继承及其访问。

```cpp
#include<iostream>
using namespace std;
class BaseClass                         //基类 BaseClass
{
    public:
        void SetX(int a){x=a;}
        void SetY(int b){y=b;}
        int GetX() const{return x;}
        int GetY() const{return y;}
    protected:
        int x;
    private:
        int y;
};
class DerivedClass:public BaseClass      //派生类 DerivedClass
```

```
{
    public:
        int GetSum(){return x+GetY();}      //直接访问从基类继承来的保护成员 x;但是基类的
};                                           //私有成员 y,只能通过函数 GetY()访问
int main()
{
    DerivedClass obj;                        //创建派生类对象
    obj.SetX(1);                             //直接访问继承自基类的公有成员
    obj.SetY(2);
    cout<<"对象 obj 的"<<"X="<<obj.GetX()<<"\tY="<<obj.GetY()<<endl;
    cout<<"对象 obj 的"<<"X+Y="<<obj.GetSum()<<endl;
    return 0;
}
```

程序的运行结果：

```
对象 obj 的 X=1   Y=2
对象 obj 的 X+Y=3
```

在该例中,通过公有继承,派生类 DerivedClass 的成员如下：

```
公有成员:
SetX(),SetY(),GetX(),GetY()                  //基类的公有成员
GetSum()                                     //派生类中添加的新成员
保护成员:
x                                            //基类的保护成员
不可见成员:
y                                            //基类的私有成员
```

在派生类中可以直接访问除 y 之外的所有成员,而对 y 的访问要通过继承来的基类的成员函数 GetY()来进行。在类外,通过派生类对象只能访问派生类的公有成员。需要注意的是,通过派生类对象不能访问保护成员。

6.2.2 私有继承(private)

私有继承具有如下特点：

(1) 基类的公有成员和保护成员被继承后均成为派生类的私有成员,可由派生类的成员函数直接访问,但不能通过派生类对象直接访问。

（2）基类的私有成员在派生类中不可见，无论是派生类的成员函数还是派生类对象都无法直接访问，只能通过基类非私有的成员函数来访问。

【例 6.2】　私有继承及其访问。

```cpp
#include<iostream>
using namespace std;
class BaseClass                         //基类 BaseClass
{
    public:
        void SetX(int a){x=a;}
        void SetY(int b){y=b;}
        int GetX() const{return x;}
        int GetY() const{return y;}
    protected:
        int x;
    private:
        int y;
};
class DerivedClass:private BaseClass     //派生类 DerivedClass
{
    public:                             //声明派生类公有成员函数
        void SetDerivedX(int a){x=a;}
        void SetDerivedY(int b){SetY(b);}
        int GetDerivedX() const {return x;}
        int GetDerivedY() const {return GetY();}
        int GetSum(){return x+GetY();}   //直接访问从基类继承来的保护成员 x;但是基
                                        //类的私有成员 y,只能通过 GetY 函数访问
};
int main()
{
    DerivedClass obj;
    obj.SetDerivedX(1);     //不能写成 obj.SetX(1);因为在派生类中,SetX 是私有成员
    obj.SetDerivedY(2);
    cout<<"对象 obj 的"<<"X="<<obj.GetDerivedX()<<"\tY="<<obj.GetDerivedY
    ()<<endl;
    cout<<"对象 obj 的"<<"X+Y="<<obj.GetSum()<<endl;
    return 0;
}
```

程序的运行结果：

```
对象 obj 的 X=1  Y=2
对象 obj 的 X+Y=3
```

在该例中，通过私有继承，派生类 DerivedClass 的成员如下：

```
公有成员:
SetDerivedX(),SetDerivedY(),GetDerivedX(), GetDerivedY(),GetSum()
                              //均为派生类中新增加的成员
私有成员:
SetX(),SetY(),GetX(),GetY()      //基类的公有成员
x                               //基类的保护成员
不可见成员:
Y                               //基类的私有成员
```

在私有继承方式下，基类的公有成员和保护成员都成为派生类的私有成员，在类外无法通过派生类对象直接访问，因此在派生类中增加了新的公有成员函数，派生类对象可以通过这些公有成员函数访问从基类继承来的成员。

如果派生继续进行下去，基类的成员在下一层的派生类中将成为不可见成员，无法直接访问，相当于终止了基类的继续派生，出于这样的原因，私有继承比较少见。

6.2.3　保护继承（protected）

保护继承具有如下特点：

（1）基类的公有成员和保护成员被继承后均成为派生类的保护成员，可由派生类的成员函数直接访问，但不能通过派生类对象直接访问。

（2）基类的私有成员在派生类中不可见，无论是派生类的成员函数还是派生类对象都无法直接访问，只能通过基类非私有的成员函数访问。

【例 6.3】　保护继承及其访问。

```
#include <iostream>
using namespace std;
class BaseClass                              //基类 BaseClass
{
    public:
```

```
            void SetX(int a){x=a;}
            void SetY(int b){y=b;}
            int GetX() const{return x;}
            int GetY() const{return y;}
    protected:
            int x;
    private:
            int y;
};
class DerivedClass:protected BaseClass    //派生类 DerivedClass
{
    public:
            void SetDerivedX(int a){x=a;}
            void SetDerivedY(int b){SetY(b);}
            int GetDerivedX(){return x;}
            int GetDerivedY(){return GetY();}
            int GetSum(){return x+GetY();}  //直接访问从基类继承来的保护成员 x;但是基类的
                                            //私有成员 y,只能通过 GetY()函数访问
};
int main()
{
    DerivedClass obj;
    obj.SetDerivedX(1);          //不能写成 obj.SetX(1);因为在派生类中,它是保护成员
    obj.SetDerivedY(2);
    cout<<"对象 obj 的"<<"X="<<obj.GetDerivedX()<<"\tY="<<obj.GetDerivedY()
    <<endl;
    cout<<"对象 obj 的"<<"X+Y="<<obj.GetSum()<<endl;
    return 0;
}
```

程序的运行结果:

```
对象 obj 的 X=1   Y=2
对象 obj 的 X+Y=3
```

在该例中,通过保护继承,派生类 DerivedClass 的成员如下:

公有成员：
SetDerivedX(),SetDerivedY(),GetDerivedX(),GetDerivedY(),GetSum()
//均为派生类中新增加的成员
保护成员：
SetX(),SetY(),GetX(),GetY()   //基类的公有成员
x   //基类的保护成员
不可见成员：
Y   //基类的私有成员

在保护继承方式下，基类的公有成员和保护成员都成为了派生类的保护成员，在类外无法通过派生类对象访问，因此在派生类中增加了新的公有成员函数来访问从基类继承过来的成员。

例 6.2 与例 6.3 中，派生类的继承方式不同，使用方法却是一样的，但是两种继承方式是不同的，当把派生类作为基类去派生它的派生类时，二者的差别就体现出来了。采用私有继承方式，基类的公有成员和保护成员继承到了派生类中均为私有成员，用派生类作为基类去派生它的派生类时，基类的成员均不可见，不能被直接访问；而采用保护继承方式，基类的公有成员和保护成员继承到了派生类中均成为了保护成员，用派生类作为基类继续派生下去，无论采用哪种继承方式，基类的公有成员和保护成员仍然是可见的，在类内是可以被访问的。表 6-1 列出了不同继承方式下成员的访问属性。

表 6-1 不同继承方式下成员的访问属性

继承方式	在基类中成员的访问属性	继承到派生类中的访问属性
公有派生	公有的(public)	公有的(public)
	保护的(protected)	保护的(protected)
	私有的(private)	不可见的
保护派生	公有的(public)	保护的(protected)
	保护的(protected)	保护的(protected)
	私有的(private)	不可见的
私有派生	公有的(public)	私有的(private)
	保护的(protected)	私有的(private)
	私有的(private)	不可见的

6.3 单继承和多继承

6.3.1 单继承

派生类只有一个基类,这样的继承结构被称为单继承。在创建对象时,系统会自动调用构造函数进行初始化,在释放对象时,系统又会自动调用析构函数做清理工作。然而,构造函数和析构函数是不能被继承的,基类和派生类有各自的构造函数和析构函数。

派生类对象的成员一部分来自于基类,一部分是派生类新添加的。在创建派生类对象时,系统首先要调用基类的构造函数初始化来自基类的数据成员;再调用派生类的构造函数初始化派生类新添加的数据成员。析构的顺序则正好相反,先调用派生类的析构函数清理派生类的数据成员;然后调用基类的析构函数清理继承自基类的那部分数据成员。

【例 6.4】 派生类的构造函数和析构函数的使用。

```
#include <iostream>
using namespace std;
class BaseClass                              //基类 BaseClass
{
    public:
        BaseClass(){cout<<"调用基类构造函数"<<endl;}
        ~BaseClass(){cout<<"调用基类析构函数"<<endl;}
};
class DerivedClass:private BaseClass         //派生类 DerivedClass
{
    public:
        DerivedClass(){cout<<"调用派生类构造函数"<<endl;}
        ~DerivedClass(){cout<<"调用派生类析构函数"<<endl;}
};
int main()
{
    cout<<"创建派生类对象 obj"<<endl;
    DerivedClass obj;
    cout<<"释放派生类对象 obj"<<endl;
    return 0;
}
```

程序的运行结果：

```
创建派生类对象 obj
调用基类构造函数
调用派生类构造函数
释放派生类对象 obj
调用派生类析构函数
调用基类析构函数
```

如果基类或派生类没有显式地定义构造函数，系统会自动调用默认的构造函数。

如果基类的构造函数有参数，派生类的构造函数也有参数，并且派生类的成员可能是其他类的对象，这时就需要通过派生类构造函数的参数表，即初始化列表的方式传递参数，派生类构造函数的一般格式如下：

```
<派生类构造函数名>(<参数总表>):<基类构造函数名>(<参数表 1>)《,<子对象名>(<参数表 2>) 》
{
    <派生类新增成员的初始化>
};
```

说明：《》里内容可以省略。

执行时的调用顺序如下：

（1）调用基类的构造函数。

（2）调用子对象所属类的构造函数（如果有）。

（3）调用派生类的构造函数。

【例 6.5】　派生类有参构造函数的调用。

```
#include <iostream>
using namespace std;
class BaseClass                              //基类 BaseClass
{
    public:
        BaseClass(){cout<<"调用基类无参构造函数"<<endl;}
        BaseClass(int a,int b)
        {
            x=a;y=b;
            cout<<"调用基类有参构造函数:"<<"x="<<x<<",y="<<y<<endl;
        }
```

```
        int getX(){return x;}
        int getY(){return y;}
        ~BaseClass(){cout<<"调用基类析构函数"<<endl;}
    protected:
        int x;
    private:
        int y;
};
class DerivedClass:public BaseClass                //派生类 DerivedClass
{
    public:
        DerivedClass(){cout<<"调用派生类无参构造函数"<<endl;}
        DerivedClass(int i,int j,int k,int m,int n):BaseClass(i,j),A(k,m)
        {
            c=n;
            cout<<"调用派生类有参构造函数:"<<"x="<<x<<",y="<<getY()<<",A=("<<A.
            getX()<<","<<A.getY()<<"),c="<<c<<endl;
        }
        ~DerivedClass(){cout<<"调用派生类析构函数"<<endl;}
    private:
        int c;
        BaseClass A;
};
int main()
{
    cout<<"创建无参派生类对象 obj1"<<endl;
    DerivedClass obj1;
    cout<<"创建有参派生类对象 obj2"<<endl;
    DerivedClass obj2(1,2,3,4,5);
    cout<<"释放派生类对象"<<endl;
    return 0;
}
```

程序的运行结果：

```
创建无参派生类对象 obj1
调用基类无参构造函数
```

```
调用基类无参构造函数
调用派生类无参构造函数
创建有参派生类对象 obj2
调用基类有参构造函数:x=1,y=2
调用基类有参构造函数:x=3,y=4
调用派生类有参构造函数:x=1,y=2,A=(3,4),c=5
释放派生类对象
调用派生类析构函数
调用基类析构函数
调用基类析构函数
调用派生类析构函数
调用基类析构函数
调用基类析构函数
```

　　其中,派生类 DerivedClass 的参数总表中有 5 个参数,其中前两个用来初始化基类的数据成员 x 和 y,第三个和第四个用来初始化子对象 A,最后一个用来初始化派生类中新添加的数据成员 c。

　　需要说明的是,一般不在构造函数中输出数据,本例是为了说明调用了哪个构造函数而在构造函数中增加了输出语句,本章其他例中也有类似做法。

6.3.2　多继承

　　派生类具有两个或两个以上的基类,这样的继承结构被称之为多继承或多重继承。派生类继承了所有基类的成员并可以添加新成员,或对基类成员进行改造。

　　多继承是一种比较复杂的类构造形式,能很好地描述客观世界中具有多种特征的事物。例如:学生助教同时具有学生和教师的特征;苹果梨是苹果和梨的嫁接产物,具有两者的属性。多继承能够比较方便地描述事物的多种特征,但是有时也会出现语法上的歧义。

　　多继承的声明形式与单继承相似,可以看做是单继承的扩展,声明形式如下:

```
class <派生类名>:<继承方式1><基类名1>,<继承方式2><基类名2>,...,<继承方式n><基类名n>
{
    <派生类新增成员声明>
};
```

每一个<继承方式>与其后紧接的<基类名>相对应，如果省略基类名前的继承方式，默认为私有继承。

派生类和多个基类之间关系如图 6-3 所示。

图 6-3　多继承关系

【**例 6.6**】　多继承的应用。

```cpp
#include <iostream>
using namespace std;
class BaseClass_1                        //基类 BaseClass_1
{
    public:
        void Set_X1(int a){x1=a;}
        void Set_Y1(int b){y1=b;}
        int Get_X1() const{return x1;}
        int Get_Y1() const{return y1;}
    protected:
        int x1;
    private:
        int y1;
};
class BaseClass_2                        //基类 BaseClass_2
{
    public:
        void Set_X2(int a){x2=a;}
        void Set_Y2(int b){y2=b;}
        int Get_X2() const{return x2;}
        int Get_Y2() const{return y2;}
    protected:
        int x2;
    private:
```

```
            int y2;
};
class DerivedClass:public BaseClass_1,private BaseClass_2  //派生类 DerivedClass
{
    public:
        void SetDerived_X2(int a){Set_X2(a);}
        void SetDerived_Y2(int b){Set_Y2(b);}
        int GetDerived_X2(){return Get_X2();}
        int GetDerived_Y2(){return Get_Y2();}
        int GetSum(){return x1+Get_Y1()+x2+Get_Y2();}//直接访问从基类继承来的
            //保护成员 x1 和私有成员 x2;但是基类的私有成员 y1 和 y2,只能通过接口函数访问
};
int main()
{
    DerivedClass obj;
    obj.Set_X1(1);
    obj.Set_Y1(2);
    obj.SetDerived_X2(3); //不能写成 obj.Set_X2(3),因为在派生类中,它是私有成员
    obj.SetDerived_Y2(4); //同样原因不能写成 obj.Set_Y2(4);
    cout<<"对象 obj 的"<<"X1="<<obj.Get_X1()<<"\tY1="<<obj.Get_Y1()
        <<"\tX2="<<obj.GetDerived_X2()<<"\tY2="<<obj.GetDerived_Y2()<<endl;
    cout<<"对象 obj 的"<<"X1+Y1+X2+Y2="<<obj.GetSum()<<endl;
    return 0;
}
```

程序的运行结果:

```
对象 obj 的 X1=1    Y1=2      X2=3      Y2=4
对象 obj 的 X1+Y1+X2+Y2=10
```

在该例中,通过多继承,派生类的成员如下:

```
公有成员:
SetDerived_X2(),SetDerived_Y2(),GetDerived_X2(), GetDerived_Y2(),
GetSum()                                    //均为派生类中新增加的成员
```

```
Set_X1(),Set_Y1(),Get_X1() ,Get_Y1()          //公有继承自基类 BaseClass_1
保护成员:
x1                                             //公有继承自基类 BaseClass_1
私有成员:
Set_X2(),Set_Y2() ,Get_X2() ,Get_Y2() ,x2     //私有继承自基类 BaseClass_2
不可见成员:
y1,y2                                          //分别继承自基类 BaseClass_1 和基类 BaseClass_2
```

因为对两个基类的继承方式不同,所以派生类对象对从基类继承来的成员的访问有区别。私有继承基类 BaseClass_2 后,基类 BaseClass_2 的公有成员和保护成员均为派生类的私有成员,在类外无法通过类对象直接访问,因此在派生类中增加了新的公有成员函数访问从基类继承过来的成员。

多继承下的派生类构造函数格式如下:

```
<派生类名>(<参数总表>):<基类名 1>(<参数表 1>)《,<基类名 2>(<参数表 2>),...,<基类名 n>
(<参数表 n>)》《,<子对象 1>(<子对象参数表 1>),...,<子对象名 m>(<子对象参数表 m>)》
{
    <派生类新增成员的初始化>
};
```

说明:《》里内容可省。

冒号后面的<基类名>和<子对象名>的顺序可以是任意的,冒号后所有参数都在<参数总表>中出现。执行时的调用顺序是:

(1) 调用基类的构造函数,调用顺序取决于定义派生类时派生列表中的基类的声明顺序。

(2) 调用子对象所属类的构造函数,调用顺序取决于对象成员在派生类中的声明顺序。

(3) 调用派生类的构造函数。

这里的基类指的是派生类的直接基类。如果基类没有定义构造函数,或提供了无参的构造函数,则派生类构造函数的初始化列表中可以不出现基类,否则就要显式给出基类名和参数表。

【例 6.7】　多继承下的构造函数。

```
#include <iostream>
using namespace std;
class BaseClass_1                                    //基类 BaseClass_1
{
    public:
        BaseClass_1(){cout<<"调用基类 BaseClass_1 无参构造函数"<<endl;}
        BaseClass_1(int a,int b)
        {
            x=a;
            y=b;
            cout<<"调用基类 BaseClass_1 有参构造函数:"<<"x="<<x<<",y="<<y<<endl;
        }
        int getX(){return x;}
        int getY(){return y;}
        ~BaseClass_1(){cout<<"调用基类 BaseClass_1 析构函数"<<endl;}
    protected:
        int x;
    private:
        int y;
};
class BaseClass_2                                    //基类 BaseClass_2
{
    public:
        BaseClass_2(){cout<<"调用基类 BaseClass_2 无参构造函数"<<endl;}
        BaseClass_2(int c)
        {
            z=c;
            cout<<"调用基类 BaseClass_2 有参构造函数:"<<"z="<<z<<endl;
        }
        int getZ(){return z;}
        ~BaseClass_2(){cout<<"调用基类 BaseClass_2 析构函数"<<endl;}
    private:
            int z;
};
class DerivedClass:public BaseClass_1,private BaseClass_2 //派生类 DerivedClass
{
    public:
        DerivedClass(){cout<<"调用派生类无参构造函数"<<endl;}
```

```
        DerivedClass(int i,int j,int k,int m,int n,int p,int q):
        BaseClass_2(k),BaseClass_1(i,j),B(p),A(m,n),c(q)
        {
            cout<<"调用派生类有参构造函数:"<<endl;
            cout<<"基类继承的数据成员:"<<"x="<<x<<",y="<<getY()<<",z="<<getZ();
            cout<<"\t派生类新添数据成员:A=("
                <<A.getX()<<","<<A.getY()<<"),B="<<B.getZ()<<",c="<<c<<endl;
        }
        ~DerivedClass(){cout<<"调用派生类析构函数"<<endl;}
    private:
        BaseClass_1 A;
        BaseClass_2 B;
        int c;
};
int main()
{
    cout<<"创建无参派生类对象 obj1"<<endl;
    DerivedClass obj1;
    cout<<"创建有参派生类对象 obj2"<<endl;
    DerivedClass obj2(1,2,3,4,5,6,7);
    cout<<"释放派生类对象"<<endl;
    return 0;
}
```

程序的运行结果：

```
创建无参派生类对象 obj1
调用基类 BaseClass_1 无参构造函数
调用基类 BaseClass_2 无参构造函数
调用基类 BaseClass_1 无参构造函数
调用基类 BaseClass_2 无参构造函数
调用派生类无参构造函数
创建有参派生类对象 obj2
调用基类 BaseClass_1 有参构造函数:x=1,y=2
调用基类 BaseClass_2 有参构造函数:z=3
调用基类 BaseClass_1 有参构造函数:x=4,y=5
调用基类 BaseClass_2 有参构造函数:z=6
```

```
调用派生类有参构造函数:
基类继承的数据成员:x=1,y=2,z=3 派生类新添数据成员:A=(4,5),B=6,c=7
释放派生类对象
调用派生类析构函数
调用基类 BaseClass_2 析构函数
调用基类 BaseClass_1 析构函数
调用基类 BaseClass_2 析构函数
调用基类 BaseClass_1 析构函数
调用派生类析构函数
调用基类 BaseClass_2 析构函数
调用基类 BaseClass_1 析构函数
调用基类 BaseClass_2 析构函数
调用基类 BaseClass_1 析构函数
```

从该例可以看出,基类构造函数的调用顺序与成员初始化列表中的基类排列顺序无关,只与派生列表中的声明顺序有关;相应地,内嵌子对象的初始化顺序也与初始化列表中的排列顺序无关,而取决于派生类中的子对象的声明顺序。派生类中的数据成员 c 的初始化也可以在初始化列表中完成。从该例中还可以看出,析构函数的调用顺序与构造函数的调用顺序正好相反。调用顺序是:

(1) 调用派生类析构函数。

(2) 调用派生类中新增加的内嵌子对象所属类的析构函数,顺序与声明时的顺序相反。

(3) 调用基类的析构函数,顺序与声明派生类时派生列表中的声明顺序相反。

6.3.3　二义性

在多继承中,不允许直接对同一基类继承两次或两次以上,以防止在派生类中出现基类的多个副本。但是当多个基类具有同名成员时,在派生类中就会出现来自不同基类的同名成员;或者多个基类具有公共的基类时,公共基类的成员就会在派生类中被多次继承,这些都会造成标识符的不唯一,这种情况称为二义性。

1. 同名成员被继承产生二义性

```
#include <iostream>
using namespace std;
class Base_1
```

```
{
    public:
        int x;
    //...
};
class Base_2
{
    public:
        int x;
    //...
};
class Derived:public Base_1,public Base_2{};
int main()
{
    Derived obj;
    cout<<obj.x;            //出现二义性
    return 0;
}
```

调试程序时,会提示出现二义性,编译程序不清楚 x 是继承自哪个基类。这个问题可以通过使用作用域运算符"::"来解决。

【例 6.8】 使用作用域运算符消除多个基类同名成员带来的二义性。

```
#include <iostream>
using namespace std;
class Base_1
{
    public:
        int x;
        void print(){cout<<"调用 Base_1 成员函数"<<endl;}
};
class Base_2
{
    public:
        int x;
```

```
              void print(){cout<<"调用 Base_2 成员函数"<<endl;}
};
class Derived:public Base_1,public Base_2{};
int main()
{
    Derived obj;
    obj.Base_1::x=1;
    obj.Base_2::x=2;
    cout<<"来自 Base_1 的 x="<<obj.Base_1::x<<"\t 来自 Based_2 的 x="<<obj.
    Base_2::x<<endl;
    obj.Base_1::print();
    obj.Base_2::print();
    return 0;
}
```

程序的运行结果：

```
来自 Base_1 的 x=1          来自 Based_2 的 x=2
调用 Base_1 成员函数
调用 Base_2 成员函数
```

还可以通过在派生类中增加与基类成员同名成员的方式进行同名覆盖，当派生类对象调用同名成员时，将自动调用派生类中新增的成员，避免出现二义性。

【例 6.9】 同名覆盖的使用方法。

```
#include <iostream>
using namespace std;
class Base_1
{
    public:
        int x;
        void print(){cout<<"调用 Base_1 成员函数"<<endl;}
};
class Base_2
{
    public:
        int x;
```

```
              void print(){cout<<"调用 Base_2 成员函数"<<endl;}
};
class Derived:public Base_1,public Base_2
{
    public:
        int x;
        void print(){cout<<"调用派生类成员函数"<<endl;}
};
int main()
{
    Derived obj;
    obj.x=1;                      //不会出现二义性
    cout<<"x="<<obj.x<<endl;      //不会出现二义性
    obj.print();                  //不会出现二义性
    return 0;
}
```

程序的运行结果：

```
x=1
调用派生类成员函数
```

在程序中,基类 Base_1 和 Base_2 都定义了成员函数 print(),派生类 Derived 继承了两个同名成员 print(),在派生类中又重写了该成员。当通过派生类对象调用 print()时,会自动选择派生类中新增的同名成员,避免出现二义性。

但是如果想访问的是来自基类的同名成员,则必须使用作用域运算符。

2. 同一基类被多次继承产生二义性

【例 6.10】　公共基类带来的二义性。

```
#include <iostream>
using namespace std;
class A
{
    public:
        int x;
        void print(){cout<<"调用基类 A 成员函数"<<endl;}
```

```
};
class B:public A{};
class C:public A{};
class D:public B,public C{};
int main()
{
    D obj;
    obj.x=1;                    //出现二义性
    obj.print();                //出现二义性
    return 0;
}
```

在例 6.10 中,派生类 D 中有两个数据成员 x,它们一个继承自基类 B,一个继承自基类 C。继承关系如图 6-4 所示。

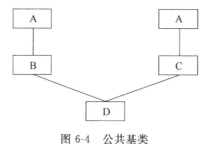

图 6-4　公共基类

由公共基类产生的二义性也可以使用作用域运算符来消除。

【例 6.11】　使用作用域运算符消除公共基类二义性。

```
#include <iostream>
using namespace std;
class A
{
    public:
        int x;
        void print(){cout<<"调用基类 A 成员函数:"<<"x="<<x<<endl;}
};
class B:public A{};
class C:public A{};
class D:public B,public C{};
```

```
int main()
{
    D obj;
    obj.B::x=1;                  //没有二义性
    obj.C::x=2;                  //没有二义性
    obj.B::print();              //没有二义性
    obj.C::print();              //没有二义性
    return 0;
}
```

程序的运行结果:

```
调用基类 A 成员函数:x=1
调用基类 A 成员函数:x=2
```

从该例可以看出,在派生类 D 中有两个数据成员 x:一个继承自直接基类 B,一个继承自直接基类 C。利用作用域运算符消除二义性时,必须指明派生类的直接基类名,而不是公共基类名。如果在例 6.11 中用 obj.A::x=1 来代替 obj.B::x=1,则不能达到消除二义性的目的。

需要注意的是,二义性的检查是在访问控制权限和类型检查之前进行的,所以试图通过指定不同的访问权限或者类型并不能达到消除二义性的目的。

6.4　虚基类

在例 6.11 中,派生类 D 的对象中有两个基类 A 的副本,一个继承自直接基类 B,一个继承自直接基类 C。在多数情况下,派生类 D 只需要基类 A 的一个副本,这时,可以通过声明虚基类来实现。在公共基类 A 派生类 B 和类 C 时,可以在派生列表中将公共基类声明为虚基类,这样在类 D 的对象中将只有公共基类 A 的一个副本,公共基类所带来的二义性问题也就随之解决了。

6.4.1　虚基类的定义

虚基类的声明形式如下:

```
virtual <继承方式><基类名>
```

其中,virtual 是声明虚基类的关键字,也可以放在<继承方式>的后面,其后的基类为虚基类。在多继承情况下,关键字 virtual 和继承方式一样,仅修饰其后紧跟的一个基类。

【例 6.12】 虚基类的使用。

```cpp
#include <iostream>
using namespace std;
class A
{
    public:
        int x;
        void print(){cout<<"调用基类A成员函数:"<<"x="<<x<<endl;}
};
class B:virtual public A{};        //声明虚基类A
class C:virtual public A{};        //声明虚基类A
class D:public B,public C{};
int main()
{
    D obj;
    obj.B::x=1;                    //没有二义性
    obj.C::x=2;                    //没有二义性
    obj.print();                   //没有二义性
    return 0;
}
```

程序的运行结果:

调用基类A成员函数:x=2

在该例中,将 A 声明为虚基类,派生类 D 的对象中仅有 A 的一个副本,通过类 B 和类 C 访问变量 x,实际访问的是一个 x,所以 obj. B::x=1 和 obj. C::x=2 中的类名和作用域运算符可以去掉。在派生类 D 中,只有一个数据成员 x,不会出现二义性。D 的派生过程如图 6-5 所示。

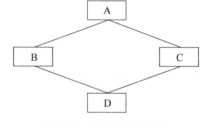

图 6-5 虚基类继承过程

6.4.2　虚基类的构造函数和析构函数

从前面的叙述可知,在创建派生类对象时,会自动调用基类的构造函数和派生类的构造函数,这里的基类指的是直接基类。在例 6.12 中,创建派生类 D 的对象时,会调用直接基类 B 和类 C 的构造函数,如果类 B 和类 C 又都调用基类 A 的构造函数就会出现多次初始化类 A 的数据成员的情况。为了避免这种情况发生,C++ 中规定,虚基类的构造函数只能被调用一次。继承的层次可能有很多层,把在建立对象时所指定的类称为最终派生类,虚基类的构造函数是由最终派生类的构造函数调用的。在最终派生类的构造函数的初始化列表中必须出现对虚基类构造函数的调用,如果不列出,则表示虚基类有默认构造函数,否则将会出现错误。

【例 6.13】　虚基类的构造函数和析构函数。

```cpp
#include <iostream>
using namespace std;
class A
{
    public:
        A(int a)
        {
            x=a;
            cout<<"调用类 A 的构造函数:"<<"x="<<x<<endl;
        }
        ~A(){cout<<"调用类 A 的析构函数"<<endl;}
    private:
        int x;
};
class B:virtual public A
{
    public:
        B(int b):A(b){cout<<"调用类 B 的构造函数"<<endl;}
        ~B(){cout<<"调用类 B 的析构函数"<<endl;}
};
class C:virtual public A
{
    public:
        C(int c):A(c){cout<<"调用类 C 的构造函数"<<endl;}
```

```
            ~C(){cout<<"调用类 C 的析构函数"<<endl;}
};
class D:public B,public C
{
    public:
        D(int a,int b,int c):A(a),B(b),C(c){cout<<"调用类 D 的构造函数"<<endl;}
        ~D(){cout<<"调用类 D 的析构函数"<<endl;}
};
int main()
{
    cout<<"创建派生类 D 的对象 obj:"<<endl;
    D obj(1,2,3);
    cout<<"释放对象 obj"<<endl;
    return 0;
}
```

程序的运行结果：

```
创建派生类 D 的对象 obj:
调用类 A 的构造函数:x=1
调用类 B 的构造函数
调用类 C 的构造函数
调用类 D 的构造函数
释放对象 obj
调用类 D 的析构函数
调用类 C 的析构函数
调用类 B 的析构函数
调用类 A 的析构函数
```

在该例中，根据程序的执行结果可以看出，创建派生类 D 的对象 obj 时，类 B 和类 C 的成员初始化列表中列出的虚基类 A 的构造函数没有被执行，只有最终派生类 D 的构造函数的成员初始化列表中列出的虚基类 A 的构造函数被调用了一次。

构造函数的调用顺序如下：

（1）调用虚基类的构造函数。

（2）调用直接基类的构造函数，调用顺序与继承时的声明顺序相同。

（3）调用最终派生类的构造函数。

释放对象时,析构函数的调用顺序刚好与构造的顺序相反:

(1) 调用最终派生类的析构函数。

(2) 调用直接派生类的析构函数,其调用顺序与继承时的声明顺序相反。

(3) 调用虚基类的析构函数。

 ## 6.5 类型转换

正确理解派生类和基类之间的转换,对于理解 C++ 中如何进行面向对象编程是非常重要的。

6.5.1 派生类到基类的转换

因为每个派生类对象都包含一个基类部分,所以可以像使用基类对象一样在派生类对象上执行操作,也就存在着从派生类到基类的转换。

1. 用派生类对象对基类对象进行初始化或赋值

可以用派生类对象对基类对象进行初始化或赋值,将派生类对象继承自基类的成员赋值给基类对象相应成员。实质上是在初始化时调用构造函数,赋值时调用赋值运算符完成的。例如:

```
class Base{...};
class Derived:public Base{...};
Derived  d_obj;
Base  b_obj1;
b_obj1=d_obj;            //用派生类对象对基类对象进行赋值
Base  b_obj2(d_obj);     //用派生类对象对基类对象进行初始化
```

2. 用派生类的引用或对象初始化基类的引用

可以将基类的引用绑定到派生类对象上,也可以直接用派生类引用对基类引用进行初始化。例如:

```
class Base{...};
class Derived:public Base{...};
Derived  d_obj,&d_r=d_obj;
```

```
Base   &b_r1=d_obj;              //将基类引用b_r1绑定到派生类对象d_obj上
Base   &b_r2=d_r;                //用派生类引用d_r给基类引用b_r2赋值
```

基类的引用绑定了派生类对象后,通过基类引用只能访问派生类中的基类成员。

3. 用派生类对象的地址或派生类指针初始化基类指针

与将引用绑定到派生类对象上类似,可以用基类指针指向派生类对象,或者将派生类指针赋值给基类指针。例如:

```
class Base{...};
class Derived:public Base{...};
Derived d_obj,*d_p=&d_obj;
Base *b_p1=&d_obj;              //将派生类对象的地址赋给基类指针
Base *b_p2=d_p;                //将派生类指针赋给基类指针
```

基类指针指向派生类对象后,只能通过基类指针访问派生类对象中继承自基类的成员。

无论是通过基类引用还是基类指针,如果要访问派生类中新增的成员,则必须对它们进行强制类型转换。

6.5.2 基类到派生类的转换

基类对象只包括基类成员,不包含派生类的成员,所以从基类到派生类不存在自动转换。

```
class Base{...};
class Derived:public Base{...};
Base base;
Derived derived=base;          //错,不能用基类对象给派生类对象赋值
Derived *derived_p=&base;      //错,不能用基类对象的地址给派生类对象指针赋值
Derived &derived_r=base;       //错,不能将派生类引用绑定到基类对象上
```

需要派生类对象的地方不能使用基类对象,也不能用基类对象给派生类对象赋值,不能将派生类引用绑定到基类对象上,否则可能会试图访问不存在的派生类成员,这是不允许的。

即使基类指针指向的是派生类对象,也不能将它的值赋给派生类指针。引用亦如此。

```
class Base{...};
class Derived:public Base{...};
Derived derived;
Base *base_p=&derived;              //可以,可以用派生类对象地址给基类指针赋值
Derived *derived_p=base_p;          //错,不能将基类指针赋给派生类指针变量
```

虽然这时基类指针 base_p 指向的是派生类对象 derived,但是也不能把 base_p 赋给派生类指针 derived_p,因为编译器在编译时无法知道这样的转换是否安全。

 ## 6.6　应用实例——水果超市管理系统类的继承关系

水果超市管理系统采用面向对象的程序设计方法开发,继承机制是面向对象程序设计最重要的特征之一,在水果超市管理系统的设计过程中运用继承方法由已有类派生出新类,实现了代码重用。

水果超市的水果分为正价水果和特价水果,它们都是具体的水果,具有水果的特征和属性。在 5.11 节实现了“水果”类 Fruit 的定义,现在可以通过继承方法由“水果”类派生出“正价水果”类 RegularFruit 和“特价水果”类 DiscountFruit。

6.6.1　“正价水果”类 RegularFruit 的设计

“正价水果”类 RegularFruit 由“水果”类 Fruit 派生得来。除了继承“水果”类原有的成员,还新添加了正常售价数据成员,以及相应的构造函数和修改、提取正常售价的成员函数,并对继承自基类的显示水果信息的函数 DispFruit() 进行了重写,类中成员的说明如表 6-2 所示。

表 6-2　“正价水果类”RegularFruit 成员说明

数据成员	成员函数
fruitNumber：水果编号	RegularFruit()：构造函数
fruitName：水果名称	GetFruitNumber()：得到水果编号
purchasePrice：水果进价	GetFruitName()：得到水果名称
regularPrice：正常售价	GetPrice()：得到水果进价
	DispFruit()：显示水果信息
	GetRegularPrice()：得到正常售价
	DispFruit()：显示正价水果信息

【例 6.14】 "正价水果"类的设计,将该类的定义保存在头文件"RegularFruit. h"中。

```
#include"Fruit.h"
class RegularFruit:public Fruit                       //正价水果,从 Fruit 类继承得来
{
    private:
        double regularPrice;                          //正常售价
    public:
        RegularFruit();                               //没有参数的构造函数
        RegularFruit(int num,string name,double price,double salePrice);
                                                      //有参数的构造函数
        void DispFruit();                             //显示正价水果的信息
        double GetRegularPrice(){return regularPrice;}  //得到正常售价
};
RegularFruit::RegularFruit():Fruit()                  //没有参数的构造函数
{
    regularPrice=0;
}
RegularFruit::RegularFruit(int num,string name,double price,double salePrice):
Fruit(num,name,price)
                                                      //有参数的构造函数
{
    if (salePrice>price)                              //判断售价是否大于进价
        regularPrice=salePrice;
    else
    {
        cout<<"正价水果的售价应该高于进价,否则应设为特价水果!";
        return;
    }
}
void RegularFruit::DispFruit()                        //显示正价水果的信息
{
    cout<<"正价水果编号:"<<fruitNumber<<", 名称:"<<fruitName<<",售价(单位:元):"
        <<regularPrice<<endl;
}
```

在正价水果类的定义中,增加了数据成员正常售价 regularPrice,并设计了与之相关的两个成员函数 GetRegularPrice()和 SetRegularPrice(),可以通过这两个成员函数提取

或修改正常售价。对从基类继承来的显示水果信息的成员函数 DispFruit() 进行了重写，因为基类的 DispFruit() 函数已经不能适应正价水果类，只有重写才能完整显示出正价水果的信息。

6.6.2 "特价水果"类 DiscountFruit 的设计

"特价水果"类 DiscountFruit 由"水果"类 Fruit 派生而来，"特价水果"类除了继承"水果"类原有的成员外，还新添加了原来正常售价和折扣价两个数据成员，以及相应的构造函数和提取折扣价、提取正常售价的成员函数等，并对继承自基类的显示水果信息的函数 DispFruit() 进行了重写，类中成员的说明如表 6-3 所示。

表 6-3 "特价水果"类 DiscountFruit 成员说明

数据成员	成员函数
fruitNumber：水果编号	DiscountFruit()：构造函数
fruitName：水果名称	GetFruitNumber()：得到水果编号
purchasePrice：水果进价	GetFruitName()：得到水果名称
GetRegularPrice()：显示正常售价	GetPrice()：得到水果进价
DisCountPrice()：折扣价	DispFruit()：显示水果信息
	GetRegularPrice()：得到正常售价
	GetDiscountPrice()：得到折扣价
	DispFruit()：显示特价水果信息

【例 6.15】 特价水果类的设计，将该类的定义保存在头文件"DiscountFruit. h"中。

```
#include "Fruit.h"
class DiscountFruit:public Fruit          //特价水果,从 Fruit 类继承得来
{
    private:
        double originalPrice;
        double discountPrice;
    public:
        DiscountFruit();                  //没有参数的构造函数
        DiscountFruit(int num,string name,double price,double oldPrice,double
        discPrice);
                                          //有参数构造函数
        void DispFruit();                 //显示特价水果的信息
```

```
        double GetDiscountPrice(){return discountPrice;}        //得到特价信息
        double GetOriginalPrice(){return originalPrice;}        //得到正价信息
};
DiscountFruit::DiscountFruit():Fruit()                          //没有参数的构造函数
{
    originalPrice=0;                                            //水果原价
    discountPrice=0;                                            //水果的折扣价
}
DiscountFruit:: DiscountFruit (int num, string name, double price, double
oldPrice,
double discPrice):Fruit(num,name,price)                        //有参数的构造函数
{
    originalPrice=oldPrice;
    discountPrice=discPrice;
}
void DiscountFruit::DispFruit()                                 //显示特价水果的信息
{
    cout<<"特价水果编号:"<<fruitNumber<<",名称:"<<fruitName<<",售价(单位:元):"
<<discountPrice<<endl;
}
```

"特价水果"类中保留原来正常售价的目的,是为了让顾客一目了然地清楚特价水果的折扣信息,在初始化水果信息的时候系统会自动限制折扣价必须低于原来正常售价,目的是保证特价水果的折扣价名副其实,避免虚假折扣。

6.6.3　验证

为了进行验证,本节设计了主函数,在主函数部分进行验证。

【例 6.16】　验证程序,保存为"inherit.cpp"

```
#include <iostream>
#include <string>
#include "DiscountFruit.h"
#include "RegularFruit.h"
using namespace std;
int main()
```

```
{
    RegularFruit r1(101,"国光苹果",1.5,2.0);
    r1.DispFruit();
    DiscountFruit d1(201,"巨峰葡萄",1.8,2.5,2.0);
    d1.DispFruit();
    return 0;
}
```

程序的运行结果：

正价水果编号:101,名称:国光苹果,售价(单位:元):2
特价水果编号:201,名称:巨峰葡萄,售价(单位:元):2

 习题

一、填空题

1. 继承是由一个由_____创建_____的过程。

2. 继承的 3 种方式分别是_____、_____和_____。

3. 类的继承中,默认的继承方式为_____。

4. 如果类 A 继承了类 B,则类 A 被称为_____类,类 B 被称为_____类。

5. 一个派生类只有一个直接基类的情况称为_____,有多个直接基类的情况称为_____。

6. 利用继承能够实现_____,这种机制缩短了程序开发的时间。

7. 保护成员具有双重角色,对派生类的成员函数而言,它相当于_____,但是对所在类之外定义的其他函数而言则是_____。

8. 派生类的构造函数的成员初始化列表中可以包含的初始化项有_____、_____和_____。

9. 多继承时,多个基类的同名成员在派生类中会由于标识符不唯一而出现二义性,可以通过_____或_____消除该问题。

10. 可以用_____对象对_____对象进行赋值或初始化,反过来不可以。实质上是在初始化时调用_____,赋值时调用_____运算符完成的。

二、选择题

1. 可以访问类对象的私有数据成员的是_____。

   A. 该类的对象

   B. 该类友元类派生的成员函数

   C. 类的友元函数

   D. 公有派生类的成员函数

2. 下列关于基类和派生类的描述中,错误的是_____。

   A. 一个基类可以生成多个派生类

   B. 基类中所有成员都是它的派生类的成员

   C. 基类中成员访问权限继承到派生类中不变

   D. 派生类也可以是基类

3. 下列关于派生类的描述中,错误的是_____。

   A. 派生类至少有一个基类

   B. 派生类除了自己的成员外还包含基类的成员

   C. 派生类中不能声明与基类重名的成员

   D. 派生类默认的继承方式是 private

4. 派生类的成员函数不可以直接访问的基类成员是_____。

   A. 公有继承的保护成员   B. 保护继承的公有成员

   C. 私有继承的公有成员   D. 公有继承的私有成员

5. 下列描述中,错误的是_____。

   A. 友元关系不可以继承

   B. 对基类成员的访问必须是无二义性的

   C. 可以把派生类对象地址赋给基类指针

   D. 基类的公有成员在派生类中仍是公有的

6. 派生类构造函数的成员初始化列表中不能包含的初始化项是_____。

   A. 基类的构造函数   B. 基类的子对象

   C. 派生类的子对象   D. 派生类自身的数据成员

7. 设置虚基类的目的是_____。

   A. 简化程序   B. 消除二义性

   C. 提高运行效率   D. 减少目标代码

8. 下列关于多继承二义性的描述中,错误的是_____。

   A. 一个派生类的多个基类中出现了同名成员时,派生类对同名成员的访问可能

出现二义性

    B. 一个派生类有多个基类,而这些基类又有一个共同的基类,派生类访问公共基

       类成员时,可能出现二义性

    C. 解决二义性的方法是采用类名限定

    D. 基类和派生类中出现同名成员时,会产生二义性

9. 下列描述中,错误的是_____。

    A. 公有继承时基类中的 public 成员在派生类中仍是 public 的

    B. 公有继承时基类中的 private 成员在派生类中仍是 private 的

    C. 私有继承时基类中的 public 成员在派生类中是 private 的

    D. 保护继承时基类中的 public 成员在派生类中是 protected 的

10. 下列描述中,错误的是_____。

    A. 基类构造函数不能被派生类继承

    B. 基类构造函数只能被派生类的构造函数调用

    C. 基类的私有成员不能被派生类的成员访问

    D. 保护继承时基类的公有成员可以通过派生类的对象访问

三、程序阅读题

1. 阅读下面的程序,分析程序的运行结果。

```cpp
#include <iostream>
using namespace std;
class Base
{
    public:
        Base(){cout<<"constructing base class"<<endl;}
        ~Base(){cout<<"destructing base class"<<endl; }
};
class Subs:public Base
{
    public:
        Subs(){cout<<"constructing sub class"<<endl;}
        ~Subs(){cout<<"destructing sub class"<<endl;}
};
int main()
```

```
{
    Subs s;
    return 0;
}
```

2. 阅读下面的程序,分析程序的运行结果。

```cpp
#include <iostream>
using namespace std;
class Base
{
    int n;
    public:
        Base(int a)
        {
            cout<<"constructing base class"<<endl;
            n=a;
            cout<<"n="<<n<<endl;
        }
        ~Base(){cout<<"destructing base class"<<endl;}
};
class Subs:public Base
{
    Base bobj;
    int m;
    public:
        Subs(int a,int b,int c):Base(a),bobj(c)
        {
            cout<<"constructing sub cass"<<endl;
            m=b;
            cout<<"m="<<m<<endl;
        }
        ~Subs(){cout<<"destructing sub class"<<endl;}
};
int main()
{
    Subs s(1,2,3);
    return 0;
}
```

3. 阅读下面的程序,分析程序的运行结果。

```cpp
#include <iostream>
using namespace std;
class A
{
    public:
        int n;
};
class B:public A{};
class C:public A{};
class D:public B,public C
{
    int Getn(){return B::n;}
};
int main()
{
    D d;
    d.B::n=10;
    d.C::n=20;
    cout<<d.B::n<<","<<d.C::n<<endl;
    return 0;
}
```

4. 阅读下面的程序,分析程序的运行结果。

```cpp
#include <iostream>
using namespace std;
class C1
{
    public:
        ~C1(){ cout<<1; }
};
class C2: public C1
{
    public:
        ~C2(){ cout<<2; }
};
```

```
int main()
{
    C2 cb2;
    C1 *cb1;
    return 0;
}
```

5. 阅读下面的程序,找出错误并改正。

```
#include <iostream>
using namespace std;
class A
{
    public:
        int i;
        A(){cout<<"A constructing "<<endl;}
};
class B:A
{
    public:
        B(){cout<<"B constructing "<<endl;}
};
int main()
{
    A a;
    B b;
    a.i=3;
    b.i=4;
    return 0;
}
```

6. 阅读下面的程序,找出错误并改正。

```
#include <iostream>
using namespace std;
class A
{
    public:
```

```
        A(int a){i=a;}
        int i;
};
class B
{
    public:
        B(int b){i=b;}
        int i;
};
class C:public A,public B
{
    public:
        C(int c):A(c),B(c){}
};
int main()
{
    C c(2);
    c.i=3;
    return 0;
}
```

7. 阅读下面的程序,分析程序的运行结果。

```
#include <iostream>
using namespace std;
class A
{
    public:
        A(){cout<<"A constructing ,data not evaluated"<<endl;}
        A(int a){i=a;cout<<"A constructing ,data valuated"<<endl;}
        ~A(){cout<<"A destructing "<<endl; }
    private:
        int i;
};
class B:public A
{
```

```cpp
public:
    B(){cout<<"B constructing ,data not evaluated"<<endl;}
    B(int a):A(a){cout<<"B constructing , A evaluated"<<endl;}
    B(int a,int b):A(a){j=b;cout<<"B constructing , data evaluated"<<endl;}
    ~B(){cout<<"B destructing "<<endl;}
private:
    int j;
    A a;
};
int main()
{
    B b1,b2(2),b3(3,4);
    return 0;
}
```

四、问答题

1. 派生类对象的结构是什么？
2. 继承的方式有几种？私有继承和保护继承的区别是什么？
3. 含有对象成员、有多个基类的派生类的构造函数的调用顺序是什么？
4. 派生类如何实现对基类私有成员的访问？
5. 什么是兼容性规则（基类和派生类转换规则）？
6. 什么是虚基类？它有什么作用？

五、编程题

1. 编写程序，声明一个学生类 Student，由学生类派生出研究生类 Master，在主函数中分别用类的默认构造函数和重载构造函数声明研究生类对象，测试类的正确性。

2. 设计一个汽车类 Vehicle，包含的数据成员有车轮个数 wheels 和车重 weight。小车类 Car 是 Vehicle 的派生类，增加载人数 passenger_load。卡车类 Truck 是 Vehicle 的派生类，增加载人数 passenger_load 和载重量 payload，每个类都有相关数据的输出方法。

3. 编写程序，声明学生类 Student 和教师类 Teacher，由这两个类派生出助教类 Assistant，在主函数中分别用类的默认构造函数和重载构造函数声明类 Assistant 的对象进行验证。

4. 设计一个圆类 Circle 和一个桌子类 Table，由这两个类派生出一个圆桌类

Roundtable,要求输出一个圆桌的高度、面积和颜色等数据。

5. 设计一个虚基类 Person,包含私有数据成员姓名和年龄以及相关的成员函数。首先由它派生出领导类 Leader,包含私有数据成员职务和部门以及相关的成员函数;再由 Person 类派生出工程师类 Engineer,包含私有数据成员职称和专业以及相关的成员函数;然后由 Leader 和 Engineer 类派生出主任工程师类 Chairman。在主函数中进行测试。

第 7 章

多　态

多态性是面向对象程序设计的关键技术之一,与继承、类的封装构成了面向对象技术的三大特性。如果一个程序设计语言不支持多态,就不能称之为面向对象的语言。

学习目标:

(1) 了解多态的描述;

(2) 理解运算符重载的方法以及抽象类的概念;

(3) 掌握运算符重载函数的定义以及虚函数的定义和作用。

 ## 7.1　多态的描述

7.1.1　什么是多态

多态(polymorphism)一词最初来源于希腊语 polumorphos,含义是多种形式或形态。通俗地讲,多态就是指不同对象接收相同消息时产生的不同的动作。函数重载就是一种多态,相同的函数名,对应多个不同的函数体。在调用函数时,根据参数的不同执行了不同的函数体,即产生了不同的动作。运算符重载也是多态的典型应用,相同的运算符,可作用于不同类型数据进行运算,实质是调用了不同的运算符重载函数。

7.1.2　多态的分类

面向对象的多态可以分为 4 类:重载多态、强制多态、包含多态和类型参数化多态。包含多态和类型参数化多态统称为一般性多态,用来系统地刻画语义上相关的一组类型;重载多态和强制多态则统称为特殊性多态,用来刻画语义上无关联的类型间的关系。

函数重载以及本章将要介绍的运算符重载都属于重载多态。重载是指用同一个名字命名不同的函数或运算符,函数重载是 C++ 对一般程序设计语言中运算符重载机制的扩充,可使具有相同或相近含义的函数用相同的名字,只要参数的个数、类型或次序不一样即可。

强制多态是指强制类型转换,是将一种类型的数据转换成另一种类型的数据。类型转换可以是隐式的,在编译时完成(例如,当整型数据和浮点型数据进行算术运算时,整型会自动转换成浮点型数据);也可以是显式的,强制将某一种类型的数据转换成另一种类型的数据,以符合一个函数或操作的要求,起到防止类型错误的作用。强制类型转换是通过强制类型转换运算符来实现的。

多态和继承是密不可分的。一组具有继承关系的类,拥有相同的接口(函数名、形参和返回值),并允许有各自不同的实现,对象实例只有在调用共同接口的时候,才能确定调用的是何种实现,即"一个接口,多种实现",这就是包含多态。

类型参数化多态与类模板相关联。在类型参数化多态中,多态函数(或类)必须带有类型参数,在使用时赋予实际的类型加以实例化。该类型参数确定函数(或类)在每次执行时操作数的类型。由类模板实例化的各个类都具有相同的操作,而操作对象的类型却各不相同。类型参数化多态的应用较广泛,被称为最纯的多态。

本章主要介绍重载多态中的运算符重载和包含多态这两种多态。

7.1.3 多态的实现方式

从实现的角度可以把多态分为两种:编译时多态和运行时多态。前者是在编译的过程中确定了同名操作的具体操作对象,后者是在程序运行过程中才能动态地确定操作的具体对象。这种确定操作具体对象的过程称为联编或绑定。

联编就是将模块或者函数合并在一起生成可执行代码的处理过程,对每个模块或者函数调用分配内存地址,并且对外部访问也分配正确的内存地址,是计算机程序彼此关联的过程。按照联编所进行的阶段不同,可分为两种不同的联编方法:静态联编和动态联编。这两种联编分别对应着多态的两种实现方式:编译时多态和运行时多态。编译时多态由静态联编实现,运行时多态由动态联编实现。

静态联编是指在程序执行前就将函数实现和函数调用关联起来,因此静态联编也叫早绑定或前绑定,在编译、链接阶段就必须了解所有的函数或模块执行所需要检测的信息,确定某一个同名标识到底是要调用哪一段程序代码。有些多态同名操作的具体对象能够在编译、链接阶段确定,比如重载、强制和参数多态。在 C 语言中,所有的联编都是静态联编。

动态联编是指在程序执行的时候才将函数实现和函数调用关联,因此也称为运行时绑定、晚绑定或后绑定。动态联编对函数的选择不是基于指针或者引用,而是基于对象类型,在编译、链接过程中无法解决的绑定问题要等到程序开始运行之后再确定。包含多态操作对象的确定就是通过动态绑定完成的,是动态联编。

静态联编的主要优点是程序执行效率高,因为在编译、链接阶段就已经确定了函数调用和具体的执行代码之间的关系,所以执行起来速度快。

动态联编的主要优点是灵活,但是程序运行速度相对会慢一些,因为动态联编需要在程序运行过程中确定函数调用(消息)和程序代码(方法)之间的匹配关系。

 ## 7.2 运算符重载

C++ 中预定义了丰富的运算符,但是它们大多数只能应用于内置的简单数据类型,不能用于用户自定义类型,因而不能满足编程的需要。运算符重载技术提供了一种机制,可以重新定义运算符,使之可以应用于用户自定义类型,既增强了 C++ 语言的可扩充性,又使程序简单直观,可读性好。

7.2.1 运算符重载的定义

运算符重载是通过定义运算符重载函数来实现的。运算符重载函数的定义和一个普通函数的定义类似,因为运算符重载函数实质上也是函数,只不过函数名必须包含关键字 operator。运算符重载函数一般可以采用两种形式:成员函数和友元函数。如果运算符重载为非成员函数,那么必须将其设置为所操作类的友元,这样才可以访问该类的私有数据成员。

1. 重载为友元函数

若重载为友元函数,函数的定义格式如下:

```
<类型>operator <运算符>(<参数列表>)
{
    <函数体>
}
```

然后在相应类中将该函数声明为友元,声明形式为:

```
friend <类型>operator <运算符>(<参数列表>);
```

2. 重载为成员函数

若重载为成员函数,其定义格式如下:

```
<类型><类名>::operator <运算符>(<参数列表>)
{
    <函数体>
}
```

在以上两种重载格式中,<参数列表>中参数的个数不仅取决于运算符的操作数个数,还取决于重载的形式,即重载为成员函数还是友元函数。

重载为成员函数,参数个数比运算符的操作数个数少一个。因为调用该成员函数的类对象本身也作为一个操作数参与运算,因此,双目运算符的参数个数是一个,单目运算符没有参数。重载为友元函数,参数个数与运算符的操作数个数相同。即双目运算符的参数个数是两个,单目运算符的参数个数是一个。例如,双目运算符"+",如果重载为成员函数,有一个参数;而如果重载为友元函数,则有两个参数。

> **注意:**
> 有一种情况比较特殊,即后缀"++"和后缀"−−"运算符,为了与前缀区分开,会增加一个 int 型参数。

重载运算符时需要注意以下几个问题:

(1) 只能重载C++预定义的运算符,不能创造新的运算符。大部分预定义的运算符都可以重载,不能重载的运算符是:成员访问运算符".".成员指针运算". * "、作用域运算符"::"、条件运算符"?:"和获取对象或类型所占字节数运算符"sizeof"。

不可以重载和可以重载的运算符如图 7-1 和图 7-2 所示。

| . | . * | :: | ?: | sizeof |

图 7-1　不可以重载的运算符

+	-	*	/	%
^	&	|	~	!
=	<	>	+=	-=
*=	/=	%=	^=	&=
|=	<<	>>	>>=	<<=
==	!=	<=	>=	&&
->	[]	()	new	delete

图 7-2　可以重载的运算符

(2) 重载后的运算符不能改变原有的优先级、结合性以及操作数的个数。

（3）运算符重载函数的参数中至少有一个是自定义类型。只用于简单类型的运算符不能重载；也不能为简单类型定义新的运算符。例如，内置的整型加法运算符不能重新定义。

（4）大多数运算符既可以重载为友元函数也可以重载为成员函数，一般将双目运算符重载为友元函数，而将单目运算符重载为成员函数。

（5）对运算符进行重载时，尽量不要改变其内置的原有含义，这样才能使程序更自然、更直观。如果改变了原来的含义，不如另取一个函数名字，不然会使程序难以理解。

7.2.2 双目运算符重载

双目运算符既可以重载为类的成员函数，也可以重载为类的友元函数。二者的区别是，对于同一个运算符，用成员函数实现比用友元函数实现少一个参数。

1. 双目运算符重载为成员函数

【例 7.1】 "=="和"!="重载为成员函数。

```cpp
#include <iostream>
using namespace std;
class Point
{
    public:
        Point(){X=0;Y=0;}                       //无参构造函数
        Point(double x,double y){X=x;Y=y;}      //有参构造函数
        bool operator==(const Point &);         //关系运算符==重载为成员函数
        bool operator!=(const Point &);         //关系运算符!=重载为成员函数
    private:
        double X,Y;                             //点在平面坐标轴上的横纵坐标
};
bool Point::operator==(const Point &p)          //定义双目关系运算符"=="重载函数
{     return ((X==p.X)&&(Y==p.Y));
}
bool Point::operator!=(const Point &p)          //定义双目关系运算符"!="重载函数
{
    return !((*this)==p);                       //调用运算符"=="重载函数
}
int main()
```

```
{
    Point p1,p2(2,3.4);
    if(p1==p2) cout<<"点 p1 与点 p2 相同"<<endl;
    if(p1!=p2) cout<<"点 p1 与点 p2 不相同"<<endl;
    return 0;
}
```

程序的运行结果：

点 p1 与点 p2 不相同

说明：

（1）在例 7.1 的程序中声明了点类 Point,对运算符"＝＝"进行了重载定义,用来判断两个点对象是否相等。如果两个点的横纵坐标相等,表示两个点相同,返回一个布尔值 true;否则返回布尔值 false。

（2）判断两个点对象是否相等,使用关系运算符"＝＝"比另外定义一个函数更符合人们的习惯,并且可读性好,使用简单。如果重载了运算符"＝＝",相应的也应该重载运算符"!＝",并且一般应该互相联系起来,在"!＝"重载过程中,可以调用另一个已重载的运算符"＝＝"。

（3）判断两个点对象是否相等的过程不应改变其值,所以形参类型是常引用。

（4）将双目运算符重载为成员函数时,只有一个参数,另一个参数(运算符的左操作数)是隐含的 this 指针指向的对象本身,this 指针可省略。

同理,当两个类对象需要进行加法和减法运算时,重载"＋"和"－"运算符比另外定义函数更方便。

【例 7.2】 算术运算符"＋"、"－"重载为成员函数。

```
#include <iostream>
using namespace std;
class Point
{
    public:
        Point(){X=0;Y=0;}                        //无参构造函数
        Point(double x,double y){X=x;Y=y;}       //有参构造函数
        Point operator +(const Point &);         //算术运算符"+"重载为成员函数
        Point operator -(const Point &);         //算术运算符"-"重载为成员函数
        void DisPoint()                          //输出点的坐标
```

```
            {cout<<"点的位置是:("<<X<<","<<Y<<')'<<endl;}

    private:
        double X,Y;                                //点在平面坐标轴上的横纵坐标
};
Point Point::operator+ (const Point &p)           //定义算术运算符"+"重载函数
{
    Point t(X+p.X,Y+p.Y);
    return t;
}
Point Point::operator- (const Point &p)           //定义算术运算符"-"重载函数
{
    Point t(X-p.X,Y-p.Y);
    return t;
}
int main()
{
    Point p1,p2(2,3.4),p3(1,5.6);
    p1.DisPoint();
    p1=p2+p3;
    p1.DisPoint();
    p1=p2-p3;
    p1.DisPoint();
    return 0;
}
```

程序的运行结果：

```
点的位置是:(0,0)
点的位置是:(3,9)
点的位置是:(1,-2.2)
```

对两个点对象进行加法和减法运算时,不能直接使用"＋"和"－"运算符,因此重载了"＋"和"－"运算符。为了与内置"＋"和"－"的含义保持一致,我们规定两个点对象做加法或减法运算是对应横纵坐标相加或相减。

如果将双目运算符重载为友元函数,两个操作数都要出现在参数列表中。

2. 双目运算符重载为友元函数

【例 7.3】 将算术运算符和关系运算符重载为友元函数。

```cpp
#include<iostream>
using namespace std;
class Point
{
    public:
        Point(){X=0;Y=0;}                            //无参构造函数
        Point(double x,double y){X=x;Y=y;}           //有参构造函数
                                                     //声明运算符重载函数为友元函数
        friend Point operator+(const Point &,const Point &);
        friend Point operator-(const Point &,const Point &);
        friend bool operator==(const Point &,const Point &);
        friend bool operator!=(const Point &,const Point &);
        void DisPoint()                              //输出点的坐标
        {cout<<"("<<X<<","<<Y<<')'<<endl;}
    private:
        double X,Y;                                  //点在平面坐标轴上的横纵坐标
};
Point operator+(const Point &p1,const Point &p2)     //定义运算符"+"重载函数
{
    Point t(p1.X+p2.X,p1.Y+p2.Y);
    return t;
}
Point operator-(const Point &p1,const Point &p2)     //定义运算符"-"重载函数
{
    Point t(p1.X-p2.X,p1.Y-p2.Y);
    return t;
}
bool operator==(const Point &p1,const Point &p2)     //定义运算符"=="重载函数
{
    return ((p1.X==p2.X)&&(p1.Y==p2.Y));
}
bool operator!=(const Point &p1,const Point &p2)     //定义运算符"!="重载函数
{
```

```
        return !(p1==p2);
}
int main()
{
    Point p1,p2(2,3.4),p3(1,5.6);
    if(p2==p3) cout<<"p2=p3"<<endl;
    if(p2!=p3) cout<<"p2!=p3"<<endl;
    cout<<"p1 的初始位置:";
    p1.DisPoint();
    p1=p2+p3;
    cout<<"p1=p2+p3 的结果是:";
    p1.DisPoint();
    p1=p2-p3;
    cout<<"p1=p2-p3 的结果是:";
    p1.DisPoint();
    return 0;
}
```

程序的运行结果:

```
p2!=p3
p1 的初始位置:(0,0)
p1=p2+p3 的结果是:(3,9)
p1=p2-p3 的结果是:(1,-2.2)
```

双目运算符重载为友元函数时,运算符的两个操作数都要作为函数的参数出现在参数列表中。

一般情况下,将双目运算符重载为友元函数,可以进行该类对象和其他类型数据的混合运算。

例如,可以增加两个友元函数:

```
Point operator+ (const int &,const Point &);
Point operator+ (const double &,const Point &);
```

之后,就可以进行整数和 Point 型、浮点型和 Point 型的运算了。

如:

```
5+p1; 3.4+p2;
```

因为加法的第一个操作数为整型或浮点型,是内置的简单类型,而简单类型的运算符不能被重新定义,所以必须用友元函数来实现重载。

3. 赋值运算符重载

如果对赋值运算符进行重载,它必须是类的成员函数。因为如果类中没有对赋值运算符进行重载,系统将提供一个默认的赋值运算符重载函数,将右值对象中的各个数据成员一一复制给左值对象的相应成员,即浅复制。与前面所讲的拷贝构造函数一样,为了避免内存错误,凡是需要定义拷贝构造函数的类都需要对赋值运算符进行重载。

【例7.4】 赋值运算符重载。

```cpp
#include <iostream>
using namespace std;
class Point
{
    public:
        Point(){X=0;Y=0;}                      //无参构造函数
        Point(double x,double y){X=x;Y=y;}     //有参构造函数
        Point& operator=(const Point &);       //赋值运算符重载函数
        Point& operator=(const int &);         //赋值运算符重载函数
        Point& operator=(const double &);      //赋值运算符重载函数
        void DisPoint()                        //输出点的坐标
        {cout<<"("<<X<<","<<Y<<')'<<endl;}
    private:
        double X,Y;                            //点在平面坐标轴上的横纵坐标
};
Point& Point::operator=(const Point &d)        //右值是 Point 型数据的赋值运算符定义
{
    if(this==&d) return * this;                //如果用本对象给自己赋值,直接返回本对象
    X=d.X;
    Y=d.Y;
    return * this;
}
Point& Point::operator=(const int &i)          //右值是整型数据
{
    X=i;
```

```
    Y=0;
    return * this;
}
Point& Point::operator= (const double &f)        //右值是浮点型数据
{
    X=f;
    Y=0;
    return * this;
}
int main()
{
    Point p1,p2(1,2.3);
    p1=p2;
    cout<<"p1 的位置:";
    p1.DisPoint();
    p1=5;
    cout<<"p1 的位置:";
    p1.DisPoint();
    p1=4.5;
    cout<<"p1 的位置:";
    p1.DisPoint();
    return 0;
}
```

程序的运行结果：

```
p1 的位置:(1,2.3)
p1 的位置:(5,0)
p1 的位置:(4.5,0)
```

在例 7.4 中，为 Point 类定义了多个赋值运算符重载函数，这样既可以在同类对象之间进行赋值，也可以用整型数据和浮点型数据对 Point 类对象进行赋值。在使用时，会根据赋值运算符右操作数（右值）的类型选择执行不同的函数。当右值为同类对象时，将把右值对象的两个数据成员分别赋给左值对象对应的数据成员。当右值为整型数据时，将把该整型数据赋给左值对象的数据成员 X，默认把数据成员 Y 赋值为 0。同样地，当右值为浮点型数据时，将把这个数据赋给左值对象的数据成员 X，默认把数据成员 Y 赋值为 0。

赋值运算符可以重载,但是无论参数为何种类型,赋值运算符都必须重载为成员函数,并且因为返回的是左值,所以返回值的类型必须是该类的引用。

4. 复合赋值运算符重载

复合赋值运算符的编译效率很高,编程时应尽量使用复合赋值运算。

对于用户自定义类型,如果分别定义对象 obj1 和 obj2,当需要执行语句"obj1 +＝ obj2;"时,需要在类的定义中对复合运算符"+＝"进行重载。

【例 7.5】 复合赋值运算符"+＝"的重载。

```cpp
#include <iostream>
using namespace std;
class Point
{
    public:
        Point(){X=0;Y=0;}                      //无参构造函数
        Point(double x,double y){X=x;Y=y;}     //有参构造函数
        Point& operator+=(const Point &);      //声明"+="重载函数
        void DisPoint()                        //输出点的坐标
        {cout<<"点的位置是:("<<X<<","<<Y<<')'<<endl;}
    private:
        double X,Y;                            //点对象在平面坐标轴上的横纵坐标
};
Point& Point::operator+=(const Point &d)
{
    X+=d.X;
    Y+=d.Y;
    return(*this);
}
int main()
{
    Point p1(1,2.0),p2(3,5.6);
    cout<<"运算前 p1";
       p1.DisPoint();
    p1+=p2;
    cout<<"运算后 p1";
    p1.DisPoint();
    return 0;
}
```

程序的运行结果：

> 运算前 p1 点的位置是：(1,2)
> 运算后 p1 点的位置是：(4,7.6)

用复合赋值运算符实现算术运算比用其他方式更简单有效，不需要创建和释放一个临时对象来保存结果。

与基本赋值运算符一样，复合赋值运算符也应返回左值，所以返回值是一个引用。

7.2.3 单目运算符重载

内置的自增和自减运算符有前缀和后缀两种形式。当为类定义"＋＋"和"－－"运算符时，首先要解决如何区分前缀和后缀的问题。由于它们的形参数目和类型均相同，因此普通重载不能区分是前缀还是后缀。为了解决这一问题，在重载时将后缀操作数额外增加一个 int 型形参，编译时，该形参被赋值为 0，但该参数并不参与运算，它的唯一作用是区分前缀和后缀。

【**例 7.6**】 自增、自减运算符重载。

```cpp
#include <iostream>
using namespace std;
class Increas
{
    public:
        Increas (int a=0,int b=0);
        Increas& operator++();            //前缀++
        Increas operator++(int);          //后缀++
        Increas& operator--();            //前缀--
        Increas operator--(int);          //后缀--
        void Display() const;
    private:
        int X,Y;
};
Increas::Increas(int a,int b)
{
    X=a;
    Y=b;
}
```

```
Increas& Increas::operator++()            //定义前缀"++"运算
{
    X++;
    Y++;
    return * this;
}
Increas Increas::operator++(int)          //定义后缀"++"运算
{    Increas t(X,Y);                      //将变化前的值复制一份
    X++;
    Y++;
    return t;                             //返回的是变化前的值
}
Increas& Increas::operator--()            //定义前缀"--"运算
{
    --X;
    --Y;
    return * this;
}
Increas Increas::operator--(int)          //定义后缀"--"运算
{
    Increas t(X,Y);
    X--;
    Y--;
    return t;
}
void Increas::Display() const
{
    cout<<"("<<X<<","<<Y<<")"<<endl;
}
int main()
{
    Increas object(1,2),temp;
    temp=object;
    cout<<"temp 初值: ";
    temp.Display();
    temp=++object;
    cout<<"temp=++object 后 temp 的值: ";
```

```
            temp.Display();
            cout<<"此时 object 的值:";
            object.Display()
            temp=object++;
            cout<<"temp=object++后 temp 的值: ";
            temp.Display();
            cout<<"此时 object 的值:";
            object.Display();
            temp=--object;
            cout<<"temp=--object 后 temp 的值: ";
            temp.Display();
            cout<<"此时 object 的值:";
            object.Display();
            temp=object--;
            cout<<"temp=object--后 temp 的值: ";
            temp.Display();
            cout<<"此时 object 的值:";
            object.Display();
            return 0;
}
```

程序的运行结果：

```
temp 初值:(1,2)
temp=++object 后 temp 的值:(2,3)
此时 object 的值:(2,3)
temp=object++后 temp 的值:(2,3)
此时 object 的值:(3,4)
temp=--object 后 temp 的值:(2,3)
此时 object 的值:(2,3)
temp=object--后 temp 的值:(2,3)
此时 object 的值:(1,2)
```

在定义后缀运算符时，因为不使用 int 形参，所以可以不命名。后缀运算符返回的是
原值，因此需要先复制原值再改变，并且只需返回值，不需要返回引用。在后缀运算符的
函数定义中也可以调用前缀运算符，如后缀"＋＋"定义可以改写为：

```
Increas Increas::operator++(int)
```

```
{
    Increas t(X,Y);
    ++(*this);                    //调用前缀运算符
    return t;
}
```

为了和内置类型的定义保持一致,前缀运算符返回的是左值,所以返回值类型是引用。

C++语言不要求自增和自减运算符一定重载为成员函数,但是这些运算符改变了操作对象的状态,所以一般将其定义为成员函数而不是友元函数。

 ## 7.3 虚函数

虚函数是包含多态的基础,包含多态与继承密不可分。在第 6 章中介绍过派生类对象的结构,派生类对象除了包含从基类继承来的成员外,还包含派生类中新添加的成员,同时还可以改写基类的成员。

【例 7.7】 基类和派生类含有同名成员。

```
#include <iostream>
using namespace std;
class  BaseClass                        //基类 BaseClass
{
    public:
        BaseClass(int a){X=a;}
        void Disp()
        {
            cout<<"x="<<X<<endl;
        }
    private:
        int X;
};
class DerivedClass:public  BaseClass    //派生类 DerivedClass
{
    public:
        DerivedClass(int i,int j):BaseClass(i),Y(j){}
        void Disp()
        {
```

```
                BaseClass::Disp();
                cout<< "y= "<<Y<<endl;
        }
    private:
        int Y;
};
int main()
{
    BaseClass base_obj(1);
    cout<<"输出基类对象的成员:"<<endl;
    base_obj.Disp();
    DerivedClass derive_obj(2,3);
    cout<<"输出派生类对象的成员:"<<endl;
    derive_obj.Disp();
    return 0;
}
```

程序的运行结果:

```
输出基类对象的成员:
x=1
输出派生类对象的成员:
x=2
y=3
```

在程序中,派生类新增了成员 Y,同时派生类继承了基类的 Disp() 成员函数,但是这个继承自基类的 Disp() 函数不能输出派生类中新增的数据成员 Y,所以派生类重写了 Disp()成员函数。因为基类和派生类中两个成员函数功能相同,所以采用相同的名字。两个成员函数同名,类型、参数完全相同,但是并不会产生二义性,而是同名覆盖。当通过派生类对象调用成员 Disp()时,调用的是派生类中重写的 Disp()成员函数。

基类指针可以指向派生类对象,例 7.8 利用基类指针改写了例 7.7。

【**例 7.8**】 通过基类指针访问派生类同名成员。

```
#include <iostream>
using namespace std;
class  BaseClass                                    //基类 BaseClass
{
```

```cpp
    public:
        BaseClass(int a){X=a;}
        void Disp()
        {
            cout<<"x="<<X<<endl;
        }
    private:
        int X;
};
class DerivedClass:public  BaseClass              //派生类 DerivedClass
{
    public:
        DerivedClass(int i,int j):BaseClass(i),Y(j){}
        void Disp()
        {
            BaseClass::Disp();
            cout<<"y="<<Y<<endl;
        }
    private:
        int Y;
};
int main()
{
    BaseClass base_obj(1);
    DerivedClass derive_obj(2,3);
    BaseClass * base_p=&base_obj;
    cout<<"指针指向基类对象:"<<endl;
    base_p->Disp();
    base_p=&derive_obj;
    cout<<"指针指向派生类对象:"<<endl;
    base_p->Disp();
    return 0;
}
```

程序的运行结果：

```
指针指向基类对象:
x=1
```

指针指向派生类对象：
x＝2

从输出结果可以看出,当通过基类指针访问派生类对象时,调用的成员函数 Disp() 是继承自基类的成员而非派生类中重写的成员,与预期不符。我们希望当基类指针指向派生类对象时,调用的是派生类中的成员。C++ 提供了这样的机制,只要将基类的成员声明为虚函数,则通过基类指针访问派生类对象时,就可以调用派生类中重写的同名函数了。

7.3.1　虚成员函数

将成员函数声明为虚函数,只要在函数声明时在函数返回类型前加上关键字 virtual 即可。声明虚函数的格式如下：

```
virtual <类型> <函数名> (<参数表>);
```

【例 7.9】　虚成员函数的使用。

```cpp
#include <iostream>
using namespace std;
class  BaseClass                              //基类 BaseClass
{
    public:
        BaseClass(int a){X=a;}
        virtual void Disp()
        {
            cout<<"x="<<X<<endl;
        }
    private:
        int X;
};
class DerivedClass:public  BaseClass          //派生类 DerivedClass
{
    public:
        DerivedClass(int i,int j):BaseClass(i),Y(j){}
        void Disp()
        {
```

```
        BaseClass::Disp();                              //调用基类 Disp
        cout<<"y="<<Y<<endl;
    }
    private:
        int Y;
};
int main()
{
    BaseClass base_obj(1);
    DerivedClass derive_obj(2,3);
    BaseClass * base_p=&base_obj;
    cout<<"指针指向基类对象:"<<endl;
    base_p->Disp();
    base_p=&derive_obj;
    cout<<"指针指向派生类对象:"<<endl;
    base_p->Disp();
    return 0;
}
```

程序的运行结果:

```
指针指向基类对象:
x=1
指针指向派生类对象:
x=2
y=3
```

在程序中,同一条语句 base_p->Disp();执行了不同的程序代码。这是因为在基类中将 Disp()成员声明为虚函数,对该函数的联编是在运行阶段,即动态联编。当程序运行到不同的阶段时,由指针所指向的对象类型决定调用哪个成员函数,实现了运行时多态,使程序灵活性大大增强。

虚函数的使用要注意以下几个问题:

(1) 基类中的虚函数与派生类中重写的同名函数不但要求名字相同,而且返回值和参数(个数和对应参数的类型)也要相同。否则,编译系统会看做普通的函数重载,即使加上 virtual 关键字,也不会进行动态绑定。有一种情况例外,就是如果基类中的虚函数返回一个基类的指针或引用,派生类中的虚函数返回一个派生类的指针或引用,C++ 仍可以将其视为虚函数进行动态绑定。

（2）基类的虚函数在派生类中仍然是虚函数，并且可以通过派生一直将这个虚函数继承下去，不需要加关键字 virtual。

（3）虚函数的声明只能出现在类定义时的函数声明中。

（4）虚函数必须是类的成员函数，不能是友元函数，因为虚函数仅适用于有继承关系的类对象；不能是静态成员函数，如果基类定义了静态成员，则整个类继承层次中只能有一个这样的成员；不能是内联函数，因为内联函数的代码替换是在编译时完成的。

（5）只能通过指针或引用来操作虚函数实现多态，如果是通过对象名访问虚函数，则绑定仍然是在编译时完成，不能实现运行时多态。

设计派生类时，如果不是为了实现多态，最好避免与基类使用相同的成员名，否则会应用同名覆盖的原则。

7.3.2　虚析构函数

在C++中，不能声明虚构造函数，但是可以声明虚析构函数。如果派生类中存在动态内存分配，并且其内存释放工作是在析构函数中实现的，这时必须将析构函数声明为虚函数。

【例 7.10】　非虚析构函数。

```
#include <iostream>
using namespace std;
class  BaseClass                                    //基类 BaseClass
{
    public:
        BaseClass()
        {
            cout<<"调用基类构造函数"<<endl;
        }
        virtual void Disp() const
        {
            cout<<"输出基类成员"<<endl;
        }
        ~BaseClass()
        {
            cout<<"调用基类析构函数"<<endl;
        }
```

```
};
class DerivedClass:public BaseClass                    //派生类 DerivedClass
{
    public:
        DerivedClass()
        {
            cout<<"调用派生类构造函数"<<endl;
        }
        void Disp() const
        {
            cout<<"输出派生类成员"<<endl;
        }
        ~DerivedClass()
        {
            cout<<"调用派生类析构函数"<<endl;
        }
};
int main()
{
    BaseClass *base_p=new DerivedClass();
    base_p->Disp();
    delete base_p;
    return 0;
}
```

程序的运行结果：

```
调用基类构造函数
调用派生类构造函数
输出派生类成员
调用基类析构函数
```

在程序中,动态创建了派生类对象,并把它的地址赋给了基类指针。在创建派生类对象时,分别调用了基类和派生类的构造函数,但是当程序结束,通过基类指针释放它指向的派生类对象时,只调用了基类的析构函数,释放了基类部分,派生类的析构函数没有被调用。如果在派生类中新增添了需要动态内存分配的数据成员,那么当派生类对象被释放时,只调用基类析构函数,派生类的析构函数无法被自动调用,派生类的数据成员所占用的内存就没有被释放,这将造成内存泄露。

为了避免这种情况发生,应该将析构函数声明为虚析构函数。下面对例 7.10 进行改写。

【例 7.11】 虚析构函数。

```cpp
#include <iostream>
using namespace std;
class  BaseClass                                   //基类 BaseClass
{
    public:
        BaseClass()
        {
            cout<<"调用基类构造函数"<<endl;
        }
        virtual void Disp() const
        {
            cout<<"输出基类成员"<<endl;
        }
        virtual ~BaseClass()
        {
            cout<<"调用基类析构函数"<<endl;
        }
};
class DerivedClass:public BaseClass                //派生类 DerivedClass
{
    public:
        DerivedClass()
        {
            cout<<"调用派生类构造函数"<<endl;
        }
        void Disp() const
        {
            cout<<"输出派生类成员"<<endl;
        }
        ~DerivedClass()
        {
            cout<<"调用派生类析构函数"<<endl;
```

```
        }
};
int main()
{
    BaseClass * base_p=new DerivedClass();
    base_p->Disp();
    delete base_p;
    return 0;
}
```

程序的运行结果：

```
调用基类构造函数
调用派生类构造函数
输出派生类成员
调用派生类析构函数
调用基类析构函数
```

从运行结果可以看到，当把析构函数声明为虚函数后，通过基类指针释放其所指的派生类对象时是按照对派生类对象的释放顺序进行的，先调用派生类析构函数，释放派生类部分，再调用基类析构函数，释放基类部分，按照构造的逆序真正将派生类对象完全释放。

如果一个类的析构函数是虚函数，那么由它派生的所有派生类的析构函数也是虚函数，如果派生类继续派生，这个性质也将一直被继承。

一般情况下，即使处于继承最顶层的根基类的析构函数没有实际工作要做，也应该定义一个虚析构函数。像其他虚函数一样，析构函数的虚函数性质将被继承，派生类的析构函数也将是虚函数，无论派生类显式定义析构函数还是使用默认析构函数，派生类析构函数都是虚函数。

7.4　抽象类与纯虚函数

抽象类是一种特殊的类，是为了抽象的目的而建立的，它描述的是所有派生类的共性，而这些高度抽象、无法具体化的共性由纯虚函数来描述。含有纯虚函数的类被称为抽象类，一个抽象类至少含有一个纯虚函数。

7.4.1 纯虚函数

在设计基类时,经常遇到基类是一个比较抽象的概念,其成员函数往往不能被全部实现的情况。例如,在图形类中,由于尚不知其具体的形状,所以计算面积的函数难以实现。为了能够多态地使用该函数,在基类中还需要定义该函数,这时可以把它定义为纯虚函数。纯虚函数不需定义函数体,其值为 0。纯虚函数的定义形式为:

virtual <类型><函数名>(<参数表>)=0;

纯虚函数是一种特殊的虚函数,函数体由"＝0"来代替。它与空函数不同,空函数有函数体,函数体为空,由一对花括号括起来,含有空函数的类可以创建对象;而纯虚函数没有函数体,"＝0"本质上是将指向函数体的指针定义为 NULL。含有纯虚函数的类不能创建对象,纯虚函数为所有派生类提供一个公共接口。派生类中必须对纯虚函数进行重写,才能创建对象。

7.4.2 抽象类

含有纯虚函数的类是抽象类,抽象类不能创建对象,只能用作基类,其存在是为了实现运行时的多态。定义抽象类的目的是为了建立一个类的通用框架,用于引导建立一系列结构类似的完整的派生类,为整个类族提供统一的接口形式。

抽象类虽然不能创建对象,但是可以定义指针和引用。只是它们只能指向派生类对象,用来实现运行时多态。

【例 7.12】 抽象类的应用——图形类。

```cpp
#include <iostream>
using namespace std;
const double PI=3.14159;
class Shape                              //图形类-抽象类
{
    public:
        virtual double Area()=0;         //定义纯虚函数 Area
        virtual void Disp()=0;           //定义纯虚函数 Disp
};
class Circle:public Shape                //圆类-具体类
{
```

```cpp
public:
    Circle(double r){ R=r;}
    double Area(){ return PI * R * R;}
    void Disp(){cout<<"圆半径："<<R;}
private:
    double R;
};
class Square:public Shape                    //正方形类-具体类
{
    public:
        Square(double a){ A=a;}
        double Area(){ return A * A;}
        void Disp(){cout<<"正方形边长："<<A;}
    private:
        double A;
};
class Rectangle:public Shape                 //长方形类-具体类
{
    public:
        Rectangle(int a,int b){A=a;B=b;}
        double Area(){ return A * B;}
        void Disp(){cout<<"长方形长："<<A<<" 宽："<<B;}
    private:
        double A,B;
};
int main()
{
    Shape * p;
    Circle circle(1);
    Square square(2);
    Rectangle rectangle(3,4);
    p=&circle;
    p->Disp();
    cout<<"\t\t 面积是:"<<p->Area()<<endl;
    p=&square;
    p->Disp();
    cout<<"\t\t 面积是:"<<p->Area()<<endl;
```

```
p=&rectangle;
p->Disp();
cout<<"\t 面积是:"<<p->Area()<<endl;
return 0;
}
```

程序的运行结果：

```
圆半径:1              面积是:3.14159
正方形边长:2           面积是:4
长方形长:3 宽:4        面积是:12
```

在程序中，Shape 为抽象类，不能创建对象，但是可以定义指针。Area()和 Disp()为纯虚函数，为整个图形类族提供了统一的操作界面。在派生类 Circle、Square、Rectangle 中分别对这两个函数进行重写，实现具体图形面积的计算。派生类是具体类，可以创建对象。在运行的不同阶段基类指针指向了不同的派生类对象，因此同样的语句 p->Disp()、p->Area()执行了不同的代码，实现了运行时多态。

抽象类具有如下特点：

(1) 抽象类只能作为其他类的基类，不能实例化。

(2) 派生类如果不给出基类所有纯虚函数的实现，则派生类仍为抽象类；如果派生类给出了所有抽象基类的纯虚函数的具体实现，则派生类为具体类，可以创建对象。

(3) 可以定义抽象类指针和引用，但是必须使其指向派生类对象，目的是为了多态地使用它们。

7.5　应用实例——水果超市管理系统中虚函数的使用

多态是面向对象程序设计的关键技术之一，是支持面向对象的语言最主要的特性。水果超市管理系统采用面向对象的方法开发，运用函数重载实现了编译时多态，定义虚函数实现了运行时多态。本节主要介绍水果超市管理系统中虚函数的使用。

在 6.7 节中，用"水果"类 Fruit 派生出"正价水果"类 RegularFruit 和"特价水果"类 DiscountFruit，派生类继承了基类的成员，并且对基类的成员函数 DispFruit()进行了改写。如果通过基类指针或基类引用访问派生类对象的 DispFruit()函数，访问的仍然是从基类继承的 DispFruit()函数，为了能够访问到派生类重写的 DispFruit()函数，需要把 DispFruit()声明为虚函数。因为水果超市的水果不是正价就是特价，不存在基类"水果"

类的对象,所以把 DispFruit()函数声明为纯虚函数,"水果"类 Fruit 也就成为了抽象类,这样可以保证不会定义"水果"类的对象。虚函数 DispFruit()为整个类继承层次结构提供了统一的访问接口。

【例 7.13】 虚函数在水果超市管理系统中的运用。

```cpp
#include <iostream>
#include <string>
using namespace std;
class Fruit                                    //水果抽象类
{
    public:
        Fruit();                               //没有任何参数的构造函数
        Fruit(int num,string name,double price);   //有参数的构造函数
        int GetFruitNumber(){return fruitNumber;}  //得到水果编号
        string GetFruitName(){return fruitName;}   //得到水果名称
        double GetPrice(){return purchasePrice;}   //得到水果进价
        virtual void DispFruit();              //显示水果信息
    protected:
        int fruitNumber;                       //水果编号
        string fruitName;                      //水果名称
        double purchasePrice;                  //水果进价
};
Fruit::Fruit()                                 //没有任何参数的构造函数
{
    fruitNumber=0;
    fruitName=" ";
    purchasePrice=0;
}
Fruit::Fruit(int num,string name,double price)   //有参数的构造函数
{
    fruitNumber=num;
    fruitName=name;
    purchasePrice=price;
}
void Fruit::DispFruit()                        //虚函数,显示水果信息
{
    cout<<"水果编号:"<<fruitNumber<<", 名称:"<<fruitName<<endl;
```

```
}
class RegularFruit:public Fruit                          //正价水果,从 Fruit 类继承得来
{
    private:
        double regularPrice;                             //正常售价
    public:
        RegularFruit();                                  //没有参数的构造函数
        RegularFruit(int num,string name,double price,double salePrice);
                                                         //有参数的构造函数
        void DispFruit();                                //显示正价水果的信息
        double GetRegularPrice(){return regularPrice;}   //得到正常售价
};
RegularFruit::RegularFruit():Fruit()                     //没有参数的构造函数
{
    regularPrice=0;
}
RegularFruit::RegularFruit(int num,string name,double price,double salePrice):
Fruit(num,name,price)
                                                         //有参数的构造函数
{
    if (salePrice>price)                                 //判断售价是否大于进价
        regularPrice=salePrice;
    else
    {
        cout<<"正价水果的售价应该高于进价,否则应设为特价水果!"<<endl;
        return;
    }
}
void RegularFruit::DispFruit()                           //显示正价水果的信息
{
    cout<<"正价水果编号:"<<fruitNumber<<",名称:"<<fruitName<<",售价(单位:元):"
        <<regularPrice<<endl;
}
class DiscountFruit:public Fruit                         //特价水果,从 Fruit 类继承得来
{
    private:
        double originalPrice;
```

```
        double discountPrice;
    public:
        DiscountFruit();                        //没有参数的构造函数
        DiscountFruit(int num,string name,double price,double oldPrice,double
            discPrice );                        //有参数构造函数
        void DispFruit();                       //显示特价水果的信息
        double GetDiscountPrice(){return discountPrice;}    //得到特价信息
        double GetOriginalPrice(){return originalPrice;}    //得到正价信息
};
DiscountFruit::DiscountFruit():Fruit()          //没有参数的构造函数
{
    originalPrice=0;                            //水果原价
    discountPrice=0;                            //水果的折扣价
}
DiscountFruit::DiscountFruit(int num,string name,double price,double oldPrice,
double discPrice ):Fruit(num,name,price)        //有参数的构造函数
{
    originalPrice=oldPrice;
    discountPrice=discPrice;
}
void DiscountFruit::DispFruit()                 //显示特价水果的信息
{
    cout<<"特价水果编号:"<<fruitNumber<<",名称:"<<fruitName<<",原价(单位:元):"
        <<originalPrice <<",现价(单位:元):"<<discountPrice<<endl;
}
int main()
{
    Fruit * f;                                  //声明基类指针
    RegularFruit r(101,"国光苹果",1.5,2.0);
    f=&r;                                       //基类指针指向派生类对象 r
    f->DispFruit();                             //调用派生类对象 r 的 DispFruit()函数
    DiscountFruit d(201,"巨峰葡萄",1.8,2.5,2.0);
    f=&d;                                       //基类指针指向派生类对象 d
    f->DispFruit();                             //调用派生类对象 d 的 DispFruit()函数
    return 0;
}
```

程序的运行结果：

> 正价水果编号：101，名称：国光苹果，售价(单位：元)：2
> 特价水果编号：201，名称：巨峰葡萄，原价(单位：元)：2.5，现价(单位：元)：2

在主函数验证部分，声明了基类 Fruit 的指针 f，创建了两个派生类对象："正价水果"类对象 r 和"特价水果"类对象 d。在程序执行时，基类指针 f 指向不同的派生类对象，同一条语句 f->DispFruit()；将调用不同的 DispFruit() 函数，从而实现了运行时多态。

 ## 习题

一、填空题

1. 面向对象的多态可以分为_____、_____、_____和_____。
2. 运算符重载函数的两种主要方式是_____函数和_____函数。
3. 从实现的角度，可以把多态分为_____和_____。
4. 按照联编所进行的阶段不同，可分为_____联编和_____联编。这两种联编分别对应着多态的两种实现方式，编译时多态由_____实现，运行时多态由_____实现。
5. 含有_____的类称为抽象类。它不能定义_____，但可以定义_____和_____。
6. 声明虚函数的方法是在函数原型前加上关键字_____。
7. 在基类中将一个成员函数声明为虚函数后，在其派生类中只要_____相同、_____和_____完全一样就认为是虚函数，不必再加关键字_____。如有任何不同，则认为是_____，而不是虚函数。
8. 不能重载的运算符有_____、_____、_____、_____和_____五个。
9. 运算符重载为类的成员函数时，函数参数个数比原来的运算符个数_____，当重载为类的友元函数时，参数个数与原来运算符个数_____。

二、选择题

1. 下列关于运算符重载的描述正确的是_____。
   A. 运算符重载可以改变操作数的个数
   B. 可以创造新的运算符

C. 运算符可以重载为友元函数

D. 任意运算符都可以重载

2. 下列关于运算符重载的描述错误的是_____。

A. 运算符重载不改变优先级

B. 运算符重载后,原来运算符操作不可再用

C. 运算符重载不改变结合性

D. 运算符重载函数的参数个数与重载方式有关

3. 下列运算符中,不可以重载的是_____。

A. new   B. ++   C. [ ]   D. .*

4. 下列成员函数是纯虚函数的是_____。

A. virtual int fun() = 0   B. double fun();

C. virtual void fun() {}   D. virtual fun() = 0

5. 下列关于虚函数的描述错误的是_____。

A. 析构函数可以声明为虚函数

B. 虚函数具有继承性

C. 静态成员函数可以声明为虚函数

D. 虚函数是一个成员函数

6. 至少含有一个纯虚函数的类称是_____。

A. 友元类   B. 具体类   C. 抽象类   D. 虚基类

7. 不能创建对象的类是_____。

A. 组合类   B. 抽象类   C. 派生类   D. 虚基类

8. 下列关于抽象类的描述错误的是_____。

A. 抽象类可以定义指针和引用

B. 抽象类的派生类一定是具体类

C. 抽象类中至少应该有一个纯虚函数

D. 抽象类的派生类可以仍然是抽象类

9. 当基类的成员函数被声明为虚函数时,该函数_____。

A. 在派生类中始终是虚函数

B. 在派生类中只有用 virtual 声明时才是虚函数

C. 在派生类中必须重载

D. 不能被派生类的派生类继承

10. 下列函数中实现运行时多态的是_____。

    A. 重载函数   B. 静态函数   C. 虚函数   D. 内联函数

三、程序阅读题

1. 阅读下面的程序，分析程序的运行结果。

```cpp
#include <iostream>
using namespace std;
class A
{
    public:
        virtual void Fun(){cout<<"Virtual function Fun() in class A"<<endl;}
};
class B:public A
{
    public:
        void Fun(){cout<<"Virtual function Fun() in class B"<<endl;}
};
int main()
{
    A a, * pA=&a;
    B b, * pB=&b;
    a.Fun();
    b.Fun();
    pA->Fun();
    pB->Fun();
    pA=&b;
    pA->Fun();
    return 0;
}
```

2. 阅读下面的程序，分析程序的运行结果。

```cpp
#include <iostream>
using namespace std;
class A
{
    public:
```

```
        virtual void Fun()
        {
            cout<<"A::Fun() called.\n";
        }
};
class B:public A
{
    void Fun()
    {
        cout<<"B::Fun() called.\n";
    }
};
void FFun(A * pa)
{
    pa->Fun();
}
int main()
{
    A * pa=new A;
    FFun(pa);
    B * pb=new B;
    FFun(pb);
    return 0;
}
```

3. 阅读下面的程序，找出错误并改正。

```
#include <iostream>
using namespace std;
class A
{
    public:
        virtual void Fun()
        {
            cout<<"A::Fun() called.\n";
        }
};
```

```
class B:public A
{
    void Fun()
    {
        cout<<"B::Fun() called.\n";
    }
};
int main()
{
    A * pa=new A;
    B * pb=new B;
    pb->Fun();
    pa=pb;
    pa->Fun();
    return 0;
}
```

4. 阅读下面的程序,找出错误并改正。

```
#include <iostream>
using namespace std;
class A
{
    public:
        virtual void Print()=0;
};
class B:public A
{
    public:
        void Print()
        {
            cout<<"In B Print().\n";
        }
};
class C:public B
{
    public:
```

```
            void Print()
            {
                cout<<"In C Print().\n";
            }
};
void Fun(A * pa)
{
    pa->Print();
}
int main()
{
    A * pa;
    A a;
    B b;
    C c;
    pa=&b;
    Fun(pa);
    pa=&c;
    Fun(pa);
    return 0;
}
```

5. 阅读下面的程序,分析程序的运行结果。

```
#include <iostream>
using namespace std;
class A
{
    public:
        virtual void Print()=0;
};
class B:public A
{
    public:
        void Print()
        {
            cout<<"In B Print().\n";
```

```
        }
};
class C:public B
{
    public:
        void Print()
        {
            cout<<"In C print().\n";
        }
};
void Fun(A &pa)
{
    pa.Print();
}
int main()
{
    B b;
    C c;
    Fun(b);
    Fun(c);
    return 0;
}
```

四、问答题

1. 什么是多态？面向对象的多态可分为几种？从运行的角度可分为几种？分别是什么？

2. 运算符重载的方式有几种？分别是什么？运算符重载函数的参数个数如何确定？

3. 一般在什么时候应该将运算符重载为友元？哪些运算符必须重载为成员函数？

4. C++ 中如何区分自增自减运算符重载时的前缀和后缀？

5. C++ 中为什么要设置虚成员函数？

6. 运算符重载函数什么时候应该返回一个引用？

7. 如何声明虚函数？虚函数有何作用？

8. 多态性和虚函数有何关系？

9. 什么是纯虚函数？什么是抽象类？抽象类可否创建对象？

10. 构造函数能定义为虚函数吗？虚析构函数有什么作用？

五、编程题

1. 定义一个汽车类(Vehicle),作为基类派生出小汽车类(Car)、卡车类(Truck)、公共汽车类(Bus),定义这些类并至少定义一个虚函数来显示各类信息。

2. 定义一个教师类,由教师类派生出讲师类、副教授类、教授类。教师的工资分别由基本工资、课时费和津贴构成。假设讲师、副教授、教授的基本工资分别为 800 元、900元、1000 元,课时费分别为每小时 40 元、45 元、50 元,津贴分别为 1300 元、1800 元、2300元。定义一个纯虚函数来计算教师的工资,并通过主函数来进行验证。

3. 定义复数类,重载运算符＋、－和＝,实现复数和复数、复数和整数、复数和实数的运算。

4. 定义平面上的点类(Point),重载运算符＋、－、＝＝、！＝,实现平面上两点之间的加、减、相等、不相等运算。

第 8 章

泛型程序设计与模板

第 4.4 节例 4.8 介绍的由参数类型不同而实现的函数重载为函数的使用者提供了方便,对于一组功能相近的重载函数,使用者只需要记住一个函数名即可,而不需要记住一组函数名。但是对于函数的提供者来说,仍然需要逐一书写每一个函数,工作量没有任何的减少。泛型程序设计正是解决程序员重复书写相类似代码所造成任务繁重的问题。

模板是 C++ 语言中的一个重要特征,是实现参数多态的方法,是 C++ 实现泛型程序设计的重要机制。模板使程序在设计时可以快速建立具有类型安全的类库和函数的集合,方便大规模软件的开发。在面向对象程序设计中,函数中的参数类型设为一个可变参数称为函数模板,类中的成员类型设为一个可变参数称为类模板。由于模板得到了广泛的使用,标准模板库(STL)也正式成为标准 C++ 库的一部分,提供了各种常用的数据结构和算法。

学习目标:

(1) 了解 C++ 函数模板的基本使用方法;

(2) 了解 C++ 类模板的基本使用方法;

(3) 了解标准模板库 STL 的基本含义。

 8.1 泛型程序设计

由于多种数据类型的存在,程序设计过程中经常会遇到针对不同的数据类型要进行完全相同操作的情况。例如比较两个相同类型数据的大小、求某个数的绝对值等。C++ 中类的应用使得情况更加复杂,类型的数量迅速增加。同时人们观察到,许多类之间也存在相似性,如数组类、链表类等。

为了解决上述问题,C++ 提出了泛型程序设计。泛型程序设计可以独立于任何特定类型的方式编写程序代码,当使用泛型程序时只需要提供具体的函数参数类型或者类成员的数据类型即可。模板是C++泛型程序设计思想的具体体现。

模板采用的主要方法是将所定义的函数或者类中的成员类型作为参数定义,在使用时通过实参来决定真正的类型。这种方法也是一种多态方法,称为参数化多态。截至目前,模板仍然是C++语言中较新的一个重要的语法现象,泛型程序设计还在不断地完善和发展。

8.2 函数模板

考虑如下的情况:求两个数中较大值的函数,由于有两种数据类型需要处理,所以使用了重载,函数定义如下:

```
int Max(int a,int b)
{
    return a>b? a:b;
}
double Max(double a,double b)
{
    return a>b?a:b;
}
```

函数 Max()被重载用于求两个整数和两个双精度浮点数的最大值。上面两个重载的函数除了参数和返回值的类型不同外其余部分完全相同,所以存在着重复书写代码的情况。这样不仅会增加工作量,而且容易出现错误。

如果将上述函数中的类型参数化,也就是将 int 和 double 都使用参数 Type 来代替,可以得到如下的通用代码段:

```
Type Max(Type a,Type b)
{
    return a>b?a:b;
}
```

当需要使用函数求两个整数或两个双精度浮点数的最大值时,只要将通用代码段中的 Type 替换成 int 或者 double,就可以得到前面定义的重载函数。使用通用代码后,可以使用的参数类型不仅限于 int 和 double,可以是任意数值类型。

上述想法是C++中引入模板机制的主要动机。C++ 使用关键字 template 定义模板,其格式如下：

```
template <模板参数表>
函数定义
```

其中模板参数表中的内容为：

```
class 标识符 或 typename 标识符 (至少 1 个)
```

当上述参数表中同时包含多个参数时，各项之间用逗号间隔。

使用 class 关键字是早期 C++ 中的语法，由于在 C++ 中关键字 class 被用于类的定义，为了使语法更严格和清晰，标准 C++ 建议使用关键字 typename。上述参数化的函数称为函数模板。

需要注意的是函数模板并不是函数，只是一个函数的样板。只有在类型参数实例化后才会生成所要使用的函数。函数模板的使用和一般函数完全相同：

```
函数名 (实参表)
```

例如，对于上面定义的重载函数，可以使用下例函数模板解决：

【例 8.1】 函数模板的使用。

```cpp
#include <iostream>
using namespace std;
template <typename T>
T Max(T a,T b)
{
    return a>b?a:b;
}
```

主函数中利用如下方法使用函数模板：

```cpp
int main()
{
    int i1=5,i2=3,imax;
    double  d1=1.2,d2=3.1,dmax;
    imax=Max(i1,i2);
    dmax=Max(d1,d2);
```

```
    cout<<imax<<endl;
    cout<<dmax<<endl;
    return 0;
}
```

程序的运行结果：

```
5
3.1
```

编译器在编译上面的程序时，会从调用 Max() 函数时所给出的实参推导出函数模板的类型参数，并使用推导所得的类型代替函数模板中的类型 T。所以第一次调用 Max() 时，编译得到的函数为：

```
int Max(int a,int b)
{
    return a>b?a:b;
}
```

第二次调用 Max() 编译得到的函数为：

```
double Max(double a,double b)
{
    return a>b?a:b;
}
```

 ## 8.3　类模板

与使用函数模板的情况类似，使用类解决问题的时候，经常会遇到这样一些类：只有某些数据的类型不相同，而其余全部相同。如 C++ 中的数组没有越界检查功能，经常造成系统崩溃，而且这个漏洞也是很多计算机病毒攻击的位置。为了解决这个问题，可以自己定义一个类，实现数组的功能，但是却可以进行下标越界检查。数组元素的类型可以有很多种，使用常规的方法只能将写好的代码复制，修改对应的数据类型的位置。这样做不仅增加工作量，而且容易产生错误。C++ 使用类似函数模板的机制来解决这个问题，称为类模板。

8.3.1 类模板的定义

同函数模板一样,类模板也不是一个具体的类,而是类的一个样板。使用类模板可以生成类的类型,类模板实例化后得到一个模板类。模板类才是真正的类,可以使用它来定义对象,然后使用对象的成员函数。使用函数模板和类模板可以带来更大规模的代码共享,有利于提高程序的可复用性。

类模板的声明格式如下:

```
template <类模板参数>
类声明
```

其中模板参数表中的内容为:

```
typename <标识符>  或  class <标识符>
```

或

```
<类型表达式>  <标识符>
```

其中第一种情况下的<标识符>代表类声明所声明类中所参数化的类型名;第二种情况中的<标识符>则代表类声明所声明的类中所参数化的常量,<类型表达式>规定了常量的类型。当模板参数表中同时包含上述多个参数时,参数之间用逗号分隔。

与函数模板使用方式相同,类模板也是只有在使用的时候才具体化为具体的类类型。模板类使用对象时,按如下形式声明:

```
类模板名<模板参数表><对象名 1>,...,<对象名 n>;
```

例如有越界检查功能的数组可以定义如下:

```cpp
template <typename T>                    //array.h
class Array
{
    public:
        Array(int a);
        virtual ~Array();
        int GetSize()const;
```

```
        T& operator[](int);
    private:
        int size;
        T * element;
};
template <typename T>
Array <T>::Array(int s)
{
    size=s;
    element =new T[size];
}
template <typename T>
Array <T>::~ Array()
{
    delete [ ] element;
}
template <typename T>
int  Array <T>::GetSize()const
{
    return size;
}
template <typename T>
T &  Array <T>::operator[ ](int i)
{
    if ( i <0 || i>=size)
    {
        cout<<"下标越界"<<endl;
        exit(1);
    }
    return element[i];
}
```

上面的类模板声明了一个参数化的类型 T,这个类型被用在数据成员 element、重载运算符"[ ]"的声明中。

类模板的各个成员函数的实现语法与函数模板一致。由于这些函数是类模板的成员函数,该类模版的名字是 Array <T>,所以每个成员函数名前都加上 Array <T>。

使用类模板生成一个特定类时,需要指定参数 T 所代表的类型。例如,使用类型表达式 Array <int> 可以声明一个元素类型为 int 的数组类。

【例 8.2】 类模板的使用。

```cpp
#include <iostream>
#include "array.h"
using namespace std;
int main()
{
    Array <int> a(5);
    int i;
    cin>>i;
    a[i]=1;
    cout<<a[i];
    return 0;
}
```

程序的运行结果：

```
5
下标越界
```

程序运行时输入 5,则结果下标越界。

编译器遇到类型表达式 Array <int>时,通过将 T 替换成 int 生成所需要的类。

8.3.2 类模板用作函数的参数

类模板也可以作为函数模板的参数使用。

【例 8.3】 类模板作函数的参数。

```cpp
#include <iostream>
#include "array.h"
using namespace std;
template <typename T>
void F(Array <T>& t,int i)
{
    cout<<t[i]<<endl;
}
int main()
```

```
{
    Array <int>a(10);
    int  i;
    cin>>i;
    a[5]=i;
    F(a,5);
    return 0;
}
```

编译期间,编译器通过类型推导将 F(a,5)由函数模板生成如下模板函数:

```
void F( Array <int>& a ,int i);
```

8.3.3　类模板用作基类

考虑对前面的数组类进行改进,使得数组的下标由创建数组时的指定值开始而不是通常的由"0"开始。为了使定义数组不受类型的限制,应该将数组实现为类模板,通过继承的方法可以实现需要的类模板:

```
#include "array.h"                        //barray.h
template <typename T>
class bArray:public Array <T>
{
    public:
        bArray(int s,int b=0);
        T& operator[](int);
    private:
        int min;
};
template <typename T>
bArray <T>::bArray(int s,int b):Array <T>(s)
{
    min=b;
}
template <typename T>
T & bArray <T>::operator[ ](int i)
```

```
{
    return Array <T>::operator[ ](i -min);
}
```

Array <T>是 bArray <T>的基类,所以在 bArray <T>构造函数的初始化列表中使用了表达式 Array <T>(s)以调用基类的构造函数。同理在实现下标运算符重载时,为了调用基类的成员函数,使用了函数调用表达式:

```
Array <T>::operator[ ](i -min)
```

【例 8.4】 使用 bArray <T>模板。

```
#include <iostream>
#include "barray.h"
using namespace std;
int main( )
{
    bArray <int>a(20,1);
    int i=100;
    a[5]=i;
    cout<<a[5]<<endl;
    return 0;
}
```

程序的运行结果:

```
100
```

上面程序中,类型表达式 bArray <int>导致编译器从类模板生成模板类 bArray <int>,在生成这个模板时又产生了 Array <int>类数据结构。

 ## 8.4 STL

C++ 的标准模板库(Standard Template Library,STL)包含容器(Container)、算法(Algorithm)和迭代器(Iterator),其中容器包括链表、向量、队列、集合、映射等;算法模板包括排序、查找等各种算法;迭代器可以在不同容器上进行操作。在 STL 中体现了泛型化程序设计的思想,从而实现了软件的复用技术。

8.4.1 STL 简介

1994 年 7 月,STL 正式成为标准C++库的一部分。STL 中的容器是基于模板机制的,其中既包含线性容器也包含非线性容器。主要的容器有 vector(向量模板)、list(列表模板)、stack(栈模板)、queue(队列模板)、deque(双端队列模板)、map(映射模板)。

使用迭代器可以很方便地访问 STL 容器中的对象。STL 中的迭代器可以看成指针的推广,可以是普通的指针。迭代器有顺序访问和直接访问两种,分别对应顺序访问容器和直接访问容器。

STL 的算法是用函数模板实现的,可以使用算法通过迭代器实现对不同类型对象的通用操作。算法与容器之间是通过迭代器进行沟通的,算法面向迭代器,迭代器则面向容器。通过迭代器可以获得容器内部的数据对象,算法对这个由迭代器获得的对象进行操作。STL 中的算法主要有排序(sort,merge)、查找(find,search)、比较(equal)和统计(max,min)等。

8.4.2 容器

容器是一种面向对象的数据结构表示方法。C++ 中的数组就可以看成是一种C++内置的容器。C++ 提供了用户自己定义相关容器类的机制。

很多情况下,程序所处理的数据之间存在着各种联系。例如数组就是相同类型元素的集合,而且数组中的元素是有序的。现实世界中对象间的联系是普遍存在的。数据结构中元素之间的关系分为线性和非线性两大类。相应地,容器类也可以分为线性容器和非线性容器两大类。线性容器中元素是有序的,非线性容器中的元素是无序的。

下面以向量为例来对容器进行说明。

向量容器是标准模板库提供的容器类。向量既可以像数组一样对容器内部对象进行直接访问,也可以像链表一样对容器内部的对象进行顺序访问。同时向量具有动态特征,也就是说容器的大小可以动态增长。

前面已经讲过,容器是使用模板实现的,向量也不例外。向量模板中重要的成员函数模板有 begin()、end()、push_back()、operator()、erase()等。其中 begin()返回指向向量的第一个元素的迭代器,end()返回指向向量最后一个元素后位置的迭代器,push_back()是在向量尾部添加元素,operator[ ]()是按位置索引向量元素,而 erase()则是删除向量任意位置上的元素。

【例 8.5】 使用向量求斐波那契数列前 10 项。

```
#include <iostream>
#include <vector>
using namespace std;
int main()
{
    int i;
    vector <int>vec;                //指明类 vector 中的成员类型为 int
    vec.push_back(1);
    vec.push_back(1);
    for (i=2;i<10;i++)
        vec.push_back(vec[i-1]+vec[i-2]);
    for(i=0;i<10;i++)
        cout<<vec[i]<<'\t';
    return 0;
}
```

程序的运行结果：

1	1	2	3	5	8	13	21	34	55

由本例可以看出，向量容器类的使用和 C++ 内置数组类一样的方便，但是向量容器类比数组更安全，提供了更多的功能。

以上使用向量对标准库中的容器进行了简要介绍，进一步的学习请大家参考相关书籍。

8.4.3 迭代器

迭代器可以看成是指针的扩展，在很多方面与指针类似，也是用于指向容器中的元素。迭代器存有它所指定的特定容器的状态信息，也就是说迭代器对每种类型的容器都有一个实现。前面介绍过，STL 中有多种不同类型的容器，每种容器都有不同的特点。相应地，作用在不同容器上的迭代器也有不同的类型，不同类型的迭代器所支持的操作也不尽相同。但是有些操作却是通用的，例如，间接引用运算符"*"直接应用一个迭代器，这样就可以使用它所指向的元素；"++"运算符使得迭代器指向容器的下一个元素等。

迭代器为访问容器中的元素提供了除指针之外的一种替代方法。这就是前面介绍容器时提到过的成员函数 begin()和 end()，它们为迭代器访问容器中的元素提供了帮助。begin()函数返回一个指向容器中第一个元素的迭代器，end()函数返回一个指向容器中最后一个元素下一个位置(虚元素)的迭代器。从 end()函数中返回的迭代器只在相等或不等的比较中使用,用于判断遍历容器的迭代器是否到达了容器的末端。

迭代器将容器中的元素抽象为一个序列,为后面介绍的算法提供了一个容器的通用界面。所以迭代器是连接容器和算法的纽带,它们为数据提供了一种抽象的视图,使编制算法的人不必关心数据结构的具体细节。反过来说,由迭代器提供一个数据访问的标准模型,也缓解了要求容器提供一组更广泛操作的压力。

【例 8.6】　定义一个复数类,并使用向量容器演示了迭代器的使用方法。

```cpp
#include <iostream>
#include <vector>
#include <iterator>
using namespace std;
class Complex
{
    public:
        Complex(){rpart=0.0;ipart=0.0;}
        Complex(double d1,double d2){rpart=d1;ipart=d2;}
        double Getrpart(){return rpart;}
        double Getipart(){return ipart;}
        Complex operator+ ( const Complex &);
        Complex operator * ( const Complex &);
        Complex& operator=(const Complex &);
        void Display();
    private:
        double rpart;
        double ipart;
};
Complex Complex::operator+ (const Complex &c)
{
    return Complex(rpart+c.rpart,ipart+c.ipart);
}
Complex Complex::operator * (const Complex &c)
{
    return Complex (rpart * c.rpart - ipart * c.ipart, rpart * c.ipart + ipart * c.rpart);
}
Complex& Complex::operator=(const Complex &c){
```

```cpp
        if(this==&c)return * this;
        rpart=c.rpart;
        ipart=c.ipart;
        return * this;
}
void Complex::Display()
{
        cout<<"("<<rpart<<","<<ipart<<")";
}
int main()
{
        int i;
        vector <Complex>  compvec1,compvec2;
        vector <Complex>::iterator compItbegin,compItend;
        for(i=0;i<10;i++)
        {
                Complex * comp=newComplex(i * 1.0,i * 1.0);
                compvec1.push_back( * comp);
        }
        compItbegin=compvec1.begin();
        compItend=compvec1.end();
        compvec2.insert(compvec2.begin(),compvec1.begin(),compvec1.end());
        for(i=0;i<compvec2.size();i++)
        {
                if( i%5==0 )
                        cout<<endl;
                compvec2[i].Display();
        }
        cout<<endl;
        i=0;
        while (compItbegin!=compItend)
        {
                if (i%5==0)
                        cout<<endl;
                compItbegin->Display();
                compItbegin++;
                i++;
```

```
    }
    cout<<endl;
    return 0;
}
```

程序的运行结果:

```
(0,0)   (1,1)   (2,2)   (3,3)   (4,4)
(5,5)   (6,6)   (7,7)   (8,8)   (9,9)

(0,0)   (1,1)   (2,2)   (3,3)   (4,4)
(5,5)   (6,6)   (7,7)   (8,8)   (9,9)
```

8.4.4 算法

容器解决的是数据的存储问题也就是数据结构的问题,但是标准容器只定义了很少的基本操作,这些操作不可能满足用户的要求,所以需要标准库提供更多的操作。标准库并没有为每种容器类型都定义实现各种操作的成员函数,而是定义了一组算法。标准库中的算法也称为泛型算法,称为算法是因为它们实现共同的操作;称为泛型是因为它们可以操作在多种容器类型上,既包括内置类型也包括标准库中的容器类,还包括用户自定义的与标准库兼容的容器类型。

【例 8.7】 标准库中的集中排序和搜索算法。

```
#include <iostream>
#include <algorithm>
#include <vector>
#include <iterator>
using namespace std;
bool greater10(int valule);
int main()
{
    const int size=10;
    int a[size]={11,3,7,100,22,9,0,21,8,16};
    vector <int> v(a,a+size);
    ostream_iterator <int> output(cout," ");
    cout<<"vector v contains: ";
```

```
        copy(v.begin(),v.end(),output);
        vector <int>::iterator loc;
        loc=find(v.begin(),v.end(),16);
        if(loc!=v.end())
            cout<<"\n found 16 at location "<< (loc -v.begin());
        else
            cout<<"\n 16 not found ";
        loc=find(v.begin(),v.end(),100);
        if(loc!=v.end())
            cout<<"\n found 100 at location "<< (loc -v.begin());
        else
            cout<<"\n 100 not found ";
        loc=find_if(v.begin(),v.end(),greater10);
        if(loc!=v.end())
            cout<<"\n the first value greater than 10 is "<< * loc<<"\n found at
                location "<< (loc-v.begin());
        else
            cout<<"\n no values greater than 10 were found";
        sort(v.begin(),v.end());
        cout<<"\n vector v after sort:";
        copy(v.begin(),v.end(),output);
        if(binary_search(v.begin(),v.end(),13))
            cout<<"\n 13 was found in v";
        else
            cout<<"\n 13 was not found in v";
        if(binary_search(v.begin(),v.end(),100))
            cout<<"\n 100 was found in v";
        else
            cout<<"\n 100 was not found in v";
        cout<<endl;
        return 0;
}
bool greater10(int value){
return value>10;
}
```

程序的运行结果：

```
vector v contains: 11 3 7 100 22 9 0 21 8 16
found 16 at location 9
found 100 at location 3
the first value greater than 10 is 11
found at location 0
vector v after sort: 0 3 7 8 9 11 16 21 22 100
13 was not found in v
100 was found in v
```

习题

一、填空题

1. 模板的功能是可以用一个代码指定一组相关函数,称为_____,或是一组相关类,称为_____。

2. 在类模板的使用中,先将其实例化为_____,再将其实例化_____。

3. 所有函数模板的定义都是以关键字_____开始,该关键字之后是用_____括起来的形式参数表。

4. 函数模板既可以与_____重载,也可以与_____重载。

5. STL 主要包含_____、_____和_____三部分内容。

6. STL 的基本容器主要分为两类:_____和_____。

二、问答题

1. 简述函数模板和函数的关系。

2. 为什么要定义模板?使用模板有什么好处?

3. STL 由哪几部分组成?

4. STL 如何实现数据结构和算法的分离?

三、编程题

1. 将冒泡排序算法定义为函数模板,并进行测试。

2. 实现链表模板类并进行测试。

第 9 章

异 常 处 理

程序设计过程中必须要考虑到程序运行时可能产生的错误和逻辑错误,这样才能保证程序的正确、健壮和稳定。由于程序规模越来越大,逻辑越来越复杂,异常处理广受关注。本章主要对C++中的异常处理机制和标准库中的异常类进行详细介绍。

学习目标:

(1) 理解异常的概念及C++异常处理的基本方法;

(2) 了解构造和析构中的异常、继承中的异常以及标准库中的异常类等知识。

 ## 9.1 简介

在大型软件开发中,经常会产生错误的、不稳定的代码。软件设计和实现过程中,最大的开销是在测试、查找和修改各种错误上。

程序的错误可以分为编译错误和运行错误两种。编译错误即语法错误,比如使用了错误的语法、函数、结构和类而导致的语法错误,程序就无法生成运行代码。运行时发生的错误可以分为不可预料的逻辑错误和可以预料的运行异常。

逻辑错误是由于程序设计不当造成的,比如循环边界设置不当,导致循环不能完成所要求的任务。这类错误只有当用户做了某些特定的操作才会出现,平时这些错误是不可见的,所以很难查找。

运行异常是可以预料但是不能避免的,因为它是由系统运行环境造成的。如申请内存时内存空间不足;试图打开并不存在的文件;除数为 0;打印机未开等等。这些错误会使程序变得不稳定,然而这些错误是能够预料的,通常加入一些预防代码就可以防止这些错误问题的发生。

如下例即是处理除数为 0 异常:

```
#include <iostream>
```

```
using namespace std;
int main()
{
    int i,j;
    cin>>i>>j;
    if(j==0)
    {
        cout<<"divided by zero ";
        exit(1);
    }
    cout<<i/j<<endl;
    return 0;
}
```

上述方法是传统的处理程序错误的方法,但是这种方法容易导致程序的逻辑结构不清晰,因为程序中经常要处理各种异常情况,而且很多情况下调用函数的用户并不知道如何检查和处理各种异常。

为了解决上述问题,C++提出了异常的概念。异常处理机制是在传统技术不充分、不完美和容易出错的情况下,提供的一种替代技术。异常处理机制提供了一种方法,能明确地把错误代码从“正常”代码中分离出来,这将使程序的可读性增强。异常处理机制提供了一种更规范的错误处理风格,不但可以使异常处理的结构清晰,而且在一定程度上可以保证程序的健壮性。C++通过引入异常和异常类能够及时有效地处理程序中的执行问题,作为面向对象的语言,异常也是异常类的对象,是面向对象规范的一部分。在程序执行时遇到上述类似的异常程序代码,C++可以运用异常处理机制,输出警告信息,提示修改错误。

9.2 基本语法

C++中使用 try、throw 和 catch 三个语句实现异常处理。程序中的某个函数发现异常时使用 throw 语句将异常抛出,该异常被抛给函数的调用者,调用者用 catch 捕捉抛出的异常并进行相应的处理。当预测到某段程序有可能出现问题时,应该将该段程序放在 try 语句之后以使该段程序能够抛出异常。

异常处理的语法如下:

1) throw 表达式语法

```
throw <表达式>
```

2) try-catch 表达式语法

```
try
{
    受保护的程序段
}
catch(<异常类型声明>)
{
    异常处理
}
catch(<异常类型声明>)
{
    异常处理
}
...
```

其中,catch 括号中的异常类型与 throw 抛出的异常类型匹配。当某个异常发生后,catch 语句将按顺序执行,直到某个 catch 语句的异常类型与 throw 抛出的异常类型相匹配,然后执行 catch 后面的异常处理。这种处理方式与 switch 语句有几分相似。若 catch 括号中的异常类型为省略号,即 catch(...),则该 catch 可以捕捉所有的异常类型。由于 catch 语句按顺序执行,所以这样的语句应该放在所有其他 catch 语句的后面,否则该语句后的 catch 语句将没有执行的可能。

当某个异常被捕捉并被相应的程序段处理后,系统将继续执行捕捉函数的其余部分。产生异常的函数和捕捉异常的函数之间的所有被调用函数的信息将被从调用栈清除,也就是说系统将不会再执行这些函数。如果一个异常没有被任何一个调用函数捕捉,系统函数 terminate() 会被调用,该函数的默认功能是调用 abort() 函数终止程序的运行。

下面给出一个异常处理的过程:

```
void F()
{
    int i;
    float f;
    double d;
```

```
    ...
    try
    {
        throw i;
        throw f;
        throw d;
    }
    catch( int i0)
    {
        //处理语句
    }
    catch(float f0)
    {
        //处理语句
    }
    catch(double d0)
    {
        //处理语句
    }
    ...
}
```

上面代码抛出和捕获的都是基本数据类型的数据,实际编程中更普遍的是抛出和捕获相关异常类的对象。下面给出的两个例子用来说明异常处理的使用方法。

【例 9.1】　抛出异常和捕获异常在同一个函数中。

```
#include <iostream>
using namespace std;
int main()
{
    int age;
    char end='n';
    while( (end!='y')&&(end!='Y'))
    {
        try
        {
            cout<<"请输入一个年龄: ";
```

```
        cin>>age;
        if(age<=0) throw "年龄不能为负,输入错误";
        cout<<"输入的年龄是: "<<age<<endl;
    }
    catch( char * p)
    {
        cout<<p<<endl;
    }
    cout<<"输入完毕(y/n)?";
    cin>>end;
    }
    return 0;
}
```

程序的运行结果:

```
请输入一个年龄:4
输入的年龄是:4
输入完毕(y/n)?n
请输入一个年龄:-1
年龄不能为负,输入错误
输入完毕(y/n)?y
```

上面程序中,异常的抛出和捕捉都是在 main() 函数中。实际开发中,异常的发生和处理通常不在同一个函数中,这种方式使得底层函数可以专注于具体的问题,上层调用函数可以在适当的位置针对不同类型的异常进行处理,而不用考虑异常是如何产生的。这样的结构符合软件工程的思想,可以使程序的结构更清晰,逻辑性更强。

抛出异常和捕获异常在不同的函数中。

```
#include <iostream>
#include <string>
using namespace std;
class Student
{
    public:
        Student( string name,int age,unsigned long id,char sex);
    private:
```

```cpp
        string name;
        int age;
        unsigned long id;
        char sex;
};
Student::Student(string name,int age,unsigned long id, char sex)
{
    this->name=name;
    this->age=age;
    this->sex=sex;
    if((this->name).length ==0)throw "名字不能为空";
    if((this->age<10)||(this->age>40))throw age;
    if((this->sex!='M')&& (this->sex!='m')&& (this->sex!='F')&& (this->sex!=
        'f'))throw sex;
}
void Check()
{
    try
    {
        cout<<"测试第一个数据"<<endl;
        Student("zhang",11,1236547L,'m');
        cout<<"测试第二个数据"<<endl;
        Student("wang",9,1136547L,'f');
        cout<<"测试第三个数据"<<endl;
        Student("li",20,1235555L,'F');
        cout<<"测试第四个数据"<<endl;
        Student("",21,1238888L,'M');
    }
    catch(char)
    {
        cout<<"输入性别错误"<<endl;
    }
    catch(int)
    {
        cout<<"输入年龄不在合理范围之内"<<endl;
    }
    catch(string)
```

```
    {
        cout<<"名字不能为空"<<endl;
    }
}
int main()
{
    cout<<"开始检查前"<<endl;
    Check();
    cout<<"检查结束"<<endl;
    cout<<"回到 main 函数"<<endl;
    return 0;
}
```

程序的运行结果：

```
开始检查前
测试第一个数据
测试第二个数据
输入年龄不在合理范围之内
检查结束
回到 main()函数
```

　　该程序实现了一个 Student 类，并在构造函数中进行数据有效性检查，输入数据不符合要求函数会抛出异常。程序另外定义了一个 Check() 函数，在其中定义四个 Student 对象，并在其中进行异常的捕获和处理。该程序在进行第二个 Student 对象构造时抛出了整形数 age 的异常，并且由第二个 catch 语句 catch(int)捕获到该异常，给出了提示信息"输入年龄不在合理范围之内"，之后程序回到调用函数 main()中，输出"检查结束"和"回到 main()函数"的信息。由此可见程序在进行第二个 Student 对象构造时发生异常抛出了提示信息之后，try 语句块中的后续语句，也就是第三和第四个 Student 对象的构造和检查不再执行。

9.3　构造函数和析构函数的异常

　　前面介绍过，当异常发生时，系统沿着函数调用链相反的方向搜索对异常的处理程序。找到相应的处理程序后，控制被转移到异常处理程序中去，而不会回到异常发生的位置。

控制转移过程中,所有调用链上被跳过的函数的运行环境被删除。在这一过程中,如果要释放对象,同样要调用析构函数。

【例 9.2】 析构函数的异常。

```cpp
#include <iostream>
#include <string>
#include <exception>
using namespace std;
class Message
{
    public:
        Message( string s);
        ~Message();
    private:
        string mes;
};
Message::Message(string s)
{
    mes=s;
}
Message::~Message()
{
    cout<<"destructor :   "<<mes<<endl;
}
void A();
void B() throw (exception);
void C() throw (exception);
int main()
{
    A();
    return 0;
}

void A()
{
    Message mes1("run away from A()");
```

```
        try
        {
            B();
        }
        catch(exception& e)
        {
            cout<<"exception is caught : "<<e.what()<<endl;
        }
}
void B()throw(exception)
{
    Message mes2("run away from B()");
    C();
}
void C()throw (exception)
{
    Message mes3("run away from C()");
    cout<<"throw an exception "<<endl;
    throw exception("this is an execption");
}
```

该程序中,函数 C()引发了一个异常,该异常在 A()中被处理。所以,异常发生后,函数 C()和 B()的运行环境按调用链相反的顺序被删除,在它们的环境中建立的对象也一同被释放,通过调用析构函数来完成,释放的顺序为 mes3→mes2→mes1。

程序的运行结果:

```
throw an exception
destructor : run away from C()
destructor : run away from B()
exception is caught : this is an execption
destructor : run away from A()
```

在构造函数中也可能发生异常,但是由于构造函数没有执行完,所以对象并没有完全构造好。当这个没有完全构造好的对象被删除时,并不调用对象的析构函数,如下例。

【例 9.3】 构造函数的异常。

```
#include <iostream>
```

```cpp
#include <string>
#include <exception>
using namespace std;
class Message
{
    public:
        Message(string s)throw (exception );
        ~Message();
    private:
        string mes;
};
Message::Message(string s)throw(exception)
{
    mes=s;
    throw exception("exception in constructor ");
}
Message::~Message()
{
    cout<<"destructor : "<<mes<<endl;
}
void Fun() throw (exception);
int main()
{
    try
    {
        Fun();
    }
    catch(exception e)
    {
        cout<<"caught the exception "<<e.what()<<endl;
    }
    return 0;
}
void Fun() throw (exception)
{
    Message a("run away from Fun()");
}
```

程序的运行结果：

```
caught the exception exception in constructor
```

由输出可以看到,本例中对象 a 的析构函数没有执行。

 9.4 标准库中的异常类

C++ 标准库定义了一组异常类,用于报告在标准库中的函数遇到的问题。程序员在编写程序过程中可以使用这些标准异常类。标准库异常类定义在如下四个文件中。

exception：定义了最常见的异常类；

stdexecpt：定义了几种常见的异常类,如表 9-1 所示；

new：定义了 bad_alloc 异常类型；

type_info：定义了 bad_cast 异常类型。

表 9-1　stdexcept 中定义的标准异常类

异 常 类	描　　述
exception	常见问题
runtime_error	运行时错误
range_error	结果无意义
overflow_error	上溢
underflow_error	下溢
logic_error	逻辑错误
domain_error	结果值不存在
invalid_argument	非法参数
length_error	超过长度限制
out_of_range	超出有效范围

标准库中异常类之间的继承关系如图 9-1 所示。

标准异常类只提供很少的操作,包括创建、复制异常类型对象以及异常类型对象的赋值。exception、bad_alloc 以及 bad_cast 自定义了默认构造函数,无法在创建这些类型的对象时提供初值。其他的异常类型都只定义了一个有 string 参数的构造函数。对象创建者需要提供一个 string 类型的实参初始化对象,并通过该参数为所发生的错误提供更多

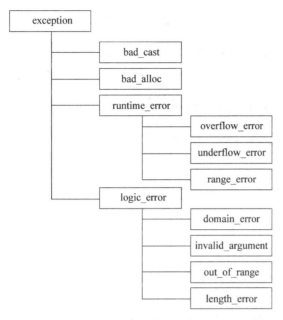

图 9-1 标准异常类之间的继承关系

的信息。

下面给出一个使用标准异常类的例子：

【例 9.4】 标准异常类。

```cpp
#include <iostream>
#include <exception>
using namespace std;
int main()
{
    try
    {
        range_error  Rerror("range_error");
        throw (Rerror);
    }
    catch(const exception & eError)
    {
        cout<<eError.what()<<endl;
    }
```

```
    try
    {
        length_error Lerror("length_error");
        throw (Lerror);
    }
    catch(const exception & eError)
    {
        cout<<eError.what()<<endl;
    }
    return 0;
}
```

程序的运行结果:

```
range_error
length_error
```

　　程序中需要处理的异常有很多种,各种不同的异常可以由公共基类派生出来。使用类的层次结构以后,如果一个 catch 处理器捕获到一个基类对象的指针或引用,它同样能够捕获该基类的共有派生类的所有对象的指针或引用,这样可以利用多态来处理相关的错误。

　　在该程序中 main() 方法第一个 try 语句块中创建了一个 range_error 类型的异常 Rerror 并将其抛出,由随后的 catch 语句块 catch(const exception & eError) 捕获输出相应的信息"range_error",同理第二个 try 语句块创建了一个 length_error 类型的异常 Lerror,同样由随后的 catch 语句块 catch(const exception & eError) 捕获并输出相应信息"length_error"。因为 exception 类为 range_error 和 length_error 的基类,所以 catch (const exception & eError) 语句块能捕获 range_error 和 length_error 类型的异常 Rerror 和 Lerror,并进行相应的处理。

　　使用异常继承能够使异常处理器使用简洁的符号来捕获相关错误,其中的一种方法是分别捕获异常派生类的各种指针或引用,但是更简洁的方法是捕获基类的指针或引用。并且,分别捕获派生类对象的各种指针和引用更容易产生错误,这种情况和讨论多态时所面临的情况是一样的。

习题

一、填空题

1. 异常处理机制中用到的关键字为_____、_____和_____。

2. try 语句块后可以紧跟_____条 catch 语句。

3. 捕获异常是根据抛出的表达式的_____进行检测的。

4. 语句_____可以捕获所有类型的异常。

二、问答题

1. 异常处理和传统的错误处理方法相比有何优点？

2. 简述C++异常处理的语法。

3. 标准库中有哪几种异常类。

三、编程题

1. 编写一个程序,在程序处理非法参数异常。

2. 编写一个程序实现复数类,在复数类的除法运算时进行除零异常处理,并进行测试。

第 10 章

案 例 实 训

前面章节针对C++编程的基础知识进行了全面详细的叙述,而本章则通过水果超市管理系统案例将面向对象程序设计的基础知识和方法进行综合运用,以便于提高编程的实践技能。

学习目标:

(1) 掌握系统分析的基本方法,学会梳理系统功能流程;

(2) 学会系统中类的抽象概括;

(3) 掌握C++的代码实现方法。

 ## 10.1　系统分析

10.1.1　背景知识简介

水果是人们生活的必需品,不同于其他食品,水果对新鲜程度的要求非常高,而小商贩及其他传统水果店越来越无法满足广大消费者对水果的新、奇、特以及优质的购物环境的需求。

近年,一种名为"水果超市"的专业店开始呈现在人们的面前,装修考究的店堂里陈列着近百种时令水果,着装统一的售货小姐微笑服务、条形码、POS机、详尽的计算机收据。作为一种新兴业态,水果超市给人们带来了不小的惊喜。

综合水果超市的特征可以概括为如下两点:

1. 特有的价格优势及丰富的品种

水果超市的出现对街头传统的水果店、小摊冲击很大,水果超市在拿货上具有独特的渠道优势。除了水果超市品种多,进货量大,使得进货价格有所降低之外,关键是其与水果散户从批发市场进货赚批零差价不同。一般水果流通从水果产地到百姓手中,至少要经过生产商—批发商—零售商这三个环节,所以去掉其中的一个环节可以使水果的价格降低很多。水果超市采用的主要是"从基地到门店"的直销服务模式,将批发和零售这两个环节合二为一,自己充当中间环节,直接面对终端消费者,降低了成本,而薄利多销的商业模式很受消费者欢迎。

2. 便利优越的购物环境

从水果超市的硬件环境来说,通常装修简洁、大方、干净,水果的分隔排列方式能够吸引消费者,水果标价牌上标明水果产地,配备标有水果店名称、联系方式的包装袋,工作人员的热情服务,都给消费者带来了良好的购物体验。

水果超市除了具有硬件环境上的优越条件外,还具有得天独厚的软件环境支持。水果超市配有水果超市管理系统,将超市的日常业务进行信息化管理,不但减轻了工作人员的工作量,同时也降低了计算和查询的错误率,提高了管理水平。消费者在干净整洁的超市内选购个人喜爱的优质水果,购物后使用收银机和电子秤结账,消费者不用担心缺斤少两,而且价格明码实价,计算准确,并打印详细的购物清单,给人公正诚信不欺骗的感觉,这使得消费者在便利、快捷的水果超市中享受着诚信、愉快的购物过程。

本章的水果超市管理系统提供了水果超市日常业务活动管理的基本功能和部分信息的查询功能,并将C++的主要知识贯穿在整个系统的实现中。

10.1.2　系统需求分析

随着超市中水果种类的不断增多,在纯手工管理模式下,超市的发展遭遇了管理瓶颈,本章介绍的水果超市管理系统,专为水果超市企业发展提供全面的帮助和支持,帮助水果超市提升工作效率、强化内部管理、为超市建立良好的外部关系,实现超市快速成长的目标。

作为一个实训案例,不可能将水果超市管理系统覆盖超市管理的方方面面。针对水果超市的主要业务,本案例将水果超市的特点概括如下:

(1) 产品追求新鲜度;

(2) 交易频繁,顾客需要快速成交;

（3）促销频繁，对促销功能要求高；

（4）品种众多，需要提高销售效率；

（5）散装商品居多，大量工作离不开称重、计算；

（6）业务频繁，管理者需要掌握及时的销售信息。

针对水果超市的上述特点需求可知，作为水果超市管理系统首先需要提供水果基本信息的管理，以便于工作人员及时了解各种水果的进价和售价信息。交易频繁的特点需要水果超市管理系统提供便利的购物选择功能，同时提供快速的结算服务，从而使顾客快速成交。水果产品追求新鲜度的特点决定了促销的频繁，因此系统需要对促销产品的销售进行管理。品种众多需要系统满足销售效率的需求，要求系统在顾客选购以及结算过程中提供方便的水果产品的选择和价钱计算的功能。同时，系统通过提供销售额以及销售利润的查询功能来满足管理者掌握即时的销售信息的需求。针对上述分析，水果超市管理系统的用例图如图 10-1 所示。

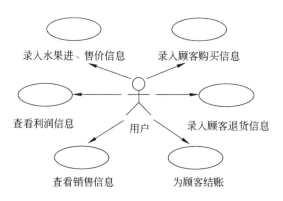

图 10-1　水果超市管理系统用例图

由图 10-1 可见，水果超市的工作人员首先为了完成日常水果销售工作，需要使用系统进行水果基本信息的录入，同时需要为顾客提供购货、退货以及结算服务；另外，系统还要为管理者提供即时的销售和获利信息的查询服务功能。

10.1.3　系统功能分析

针对系统需求分析的结果将水果超市管理系统的基本功能划分为三部分，分别是基础数据管理、日常业务管理和信息查询管理，如图 10-2 所示。

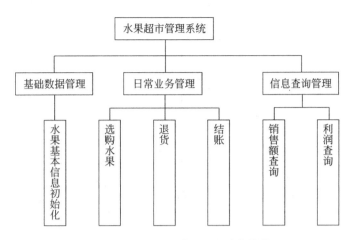

图 10-2　水果超市管理系统功能模块

基础数据管理部分完成水果基本信息的初始化,包括水果的编号、名称、进价和售价等信息的录入。本系统为了提供水果促销服务,将水果分成两类,一类是正价水果,另一类是促销活动中的特价水果。在水果基本信息初始化模块中完成超市所有水果基本信息的录入,这些数据将为日后的日常销售功能和信息查询功能提供所需的基础信息。

日常业务管理部分包括选购水果、退货和结账三个功能模块,系统模拟顾客在超市的购物过程。顾客进入超市后系统将为其自动生成一个空的购物车,当顾客选到要买的水果后,系统将在选购水果功能模块将其所选的水果编号、名称和数量信息加入到顾客的购物车中;若顾客对其选的某种水果不满意时可用退货模块,将购物车中的该商品删掉。当顾客完成水果的选购之后,系统进入结账功能模块,根据顾客购物车中的水果名称、数量和基础数据部分录入的水果售价计算出顾客应付的金额。顾客付完钱后系统将清空购物车,同时系统内部会将这笔水果销售的金额累加到销售总额中,并根据水果的进价计算出利润,也累加到利润总额中,为后面的信息查询模块提供数据。

系统提供的销售总额和利润总额的查询功能方便业主及时掌握超市的经营状况。

系统操作流程如图 10-3 所示。

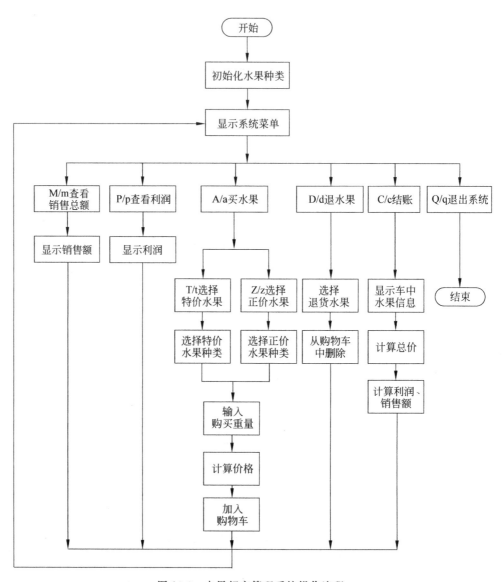

图 10-3　水果超市管理系统操作流程

10.2 系统设计

10.2.1 水果种类设计

由图 10-3 的系统流程图可知,在系统开始正常进行购物结算之前需要先初始化水果种类,也就是在图 10-2 功能模块图中的基础数据管理部分的水果基本信息初始化功能。因为该系统需要提供正价水果和促销中的特价水果销售,依据面向对象的思维方式,首先需要设立一个基类——"水果",然后再由其派生出"正价水果"和"特价水果"两个类。在"水果"基类中需要包含"正价水果"和"特价水果"共同拥有的信息,所以"水果"基类应该包括水果编号、水果名称和进价三个数据成员。设立水果编号的目的是便于购物时在系统中选择水果种类,根据顾客的选择,在系统中只需要输入水果编号即可,这将大大减少售货员的工作量,同时满足超市交易频繁的需求。因为本系统需要提供利润信息的查询功能,所以进行每笔交易时都需要根据其售价和进价的差额计算出相应的利润。由于特价水果需要有"原价"和"折扣价"两种售价,所以不能将售价包含到"水果"基类中,而需要在"正价水果"和"特价水果"类中分别记录。在基类"水果"中只需记录进价即可,在"正价水果"类中只需要设置"正常售价"一个数据成员,而在"特价水果"类中则需要设置"原价"和"折扣价"两个数据成员。又由于面向对象程序所具有的封装性的特点,需要将各类中的数据成员的属性权限设为"私有"或"保护"类型,因此要想获得各对象的相应数据成员信息需要设立相应的成员函数,返回各数据成员的值,即系统中各类的方法。

"正价水果"类或"特价水果"类的每一个对象只能记录一种水果的基本信息,而在水果基本信息初始化功能模块需要记录所有水果的信息,因此,需要设计水果数组来保存各类水果的编号、名称、进价和售价等信息。因为本系统提供对"正价水果"和"特价水果"两种水果销售的管理,依据这一思想需要设立两个水果数组。为了便于管理,本系统设计一个"水果种类"类,由其记录所有水果的信息,在"水果种类"类中设立两个数组分别记录正价水果和特价水果信息,将其命名为"正价水果种类"数据成员和"特价水果种类"数据成员;因为数组只能预先定义其大小,而数组中实际存储的水果种类数却不固定,因此需要设立专门记录正价、特价水果种类数的变量,也就是"正价水果种类数"和"特价水果种类数"两个数据成员。该类中除了必要的数据成员信息外,还需要设置相应的增加水果种类的操作,也就是将某种水果信息添加到相应的水果数组中;并且由于该类中包含正、特价水果信息的录入,因此其显示和得到相应的成员信息要分别进行正价和特价水果的两种操作,所以该类中的成员函数相对较多。

10.2.2　购物过程设计

当顾客进入水果超市购物时,系统自动生成一个空的购物车,购物车由各个购物项组成,购物项将记录顾客购买某种水果的信息,而购物车则记录顾客购买的所有水果信息。本系统需要设立一个"购物项"类,用于记录顾客购买的某一种水果的种类、数量以及价格的信息,因此在该类中设有"购买的水果""购买的质量"和"购买的价格"三个数据成员。"购物车"类的设计思想与前面的"水果种类"类的设计思想类似,用一个"购物项"数组保存顾客购买的所有水果信息,用一个数值变量来记录购买的水果种类数,因此"购物车"类具有两个数据成员,分别为"购物车中所有水果信息"和"所买水果种类数"。购物车的操作方法除了具有添加、删除和显示购物信息外,另外一个重要操作就是结算,根据购物车中的信息计算出总的消费金额。

10.2.3　系统类图

该系统所有类的属性和操作方法如图 10-4 所示,由该图可见"正价水果"类和"特价水果"类由"水果"类继承而来,而"水果种类"类是由多个水果对象组合而成,"购物项"中记录的是一种水果的信息,所以其与"水果"类的关系为关联关系,即"购物项"类的成员函数的参数为"水果"类。同理"购物车"由多个"购物项"对象组合而成,因此它们的关系为组合关系。

 ## 10.3　系统实现

依据上节系统设计的结果,本节进行系统的实现,也就是程序代码的编写。首先根据图 10-4 编写各类的程序代码,图中各类类名、数据成员和成员函数名后面的英文即为程序中相对应的类、数据成员和成员函数的名称。

10.3.1　"水果"类

"水果"类的数据成员在程序中的名称、含义以及数据类型如表 10-1 所示,成员函数的程序名称、含义以及返回类型如表 10-2 所示。

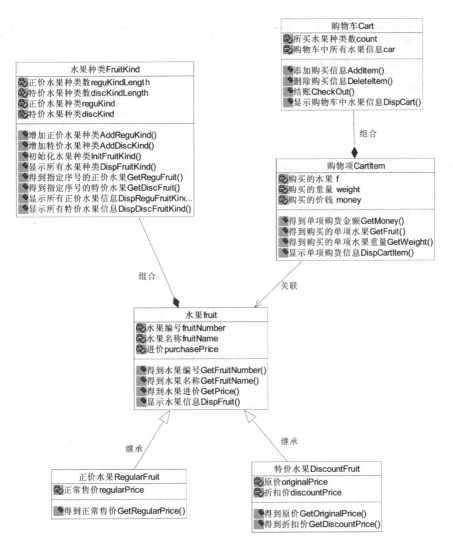

图 10-4　水果超市管理系统类图

表 10-1　"水果"类的数据成员明细

名　称	含　义	类　型
fruitNumber	水果编号	int
fruitName	水果名称	string
purchasePrice	水果进价	double

表 10-2 "水果"类的成员函数明细

名　　称	含　　义	返回类型	有无参数	备　　注
GetFruitNumber()	得到水果编号	int	无	
GetFruitName()	得到水果名称	string	无	
GetPrice()	得到水果进价	double	无	
DispFruit()	显示水果信息	void	无	虚函数

依据表 10-1 和表 10-2 的内容以及成员函数的含义,"水果"类的具体实现代码如例 10.1。

【例 10.1】 "水果"类的具体实现。

```cpp
class Fruit                                    //水果抽象类
{
    public:
        Fruit();                               //没有任何参数的构造函数
        Fruit(int num,string name,double price);   //有参数的构造函数
        int GetFruitNumber(){return fruitNumber;}  //得到水果编号
        string GetFruitName(){return fruitName;}   //得到水果名称
        double GetPrice(){return purchasePrice;}   //得到水果进价
        virtual void DispFruit();              //显示水果信息
    protected:
        int fruitNumber;                       //水果编号
        string fruitName;                      //水果名称
        double purchasePrice;                  //水果进价
};
Fruit::Fruit()                                 //没有任何参数的构造函数
{
    fruitNumber=0;
    fruitName=" ";
    purchasePrice=0;
}
Fruit::Fruit(int num,string name,double price)  //有参数的构造函数
{
    fruitNumber=num;
    fruitName=name;
    purchasePrice=price;
```

```
}
void Fruit::DispFruit()                                    //虚函数,显示水果信息
{
    cout<<"水果编号:"<<fruitNumber<<",名称:"<<fruitName;
}
```

在该程序中,类的所有数据成员都定义为 protected,这是因为"水果"类将作为基类被"正价水果"类和"特价水果"类公有继承,而在这两个子类中要经常访问水果编号、水果名称以及水果进价这三个数据成员,如果我们在水果基类中将其定义为私有访问权限的话,则在子类中将不可见,在公有继承方式下,基类的 public 和 protected 成员在子类中可直接使用。继承过来(变成子类相应的 public 和 protected 成员)只有 public 成员在派生类外可以直接使用,出于程序封装性的考虑,这里将基类中的属性定义为 protected。

需要注意的是,该类中显示水果信息的操作方法为虚函数,这是因为由"水果"类派生了"正价水果"和"特价水果"两个类,而在为顾客打印购物小票时需要区分是正价还是特价水果,7.3 节介绍的虚函数多态性的特点正好为实现该功能提供了技术支持。除了表 10-2 中所列出的"水果"类的操作(成员函数)之外,通常每个类有两个构造函数,其中的一个是不含有任何参数的构造函数,其功能是为类中的各数据成员赋予默认值,通常数值型成员赋予零,字符串型成员赋为空字符串;另一个为带有参数的构造函数,其任务是将参数值赋给相应的成员。

10.3.2　"正价水果"类

"正价水果"类是"水果"类的公有派生类,其除了具有"水果"类的数据成员和成员函数外,其新增的数据成员在程序中的名称、含义以及数据类型如表 10-3 所示,成员函数的程序名称、含义以及返回类型如表 10-4 所示。

表 10-3　"正价水果"类的数据成员明细

名　　称	含　　义	类　　型
regularPrice	正常售价	double

表 10-4　"正价水果"类的成员函数明细

名　　称	含　　义	返回类型	有无参数	备　　注
GetRegularPrice()	得到正常售价	double	无	
DispFruit()	显示正价水果信息	void	无	重写"水果"类的 DispFruit()虚函数

依据表 10-3 和表 10-4 的内容以及成员函数的含义,"正价水果"类的具体实现代码如例 10.2。

【例 10.2】 "正价水果"类的具体实现。

```
class RegularFruit:public Fruit            //"正价水果"类,从 Fruit 类继承得来
{
    private:
        double regularPrice;               //正常售价
    public:
        RegularFruit();                    //没有参数的构造函数
        RegularFruit(int num,string name,double price,double salePrice);
                                           //有参数的构造函数
        void DispFruit();                  //显示正价水果的信息
        double GetRegularPrice(){return regularPrice;}    //得到正常售价
};
RegularFruit::RegularFruit():Fruit()       //没有参数的构造函数
{
    regularPrice=0;
}
RegularFruit::RegularFruit(int num,string name,double price,double salePrice):
Fruit(num,name,price)
                                           //有参数的构造函数
{
    if (salePrice>price)                   //判断售价是否大于进价
        regularPrice=salePrice;
    else
    {
        cout<<"正价水果的售价应该高于进价,否则应设为特价水果!";
        return;
    }
}
void RegularFruit::DispFruit()             //显示正价水果的信息
{
    cout<<"正价水果编号:"<<fruitNumber<<",名称:"<<fruitName<<",售价(单位:元):
    "<<regularPrice;
}
```

10.3.3 "特价水果"类

"特价水果"类是"水果"类的公有派生类,其除了具有"水果"类的数据成员和成员函数外,其新增的数据成员在程序中的名称、含义以及数据类型如表 10-5 所示,成员函数的名称、含义以及返回类型如表 10-6 所示。

表 10-5 "特价水果"类的属性明细

名　称	含　义	类　型
regularPrice	原来正常售价	double
discountPrice	折扣价	double

表 10-6 "特价水果"类的操作方法明细

名　称	含　义	返回类型	有无参数	备　注
GetRegularPrice()	得到正常售价	double	无	
GetDiscountPrice()	得到折扣价	double	无	
DispFruit()	显示特价水果信息	void	无	重写"水果"类的 DispFruit()虚函数

"特价水果"类中保留原来正常售价的目的,是为了让顾客一目了然知道特价水果的折扣信息,在初始化水果信息的时候系统会自动限制折扣价必须低于原来的正常售价,目的是保证特价水果的折扣价名副其实,避免虚假折扣。

依据表 10-5 和表 10-6 的内容以及成员函数的含义,"特价水果"类的具体实现代码如例 10.3。

【例 10.3】 "特价水果"类的具体实现。

```cpp
class DiscountFruit:public Fruit          //"特价水果"类,从 Fruit 类继承得来
{
    private:
        double originalPrice;
        double discountPrice;
    public:
        DiscountFruit();                  //没有参数的构造函数
        DiscountFruit(int num,string name,double price,double oldPrice,double
            discPrice );                  //有参数构造函数
        void DispFruit();                 //显示特价水果的信息
```

```
            double GetDiscountPrice(){return discountPrice;}    //得到特价信息
            double GetOriginalPrice(){return originalPrice;}    //得到正价信息
};
DiscountFruit::DiscountFruit():Fruit()                          //没有参数的构造函数
{
    originalPrice=0;                                           //水果原价
    discountPrice=0;                                           //水果的折扣价
}
DiscountFruit::DiscountFruit(int num,string name,double price,double oldPrice,
    double discPrice ):Fruit(num,name,price)                    //有参数的构造函数
{
    originalPrice=oldPrice;
    discountPrice=discPrice;
}
void DiscountFruit::DispFruit()                                 //显示特价水果的信息
{
    cout<<"特价水果编号:"<<fruitNumber<<",名称:"<<fruitName<<",售价(单位:元):
    "<<discountPrice;
}
```

10.3.4 "水果种类"类

"水果种类"类是由正价水果数组和特价水果数组组合而成的,其包含的数据成员在程序中的名称、含义以及数据类型如表 10-7 所示,成员函数名称、含义以及返回类型如表 10-8 所示。

表 10-7 "水果种类"类的数据成员明细

名　　称	含　　义	类　　型
reguKind[]	保存各种正价水果种类信息	RegularFruit
discKind[]	保存各种特价水果种类信息	DiscountFruit
reguKindLength	正价水果种类数	int
discKindLength	特价水果种类数	int

表 10-8 "水果种类"类的成员函数明细

名　称	含　义	返回类型	有无参数
AddReguKind()	增加正价水果种类	void	有
AddDiscKind()	增加特价水果种类	void	有
InitFruitKind()	初始化水果种类列表	void	无
GetReguFruit()	返回指定序号的正价水果信息	RegularFruit	有
GetDiscFruit()	返回指定序号的特价水果信息	DiscountFruit	有
DispFruitKind()	显示超市所有水果种类列表	void	无
DispReguFruitKind()	显示正价水果列表	void	无
DispDiscFruitKind()	显示特价水果列表	void	无

reguKind[]和 discKind[]为两个数组,用于保存正、特价水果信息,它们的数组空间设为 100,也就是对于一个水果超市来说该系统最多可提供 100 种正、特价水果信息的保存。reguKindLength 和 discKindLength 用于保留该系统中已经存储的正、特价水果的各自种类数。

该类的成员函数中,InitFruitKind()是录入超市所有的水果种类信息,通过调用 AddReguKind()函数将一种正价水果信息加入到 reguKind[]数组中,AddReguKind()函数将键盘输入的正价水果的编号、名称、进价以及正常售价信息通过参数记录到 reguKind[]中,AddReguKind()所需要传递的参数与 RegularFruit 类带参数的构造函数的参数一一对应。InitFruitKind()通过调用 AddDiscKind()函数将一种特价水果信息加入到 discKind[]数组中,AddDiscKind()函数将键盘输入的特价水果的编号、名称、进价、正常售价以及折扣价信息通过参数记录到 discKind[]中,AddDiscKind()所需要传递的参数与 DiscountFruit 类带参数的构造函数的参数一一对应。

GetReguFruit()和 GetDiscFruit()均包含一个整数型参数,该参数为 reguKind[]和 discKind[]中的指定序号,这两个函数的功能是返回指定序号的正、特价水果信息。

DispFruitKind()函数的功能是在顾客选择水果时向顾客显示所有水果信息,因为该系统分为正价和特价水果两种,并且两种水果的信息有较大区别,因此 DispFruitKind()函数通过调用 DispReguFruitKind()显示某种正价水果的信息,通过调用 DispDiscFruitKind()显示某种特价水果的信息。

因为"水果种类"类需要通过调用 InitFruitKind()函数来录入水果种类信息,因此该类只有一个不带任何参数的构造函数。

依据表 10-7 和表 10-8 的内容以及成员函数的含义,"水果种类"类的具体实现代码如例 10.4。

【例 10.4】 "水果种类"类的具体实现。

```cpp
class FruitKind                                        //水果种类
{
    public:
        FruitKind();
        void AddDiscKind(int num,string name,double inPrice,double oldPrice,
            double outPrice);                          //增加特价水果种类
        void AddReguKind(int num,string name,double inPrice,double outPrice);
                                                       //增加正价水果种类
        void InitFruitKind();                          //初始化水果种类列表
        void DispFruitKind();                          //显示超市所有水果种类列表
        DiscountFruit GetDiscFruit(int num);           //返回第 num 种水果
        RegularFruit GetReguFruit(int num);            //返回第 num 种水果
        void DispReguFruitKind();                      //显示正价水果信息
        void DispDiscFruitKind();                      //显示特价水果信息
    private:
        DiscountFruit discKind[100];                   //保存特价水果种类
        RegularFruit  reguKind[100];                   //保存正价水果种类
        int discKindLength;                            //保存特价水果种类数
        int reguKindLength;                            //保存正价水果种类数
};
FruitKind::FruitKind()
{
    discKindLength=0;
    reguKindLength=0;
}
DiscountFruit FruitKind::GetDiscFruit(int num)
{
    for(int i=1;i<=discKindLength;i++)
    {
        if (discKind[i-1].GetFruitNumber()==num)
            return discKind[i-1];
    }
}
RegularFruit FruitKind::GetReguFruit(int num)
{
```

```
    for(int i=1;i<=reguKindLength;i++)
    {
        if (reguKind[i-1].GetFruitNumber()==num)
            return reguKind[i-1];
    }
}
void FruitKind::InitFruitKind()                    //初始化水果总类列表
{
    cout<<"请先初始化水果种类,首先请输入正价水果的种类"<<endl;
    cout<<"请输入要添加正价水果种类的数量:";
    int kindNumber;
    cin>>kindNumber;
    string name;
    double inPrice;
    double oldPrice;
    double outPrice;
    for(int i=1;i<=kindNumber;i++)
    {
        cout<<"请输入第"<<i<<"种正价水果的名称:";
        cin>>name;
        cout<<"请输入第"<<i<<"种正价水果的进价(单位:元):";
        cin>>inPrice;
        cout<<"请输入第"<<i<<"种正价水果的售价(单位:元):";
        cin>>outPrice;
        AddReguKind(i,name,inPrice,outPrice);
    }
    cout<<"正价水果种类已录入完毕,请输入特价水果种类:"<<endl;
    cout<<"请输入要添加特价水果种类的数量:";
    cin>>kindNumber;
    for(i=1;i<=kindNumber;i++)
    {
        cout<<"请输入第"<<i<<"种特价水果的名称:";
        cin>>name;
        cout<<"请输入第"<<i<<"种特价水果的进价(单位:元):";
        cin>>inPrice;
    do
    {
```

```
        cout<<"请输入第"<<i<<"种特价水果的原售价(单位:元):";
        cin>>oldPrice;
        cout <<"请输入第"<<i<<"种特价水果折扣价,要求折扣价低于原价,否则重新输入(单
            位:元):";
        cin>>outPrice;
    }while(oldPrice<outPrice);
    AddDiscKind(i,name,inPrice,oldPrice,outPrice);
  }
}
void FruitKind::AddReguKind(int num,string name,double inPrice,double
    outPrice)                                    //增加正价水果种类
{
    reguKind[reguKindLength]=RegularFruit(num, name,inPrice, outPrice);
    reguKindLength++;
}
void FruitKind::AddDiscKind(int num,string name,double inPrice,double oldPrice,
double outPrice)                                 //增加特价水果种类
{
    discKind[discKindLength]=DiscountFruit(num,name,inPrice,oldPrice,outPrice);
    discKindLength++;
}
void FruitKind::DispReguFruitKind()              //显示正价水果信息
{
    cout<<"正价水果有:"<<endl;
    for(int i=0;i<reguKindLength;i++)
    {
        cout <<"水果编号:"<<reguKind[i].GetFruitNumber()<<", 水果名称:"<<
            reguKind[i].GetFruitName()<<",售价(单位:元):"<<reguKind[i].
            GetRegularPrice()<<endl;
    }
}
void FruitKind::DispDiscFruitKind()              //显示特价水果信息
{
    cout<<"特价水果有:"<<endl;
    for(int i=0;i<discKindLength;i++)
    {
```

```
            cout<<"水果编号:"<<discKind[i].GetFruitNumber()<<", 水果名称:"<<
                discKind[i].GetFruitName()<<", 正常售价(单位:元):"<<discKind[i].
                GetOriginalPrice()<<",折扣价(单位:元):"<<discKind[i].
                GetDiscountPrice()<<endl;
        }
}
void FruitKind::DispFruitKind()                          //显示超市所有水果种类列表
{
    DispReguFruitKind();
    DispDiscFruitKind();
}
```

10.3.5　"购物项"类

"购物项"类的数据成员在程序中的名称、含义以及数据类型如表 10-9 所示,成员函数在程序中的名称、含义以及返回类型如表 10-10 所示。

表 10-9　"购物项"类的数据成员明细

名　称	含　义	类　型
f	选购的水果种类信息	Fruit *
weight	购买的质量	double
money	所需花费的价钱	double

表 10-10　"购物项"类的成员函数明细

名　称	含　义	返回类型	有无参数
DispCartItem()	显示单项购货信息:名称,质量,金额等	void	无
GetMoney()	返回单项购货金额	double	无
GetFruit()	返回单项购买水果种类	Fruit *	无
GetWeight()	返回单项购买的质量	double	无

在 6.6 节介绍的派生类和基类之间类型转换的知识中,提到了用派生类对象的地址或派生类指针初始化基类指针的方法和作用,在"购物项"类中的 f 成员即是"水果"基类指针,基类指针指向派生类对象。在"水果"类中定义的虚函数 DispFruit(),在"正价水果"类和"特价水果"类中都将 DispFruit()函数进行了重写,在这里就可以根据"水果"基

类指针 f 具体指向的是"正价水果"还是"特价水果",从而决定是调用"正价水果"的 DispFruit() 函数还是"特价水果"的 DispFruit() 函数。

在该类的成员函数中,GetFruit() 函数返回类型为"水果"类指针,这是因为表 10-9 中的第一个成员是"水果"类指针。注意该类的带有参数的构造函数的形参与表 10-9 中的数据成员的类型一致,调用该构造函数的第一个实参是"正价水果"或"特价水果"对象的地址。

依据表 10-9 和表 10-10 的内容以及成员函数的含义,"购物项"类的具体实现代码如例 10.5。

【例 10.5】 "购物项"类的具体实现。

```cpp
class CartItem                                    //"购物项"类(购买水果单项信息)
{
    private:
        Fruit * f;                                //水果基本信息
        double weight;                            //购买的质量
        double money;                             //价钱
    public:
        CartItem(){};                             //不含任何参数的构造函数
        CartItem(Fruit * pf,double w,double m);   //单项购货清单的构造函数
        void DispCartItem();                      //显示单项购货信息:名称,质量,金额等
        double GetMoney(){return money;}          //返回单项金额
        Fruit * GetFruit(){return f;}             //返回购买水果种类
        double GetWeight(){return weight;}        //返回购买的质量
};
CartItem::CartItem(Fruit * pf,double w,double m)  //单项购货清单的构造函数
{
    f=pf;
    weight=w;
    money=m;
}
void CartItem::DispCartItem()                     //显示单项购货信息:名称,质量,金额等
{
    f->DispFruit();                               //调用 Fruit 类的函数
    cout<<", 质量(单位:斤)"<<weight<<", 金额(单位:元):"<<money<<endl;
}
```

10.3.6 "购物车"类

"购物车"类的数据成员在程序中的名称、含义以及数据类型如表 10-11 所示,成员函数的名称、含义以及返回类型如表 10-12 所示。

表 10-11 "购物车"类的数据成员明细

名　　称	含　　义	类　　型
car[]	记录购物车中所买商品的详细信息	CartItem
count	记录购物车中所买商品的数目	int

表 10-12 "购物车"类的成员函数明细

名　　称	含　　义	返回类型	有无参数
AddItem()	往购物车中添加购买商品	void	有
DeleteItem()	从购物车中删除商品	void	有
CheckOut()	购物车结账	void	有
DispCart()	显示购物车中所购买的商品信息	void	无

car[]为"购物项"类型数组,用于保存购物车中所买商品的详细信息,它的数组空间设为 100,也就是对于一个购物车来说该系统最多提供 100 个购物项的保存;count 用于保留该购物车中已经存储的购物项的数目。

AddItem()函数的参数类型为"购物项",该函数调用一次即是向购物车中添加一种水果的购买信息。DeleteItem()的参数为整数型,该参数是指明已经选入购物车中的水果序号(购物项序号),根据序号找到相应的购买信息,从而将其从购物车中删除。CheckOut()函数的两个参数是为了及时保存销售额和销售利润信息。

依据表 10-11 和表 10-12 的内容以及成员函数的含义,"购物车"类的具体实现代码如例 10.6。

【例 10.6】 "购物车"类的具体实现。

```
class Cart                              //"购物车"类
{
    public:
        Cart(){count=0;}                //购物车的初始化
        void AddItem(CartItem c);       //往购物车中添加购买商品
```

```
            void DeleteItem(int i);                //从购物车中删除商品
            void CheckOut();                       //购物车结账
            void DispCart();                       //显示购物车中所购买的商品信息
        private:
            CartItem car[100];                     //记录购物车中所买商品的详细信息
            int count;                             //记录购物车中所买商品的个数
};
void Cart::AddItem(CartItem c)                     //往购物车中添加购买商品
{
    car[count]=c;
    count=count+1;
}
void Cart::DeleteItem(int i)                       //从购物车中删除商品
{
        for(int j=i;j<count-1;j++)
            car[j]=car[j+1];
        count=count-1;
}
void Cart::CheckOut()                              //购物车结账
{
    double sum=0;
    for(int i=0;i<count;i++)
    {
        sum+=car[i].GetMoney();
        p+=car[i].GetMoney()-(car[i].GetFruit()->GetPrice() * car[i].GetWeight());
                             //计算单笔商品的利润,添加到全局变量 profit 中
    }
    tm+=sum;                 //将单个购物车的销售总额添加到全局变量的销售总额中
    cout<<"合计金额为(单位:元) "<<sum<<endl;
    count=0;                                       //完成一次交易之后购物车清空
}
void Cart::DispCart()                              //显示购物车中所购买的商品信息
{
    for(int i=0;i<count;i++)
    {
        cout<<"第"<<i+1<<"条:";
        car[i].DispCartItem();                     //调用单项购物清单 CartItem 类中的函数
```

```
    }
}
```

10.3.7 主程序

该系统提供了销售额和销售利润的查询,因为每笔交易都将使销售额和销售利润发生变化。因此,为了简化,同时也为了方便保存销售额和销售利润,本系统设置两个double 型的全局变量 totalMoney 和 profit,分别用于记录销售额和销售利润信息,这两个变量初始值赋为零。在"购物车结账"函数 CheckOut()中的两个参数就是通过引用在每次结账时修改全局变量 totalMoney 和 profit 的值。

本程序运行时需要经常向用户显示系统菜单以便于用户选择具体的功能,所以编写了显示系统菜单的函数如下:

```
void DispMenu()                                    //显示菜单
{
    cout<<"欢迎光临本店,请选择相应的功能!"<<endl;
    cout<<"A/a 买水果..."<<endl;
    cout<<"D/d 退水果..."<<endl;
    cout<<"C/c 结账..."<<endl;
    cout<<"M/m 查看销售总额..."<<endl;
    cout<<"P/p 查看利润..."<<endl;
    cout<<"Q/q 退出系统..."<<endl;
}
```

用户只需要输入字母 a、d、c、m、p 和 q 等字母即可完成相应功能的选择,不区分大小写。主程序的代码如例 10.7。

【例 10.7】 主程序代码。

```
double totalMoney=0;                              //记录销售总额
double  profit=0;                                 //记录总利润
Cart c;                                           //"购物车"类
void main()
{
    FruitKind kind;                               //管理员初始化商店所有商品的信息
    kind.InitFruitKind();
    kind.DispFruitKind();
```

```
DispMenu();                                        //显示系统菜单
char ch;
cin>>ch;
while(1)
  {switch (ch){
  case 'A':                                        //选购水果
  case 'a':
  {
    kind.DispFruitKind();                          //显示水果信息
    cout<<"购买特价水果还是正价水果?"<<endl;        //选择购买正价还是特价水果
    cout<<"T/t:选择特价水果"<<endl;
    cout<<"Z/z:选择正价水果"<<endl;
    char zl;
    cin>>zl;
    switch (zl)
    {
        case 'Z':                                  //购买正价水果的相应处理
        case 'z':
        {
            cout<<"选择水果种类编号:";
            int fk;
            cin>>fk;
            cout<<"购买的质量(单位:斤):";
            double w;
            cin>>w;
            double price;
            price=kind.GetReguFruit(fk).GetRegularPrice();
                            //从全局变量水果总类 kind 中提取相应水果信息
            CartItem ct(&(kind.GetReguFruit(fk)),w,w*price);
                            //形成 CartItem 的对象 ct 来记录单笔购买信息
            c.AddItem(ct);  //将单笔购买信息 ct 添加到购物车 c 中
            break;
            }
        case 'T':                                  //购买特价水果的相应处理
        case 't':
        {
        cout<<"选择水果种类编号:";
```

```
                int fk;
                cin>>fk;
                cout<<"购买的质量(单位:斤):";
                double w;
                cin>>w;
                double price;
                price=kind.GetDiscFruit(fk).GetDiscountPrice();
                CartItem ct(&(kind.GetDiscFruit(fk)),w,w*price);
                c.AddItem(ct);
                break;
            }
        }
        break;
    }
    case 'C':                                   //购物车结账
    case 'c':
        c.DispCart();                           //显示购物车中所购商品的信息
        c.CheckOut(profit,totalMoney);          //计算购物车的销售金额和利润
        break;
    case 'D':                                   //从购物车中移出商品
    case 'd':
    {
        c.DispCart();
        cout<<"选择要退还商品所在的条数:";
        int num;
        cin>>num;
        c.DeleteItem(num-1);                    //从购物车 c 中删除对应水果信息
        break;
    }
    case 'M':
    case 'm':
        cout<<"当前销售总额为(单位:元):"<<totalMoney<<endl;
        break;
    case 'P':                                   //显示当前的总利润
    case 'p':
        cout<<"当前利润为(单位:元):"<<profit<<endl;
        break;
```

```
    case 'Q':                                      //最终退出系统
    case 'q': return ;
    default:
        cout<<"输入错误!"<<endl;
    }
    DispMenu();
    cin>>ch;
  }
}
```

由主程序代码,可以看到主程序首先通过调用"水果种类"类的初始化"水果种类"函数 InitFruitKind(),由工作人员录入所有水果种类信息,然后调用显示系统菜单函数,根据用户选择的功能,输入相应的信息,调用相应的操作。

例如:用户输入"a"选择购买水果功能后,系统首先显示该超市的所有水果信息以便于用户选择,提示用户是选择特价水果还是正价水果,然后提示用户选择水果种类,用户只需要输入"水果编号",从而实现方便快捷的操作,然后根据称重结果,这里通过模拟直接输入质量即可,接下来系统会自动调用函数根据水果编号获得相应的水果种类信息,依据购买的水果种类和质量,实例化一个"购物项",最后将此"购物项"添入购物车,从而完成一次购买水果的任务。接下来用户可以根据系统菜单再次选择具体的功能。

如果用户输入"c"选择结账功能,则系统调用 DispCart()函数来显示购物车中所购商品的信息,然后系统调用 CheckOut(),计算总价,同时修改全局变量 totalMoney 和 profit 来及时保存销售额和销售利润信息。

10.4 系统运行结果

本节将展示本案例运行结果界面,读者可以结合运行结果返回前面的章节重新理解和学习系统的分析、设计以及实现的过程。

系统运行后第一项任务为初始化"水果种类"。在输入正价水果信息之前,首先询问正价水果种类数量,然后依次根据提示信息分别输入正价水果的名称、进价和售价,水果编号则由系统根据输入的顺序为每一种正价水果编号赋值,其值为顺序号。在正价水果信息录入完毕之后,系统提示特价水果信息的录入。

特价水果信息录入与正价水果录入的不同之处有两点,一是除了录入特价水果的名称、进价、正常售价外,还需要录入折扣价;二是系统限制折扣价与正常售价的关系,要求折扣价一定要低于正常售价,否则系统要求重新输入。

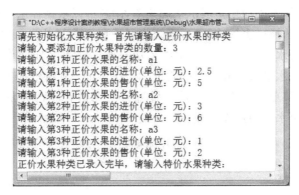

图 10-5 "正价水果"信息录入过程

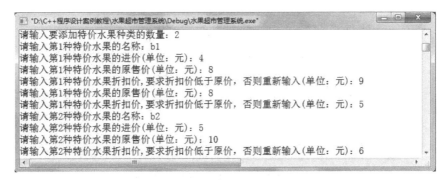

图 10-6 "特价水果"信息录入过程

在正价和特价水果信息录入完毕后,系统会显示所有录入的水果信息,如图 10-7 所示。

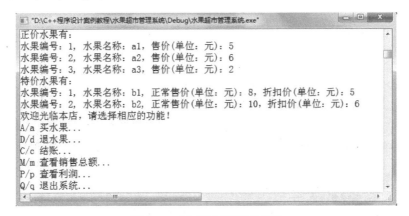

图 10-7 "水果种类"信息显示

在显示水果信息之后，系统向用户展示系统菜单，用户可以根据提示完成功能的选择。

当用户输入"a"选择买水果功能后，系统将展示所有水果信息，顾客可以根据需要选择购买正价还是特价水果。图 10-8 展示的是用户通过输入"t"选择购买特价水果，然后输入准备购买的特价水果编号和购买的质量。到此为止一种特价水果已经放入到购物车中，顾客还可以根据菜单选择下一个功能，如图 10-9 为顾客在购买完一种特价水果后又选择购买了一种正价水果的操作过程。

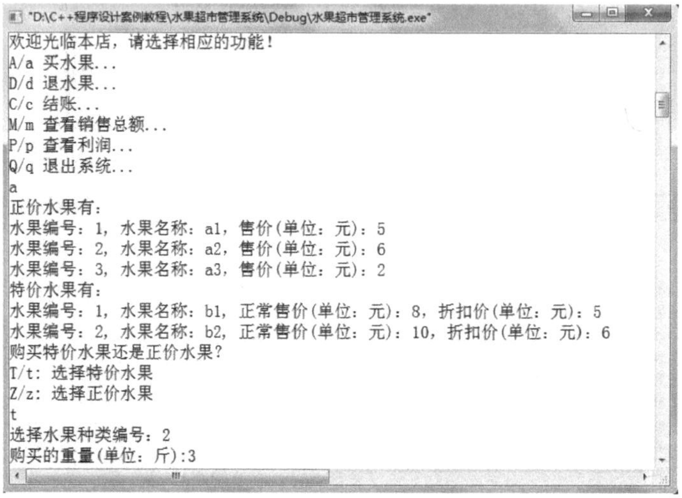

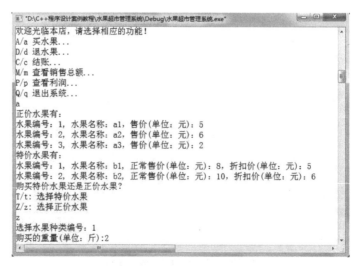

图 10-8 "特价水果"选购过程

图 10-9 "正价水果"选购过程

在顾客挑选完水果放入购物车之后,就可根据系统菜单,输入字母"c"来选择结账,系统将根据购物车中的信息自动计算总金额,并显示顾客所有的购物信息,如图 10-10 所示。

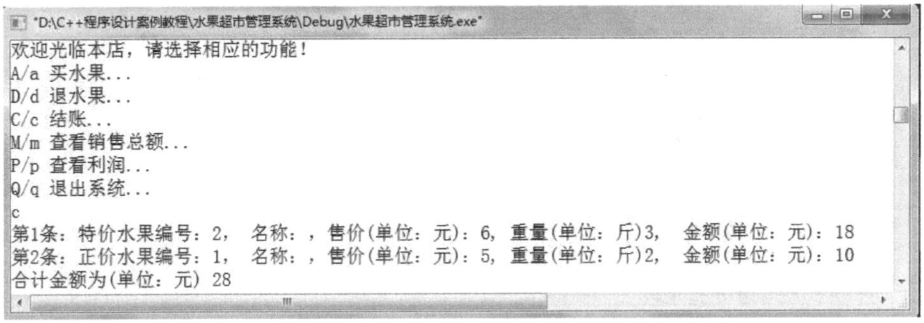

图 10-10 结账过程

顾客在将所选产品全部放入购物车之后,如果决定不想要购买选过的某种产品了,只需要输入字母"d"选择退水果功能,就可以根据显示的已经挑选的水果信息,输入准备退的水果条目,完成退水果的功能。图 10-11 为在顾客选择了一种正价水果和一种特价水果后,决定不购买正价水果的操作过程,最后在进行结账操作时能够看到最终结账的只有一种特价水果。

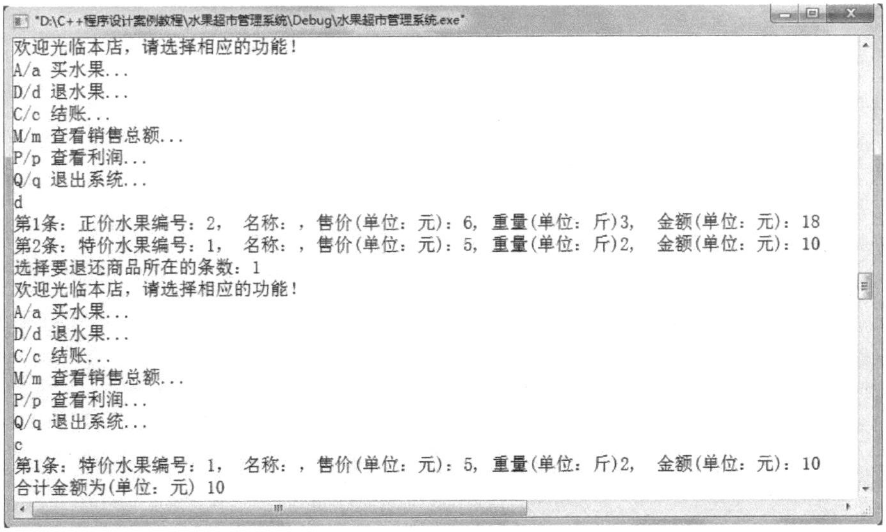

图 10-11 退货处理过程

在经过上面两个顾客购买操作后，通过输入字母"m"选择查看销售总额功能，输入"p"选择查看利润功能。系统显示结果如图 10-12 所示。

图 10-12 查看销售总额和利润信息

附　　录

附录1　C++ 系统关键字及其含义描述

关键字	含义描述	关键字	含义描述
break	跳出循环体,结束循环	goto	跳转语句
case	分支语句中的分支	if	条件判断语句
char	字符型数据	inline	声明为内联函数
class	定义类的关键字	int	整型数据
const	常量符号	long	长整型数据
continue	跳出本次循环,进行下一次	new	申请内存块
default	分支语句中的默认分支	operator	定义运算符重载
delete	释放指针指向的内存块	private	私有成员;私有继承
do	do 型循环	protected	保护成员;保护继承
double	双精度浮点型数据	public	公有成员;公有继承
else	判断语句中的否定分支	return	从函数中返回
enum	定义枚举型数据	short	短整型数据
extern	声明外部变量	signed	有符号型数据
float	单精度浮点型数据	sizeof	取数据类型长度运算符
for	for 型循环	static	静态数据
friend	友元类	struct	定义结构体类型数据

续表

关键字	含义描述	关键字	含义描述
switch	分支语句	union	定义联合体型数据
template	声明模板	virtual	虚继承;虚函数
this	本类指针	void	定义函数不返回数值
typedef	重定义数据类型	while	while 型循环

附录 2 C++ 常用运算符的功能、优先级和结合性

优先级	运算符	功能说明	结合性
（最高） 1	（ ） ∷ ［ ］ • ,－> • * ,－> *	改变优先级 作用域运算符 数组下标 成员选择符 成员指针选择符	从左至右
2	++,－－ & * ! ~ +,－ （ ） sizeof new,delete	增1,减1运算符 取地址 取内容 逻辑求反 按位求反 取正数,取负数 强制类型 取所占内存字节数 动态存储分配	从右至左
3	* ,/,%	乘法,除法,取余	从左至右
4	+,－	加法,减法	
5	<<,>>	左移位,右移位	
6	<,<=,>,>=	小于,小于或等于,大于,大于或等于	
7	==,! =	相等,不等	
8	&	按位与	
9	^	按位异或	
10	|	按位或	
11	& &	逻辑与	
12	||	逻辑或	
13	?:	三目运算符	从右至左
14	=,+=,－=, * =,/=,%= &=,^=,|=,<<=,>>=	赋值运算符	
（最低） 15	,	逗号运算符	从左至右

▶附录 3 水果超市管理系统源程序清单

```cpp
#include <iostream>
#include <string>
using namespace std;
double totalMoney=0;                                    //记录销售总额
double  profit=0;
class Fruit                                             //水果抽象类
{
    public:
        Fruit();                                        //没有任何参数的构造函数
        Fruit(int num,string name,double price);        //有参数的构造函数
        int GetFruitNumber(){return fruitNumber;}       //得到水果编号
        string GetFruitName(){return fruitName;}        //得到水果名称
        double GetPrice(){return purchasePrice;}        //得到水果进价
        virtual void DispFruit();                       //显示水果信息
    protected:
        int fruitNumber;                                //水果编号
        string fruitName;                               //水果名称
        double purchasePrice;                           //水果进价
};
Fruit::Fruit()                                          //没有任何参数的构造函数
{
    fruitNumber=0;
    fruitName=" ";
    purchasePrice=0;
}
Fruit::Fruit(int num,string name,double price)          //有参数的构造函数
{
    fruitNumber=num;
    fruitName=name;
    purchasePrice=price;
}
void Fruit::DispFruit()
{
```

```
        cout<<"水果编号:"<<fruitNumber<<", 名称:"<<fruitName;
}                                          //虚函数,显示水果信息
class DiscountFruit:public Fruit           //特价水果,从 Fruit 类继承得来
{
    private:
        double originalPrice;
        double discountPrice;
    public:
        DiscountFruit();                   //没有参数的构造函数
        DiscountFruit(int num,string name,double price,double oldPrice,double
            discPrice );                   //有参数的构造函数
        void DispFruit();                  //显示特价水果的信息
        double GetDiscountPrice(){return discountPrice;}   //得到特价信息
        double GetOriginalPrice(){return originalPrice;}   //得到正价信息
};
DiscountFruit::DiscountFruit():Fruit()              //没有参数的构造函数
{
    originalPrice=0;                       //水果原价
    discountPrice=0;                       //水果的折扣价
}
DiscountFruit::DiscountFruit(int num,string name,double price,double oldPrice,
double discPrice ):Fruit(num,name,price)            //有参数的构造函数
{
    originalPrice=oldPrice;
    discountPrice=discPrice;
}
void DiscountFruit::DispFruit()                     //显示特价水果的信息
{
    cout<<"特价水果编号:"<<fruitNumber<<", 名称:"<<fruitName<<",售价(单位:元):
    "<<discountPrice;
}
class RegularFruit:public Fruit            //正价水果,从 Fruit 类继承得来
{
    private:
        double regularPrice;               //正常售价
    public:
        RegularFruit();                    //没有参数的构造函数
```

```cpp
        RegularFruit(int num,string name,double price,double salePrice);
                                              //有参数的构造函数
        void DispFruit();                     //显示正价水果的信息
        double GetRegularPrice(){return regularPrice;} //得到正常售价
};
RegularFruit::RegularFruit():Fruit()                   //没有参数的构造函数
{
    regularPrice=0;
}
RegularFruit::RegularFruit(int num,string name,double price,double salePrice):
Fruit(num,name,price)                                  //有参数的构造函数
{
    if (salePrice>price)                               //判断售价是否大于进价
        regularPrice=salePrice;
    else
    {
        cout<<"正价水果的售价应该高于进价,否则应设为特价水果!";
        return;
    }
}
void RegularFruit::DispFruit()                         //显示正价水果的信息
{
    cout<<"正价水果编号:"<<fruitNumber<<",名称:"<<fruitName<<",售价(单位:元):"
        <<regularPrice;
}
class FruitKind                                        //水果种类
{
    public:
        FruitKind();
        void AddDiscKind(int num,string name,double inPrice,double oldPrice,
            double outPrice);                          //增加特价水果种类
        void AddReguKind(int num,string name,double inPrice,double outPrice);
                                                       //增加正价水果种类
        void InitFruitKind();                          //初始化水果种类列表
        void DispFruitKind();                          //显示超市所有水果种类列表
        DiscountFruit GetDiscFruit(int num);           //返回第 num 种水果
        RegularFruit GetReguFruit(int num);            //返回第 num 种水果
```

```
        void DispReguFruitKind();                //显示正价水果信息
        void DispDiscFruitKind();                //显示特价水果信息
    private:
        DiscountFruit discKind[100];             //保存特价水果种类
        RegularFruit  reguKind[100];             //保存正价水果种类
        int discKindLength;                      //保存特价水果种类数
        int reguKindLength;                      //保存正价水果种类数
};
FruitKind::FruitKind()
{

    discKindLength=0;
    reguKindLength=0;
}
DiscountFruit FruitKind::GetDiscFruit(int num)
{

    for(int i=1;i<=discKindLength;i++)
    {

        if (discKind[i-1].GetFruitNumber()==num)
            return discKind[i-1];
    }
}
RegularFruit FruitKind::GetReguFruit(int num)
{

    for(int i=1;i<=reguKindLength;i++)
    {

        if (reguKind[i-1].GetFruitNumber()==num)
            return reguKind[i-1];
    }
}
void FruitKind::InitFruitKind()                  //初始化水果总类列表
{

    cout<<"请先初始化水果种类,首先请输入正价水果的种类"<<endl;
    cout<<"请输入要添加正价水果种类的数量:";
    int kindNumber;
    cin>>kindNumber;
    string name;
    double inPrice;
```

```
        double oldPrice;
        double outPrice;
        for(int i=1;i<=kindNumber;i++)
        {
            cout<<"请输入第"<<i<<"种正价水果的名称:";
            cin>>name;
            cout<<"请输入第"<<i<<"种正价水果的进价(单位:元):";
            cin>>inPrice;
            cout<<"请输入第"<<i<<"种正价水果的售价(单位:元):";
            cin>>outPrice;
            AddReguKind(i,name,inPrice,outPrice);
        }
        cout<<"正价水果种类已录入完毕,请输入特价水果种类:"<<endl;
        cout<<"请输入要添加特价水果种类的数量:";
        cin>>kindNumber;
        for(i=1;i<=kindNumber;i++)
        {
            cout<<"请输入第"<<i<<"种特价水果的名称:";
            cin>>name;
            cout<<"请输入第"<<i<<"种特价水果的进价(单位:元):";
            cin>>inPrice;
            do
            {
                cout<<"请输入第"<<i<<"种特价水果的原售价(单位:元):";
                cin>>oldPrice;
                cout<<"请输入第"<<i<<"种特价水果折扣价,要求折扣价低于原价,否则重新输入
                    (单位:元):";
                cin>>outPrice;
            }while(oldPrice<outPrice);
            AddDiscKind(i,name,inPrice,oldPrice,outPrice);
        }
}

void FruitKind::AddReguKind(int num,string name,double inPrice,double outPrice)
                                                    //增加正价水果种类
{
    reguKind[reguKindLength]=RegularFruit(num, name,inPrice, outPrice);
```

```
        reguKindLength++;
}
void FruitKind::AddDiscKind(int num,string name,double inPrice,double oldPrice,
double outPrice)                                    //增加特价水果种类
{
    discKind[discKindLength]=DiscountFruit(num,name,inPrice,oldPrice,outPrice);
    discKindLength++;
}
void FruitKind::DispReguFruitKind()                 //显示正价水果信息
{
    cout<<"正价水果有:"<<endl;
    for(int i=0;i<reguKindLength;i++)
    {
        cout<<"水果编号:"<<reguKind[i].GetFruitNumber()<<",水果名称:"<<reguKind[i].
            GetFruitName()<<",售价(单位:元):"<<reguKind[i].GetRegularPrice()<<endl;
    }
}
void FruitKind::DispDiscFruitKind()                 //显示特价水果信息
{
    cout<<"特价水果有:"<<endl;
    for(int i=0;i<discKindLength;i++)
    {
        cout<<"水果编号:"<<discKind[i].GetFruitNumber()<<",水果名称:"<<discKind[i].
            GetFruitName()<<",正常售价(单位:元):"<<discKind[i].GetOriginalPrice()
            <<",折扣价(单位:元):"<<discKind[i].GetDiscountPrice()<<endl;
    }
}
void FruitKind::DispFruitKind()                     //显示超市所有水果种类列表
{
    DispReguFruitKind();
    DispDiscFruitKind();
}
class CartItem                                      //购买水果单项信息
{
private:
    Fruit * f;                                      //水果基本信息
    double weight;                                  //购买的质量
```

```
        double money;                              //价钱
public:
        CartItem(){};                              //不含任何参数的构造函数
        CartItem(Fruit * pf,double w,double m);    //单项购货清单的构造函数
        void DispCartItem();                       //显示单项购货信息:名称,质量,金额等
        double GetMoney(){return money;}           //返回单项金额
        Fruit * GetFruit(){return f;}              //返回购买水果种类
        double GetWeight(){return weight;}         //返回购买的质量
};
CartItem::CartItem(Fruit * pf,double w,double m)   //单项购货清单的构造函数
{
        f=pf;
        weight=w;
        money=m;
}
void CartItem::DispCartItem()                      //显示单项购货信息:名称,质量,金额等
{
        f->DispFruit();                            //调用 Fruit 类的函数
        cout<<",质量(单位:斤)"<<weight<<",  金额(单位:元):"<<money<<endl;
}
class Cart                                         //购物车
{
public:
        Cart(){count=0;}                           //购物车的初始化
        void AddItem(CartItem c);                  //往购物车中添加购买信息
        void DeleteItem(int i);                    //从购物车中删除商品
        void Cart::CheckOut();                     //购物车结账
        void DispCart();                           //显示购物车中所购买的商品信息
private:
        CartItem car[100];                         //记录购物车中所买商品的详细信息
        int count;                                 //记录购物车中所买商品的个数
};
void Cart::AddItem(CartItem c)                     //往购物车中添加购买信息
{
    car[count]=c;
    count=count+1;
}
```

```
void Cart::DeleteItem(int i)                    //从购物车中删除商品
{
   for(int j=i;j<count-1;j++)
       car[j]=car[j+1];
   count=count-1;
}
void Cart::CheckOut()                           //购物车结账
{
   double sum=0;
   for(int i=0;i<count;i++)
   {
       sum+=car[i].GetMoney();
       profit+=car[i].GetMoney()-(car[i].GetFruit()->GetPrice()*car[i].
           GetWeight());                        //计算单笔商品的利润,添加到全局变量profit中
   }
   totalMoney+=sum;                //将单个购物车的销售总额添加到全局变量的销售总额中
   cout<<"合计金额为(单位:元) "<<sum<<endl;
   count=0;                                     //完成一次交易之后购物车清空
}
void Cart::DispCart()                           //显示购物车中所购买的商品信息
{
   for(int i=0;i<count;i++)
   {
       cout<<"第"<<i+1<<"条:";
       car[i].DispCartItem();                   //调用单项购物清单CartItem类中的函数
   }
}
void DispMenu()                                 //显示菜单
{
   cout<<"欢迎光临本店,请选择相应的功能!"<<endl;
   cout<<"A/a 买水果..."<<endl;
   cout<<"D/d 退水果..."<<endl;
   cout<<"C/c 结账..."<<endl;
   cout<<"M/m 查看销售总额..."<<endl;
   cout<<"P/p 查看利润..."<<endl;
   cout<<"Q/q 退出系统..."<<endl;
}
```

```
                                              //记录总利润
Cart c;                                       //购物车
void main()
{
    FruitKind kind;                           //管理员初始化商店所有商品的信息
    kind.InitFruitKind();
    kind.DispFruitKind();
    DispMenu();                               //显示系统菜单
    char ch;
    cin>>ch;
    while(1)
      {switch(ch){
      case 'A':                               //选购水果
      case 'a':
        {
            kind.DispFruitKind();             //显示水果信息
            cout<<"购买特价水果还是正价水果?"<<endl; //选择购买正价还是特价水果
            cout<<"T/t: 选择特价水果"<<endl;
            cout<<"Z/z: 选择正价水果"<<endl;
            char zl;
            cin>>zl;
            switch(zl)
            {
            case 'Z':                         //购买正价水果的相应处理
            case 'z':
                {
                cout<<"选择水果种类编号:";
                int fk;
                cin>>fk;
                cout<<"购买的质量(单位:斤):";
                double w;
                cin>>w;
                double price;
                price=kind.GetReguFruit(fk).GetRegularPrice();
                            //从全局变量水果总类 kind 中提取相应水果信息
                CartItem ct(&(kind.GetReguFruit(fk)),w,w*price);
                            //形成 CartItem 的对象 ct 来记录单笔购买信息
```

```
                c.AddItem(ct);                    //将单笔购买信息 ct 添加到购物车 c 中
                break;
                }
        case 'T':                                 //购买特价水果的相应处理
        case 't':
            {
              cout<<"选择水果种类编号:";
            int fk;
            cin>>fk;
            cout<<"购买的质量(单位:斤):";
            double w;
            cin>>w;
            double price;
            price=kind.GetDiscFruit(fk).GetDiscountPrice();
            CartItem ct(&(kind.GetDiscFruit(fk)),w,w*price);
            c.AddItem(ct);
            break;
                }
            }
        break;
        }

    case 'C':                                     //购物车结账
    case 'c':
        c.DispCart();                             //显示购物车中所购商品的信息
        c.CheckOut();                             //计算购物车的销售金额和利润
        break;
    case 'D':                                     //从购物车中移出商品
    case 'd':
        {
            c.DispCart();
            cout<<"选择要退还商品所在的条数:";
            int num;
            cin>>num;
            c.DeleteItem(num-1);                  //从购物车 c 中删除对应水果信息
            break;
        }
```

```
        case 'M':
        case 'm':
            cout<<"当前销售总额为(单位:元):"<<totalMoney<<endl;
            break;
        case 'P':                               //显示当前的总利润
        case 'p':
            cout<<"当前利润为(单位:元):"<<profit<<endl;
            break;
        case 'Q':                               //最终退出系统
        case 'q': return ;

        default:
            cout<<"输入错误!"<<endl;

        }
        DispMenu();
        cin>>ch;
    }
}
```

附录4 习题答案

第1章 C++程序设计概述

一、填空题

1. 封装性、继承性、多态性

2. 文件、main

3. cin、>>、cout、<<

4. 可移植性

5. .cpp、.obj、.exe

6. 继承

7. 函数同名

二、选择题

1. B　2. D　3. B　4. C　5. D　6. D　7. D

三、程序阅读题

1. 运行结果:

```
enter i j:9 8(从键盘输入9和8)
i=9,j=8
i+j=17
i-j=1
i*j=72
```

2. 运行结果:

```
56 34(从键盘输入)
max(56,34)=56
```

3. 错误为:

(1) 没有包含头文件

(2) main 函数没有返回值

4. 错误为：

（1）缺少语句：using namespace std；头文件或改成：#include <iostream.h>

（2）MAIN 小写

（3）变量 a 未定义

（4）语句 cout<<"b=<<b<<endl";严格来说应该为：cout<<"b="<<b<<endl；

5. 错误为：

（1）缺少语句：using namespace std；

（2）main()函数应该包含 return 语句

（3）COUT 小写

（4）变量 j 未初始化

6. 运行结果：

```
您好！
在哪儿呢？
在沈阳.
一会儿见！
```

四、问答题

1. 面向过程的程序设计方法是把求解问题中的数据定义为不同的数据结构，以功能为中心进行设计，用一个函数实现一个功能。面向对象的程序设计方法是把求解问题中所有的独立个体都看成是各自不同的对象，将与对象相关的数据和对数据的操作都封装在一起，数据和操作是一个不可分割的整体。

2. 类是人们对客观事物的高度抽象。抽象是指抓住事物的本质特性，找出事物之间的共性，并将具有共同特性的事物划分为一类，得到一个抽象的概念。类是一种类型，是具有相同属性和操作的一组对象的集合。

对象是现实世界中客观存在的某种事物，可以将人们感兴趣或要加以研究的事、物、概念等都称为对象。对象是一个将数据属性和操作行为封装起来的实体。数据用来描述对象的状态，是对象的静态特性；操作用来描述对象的动态特性，可以操纵数据，改变对象的状态。

类的作用是定义对象，类给出了属于该类的全部对象的抽象定义，而对象则是类的具体化，是符合这种定义的类的一个实例。

3. 封装是面向对象方法的重要特征之一,是指将对象的属性和行为(数据和操作)包裹起来形成一个封装体。该封装体内包含对象的属性和行为,对象的属性由若干个数据组成,而对象的行为则由若干操作组成,这些操作通过函数来实现

4. 继承的本质特征就是行为共享,通过行为共享,可以减少冗余,很好地解决软件重用的问题。继承提供了创建新类的一种方法,表现了特殊类与一般类的关系。

特殊类具有一般类的全部属性和行为,并且还具有自己特殊的属性和行为,这就是特殊类对一般类的继承。通常将一般类称为基类(父类),将特殊类称为派生类(子类)。

5. 多态性指的是一种行为对应着多种不同的实现。

五、编程题

程序如下:

```cpp
#include <iostream>
using namespace std;
int max(int a,int b,int c)
{
    int m;
    if(a>b)
        m=a;
    else
        m=b;
    if(m<c)
        m=c;
    return m;
}
int main()
{
    int a,b,c;
    cout<<"请输入三个数:";
    cin>>a>>b>>c;
    cout<<"三个数中最大的是:"<<max(a,b,c)<<endl;
    return 0;
}
```

第2章　C++程序设计基础

一、填空题

1. 布尔型

2. 整型、字符型、实型、布尔型

3. 数组、枚举、结构体、共用体、类

4. const

5. 整型常量、浮点型常量、字符型常量、字符串常量、符号常量、布尔常量
普通字符常量、转义字符常量

6. 随时定义、执行语句

7. 单目运算符、双目运算符、三目运算符

8. 逗号、从左至右

9. 赋值运算符、逗号运算符、从右至左

10. k

11. 100

12. 1

13. 98.6、double

14. 高于

15. a、&a[0]

二、选择题

1. B　2. D　3. B　4. C　5. D　6. C　7. C　8. C　9. B　10. D

三、程序阅读题

1. 运行结果：

```
Enter a b:15 8(从键盘输入 15 和 8)
d=-7
```

2. 运行结果：

```
A=8
```

```
CH+2=m
D-5.8=2.7
```

3. 运行结果：

```
0,1
1,0
```

4. 运行结果：

```
32
```

5. 运行结果：

该数组中值最大的元素是第 3 个,其值是：74

6. 运行结果：

```
13898$
```

7. 运行结果：

```
9
8
7
```

8. 运行结果：

```
7
9
11
13
15
Ok!
```

9. 运行结果：

```
7
5
```

```
3
1
- 1
```

10. 运行结果：

```
10
```

四、问答题

1. 在 C 语言中有结构体和联合体，没有类。C 语言的结构体中只允许定义数据成员，不允许定义函数成员，而且 C 语言中没有访问控制属性的概念，结构体的全部成员都是公有的。C 语言的结构体是为面向过程的程序服务的，并不能满足面向对象的程序设计要求。

为保持和 C 程序的兼容，C++ 中保留了 struct 关键字，并规定结构体的默认访问控制权限是公有类型，并为 C 语言的结构体引入了成员函数、访问权限控制、继承、包含多态等面向对象的特性，并引入了另外的关键字 class，叫做类类型。

在 C++ 中，结构体和类的唯一区别在于，结构体类型和类类型具有不同的默认访问控制属性：在结构体中，对于未指定任何访问控制属性的成员，其访问控制属性为公有类型（public）；而在类中，对于未指定任何访问控制属性的成员其访问控制属性为私有类型（private）。结构体和联合体类型是一种特殊形态的类。

2. while 语句是当条件为真时，执行循环体语句，再继续判断条件是否成立，若成立则继续执行，否则退出循环体。而 do-while 是先执行循环体语句，再判断条件是否成立，成立继续执行，不成立则退出。

3. break 语句可以用在三种循环和 switch 语句中，表示直接跳出最内层的循环或 switch。而 continue 语句是用在三种循环中，表示本次循环中不执行其后语句，进入下一次循环的判断。

五、编程题

1. 程序如下：

```cpp
#include <iostream>
using namespace std;
```

```cpp
int main()
{
    double a,b,c,d,e,sum,ave;
    cout<<"请输入 5 个数：";
    cin>>a>>b>>c>>d>>e;
    sum=a+b+c+d+e;
    ave=sum/5;
    cout<<"5 个数的和为 sum="<<sum<<endl;
    cout<<"5 个数的平均值为 ave="<<ave<<endl;
    return 0;
}
```

2. 程序如下：

```cpp
#include <iostream>
using namespace std;
int main()
{
    int a,b,t,k;
    cin>>a>>b;
    t=(a+b)*(a+b);
    k=a*a+2*a*b+b*b;
    if(k==t)
        cout<<"YES"<<endl;
    else
        cout<<"NO"<<endl;
    return 0;
}
```

3. 程序如下：

```cpp
#include <iostream>
#include <string>
using namespace std;
int main()
{
    char a[100];
    cin>>a;
```

```
    for(int i=0;a[i];i++);
    for(i--;i>=0;i--)
        cout<<a[i];
    cout<<endl;
    return 0;
}
```

4. 程序如下：

```
#include <iostream>
using namespace std;
int main()
{
    int i,j=0;
    for(i=1;i<=100;i++)
    {    if(i%3! =0)
            continue;
        cout<<i<<'\t';
        j++;
        if(j%5==0)
            cout<<endl;}
    return 0;
}
```

5. 程序如下：

```
#include <iostream>
using namespace std;
int main ()
{
    int a,b,temp,i,r;
    cout<<"输入 2 个整数: "<<endl;
    cin>>a>>b;
    if(a<b) //make sure a>=b
    {
        temp=a;
        a=b;
```

```
        b=temp;
    }
    i=a*b;
    while (b)
    {
        r=a%b;
        a=b;
        b=r;
    }
    cout<<"最大公约数为："<<a<<endl;
    cout<<"最小公倍数为："<<i/a<<endl;
    return 0;
}
```

6. 程序如下：

```
#include <iostream>
using namespace std;
int sum(int n)
{
    int sumtemp=0;
    for(int i=1;i<=n;i++)
    {
        sumtemp+=i;
    }
    return sumtemp;
}
int main ()
{
    int n;
    int s=0;
    cin>>n;
    for(int i=1;i<=n;i++)
    {
        s+=sum(i);
    }
    cout<<"S=1+(1+2)+(1+2+3)+…+(1+2+3+…+"<<n<<")="<<s<<endl;
```

```
    return 0;
}
```

7. 程序如下：

```cpp
#include <iostream>
using namespace std;
int main()
{
    double x=2,y=1,result=0,temp=0;
    for(int i=0;i<15;i++)
    {
        result+=x/y;
        temp=x;
        x=x+y;
        y=temp;
    }
    cout<<result<<endl;
    return 0;
}
```

8. 程序如下：

```cpp
#include <iostream>
using namespace std;
int main()
{
    double e=1;
    double jc=1;//求阶乘,并存入 jc 中
    int i=1;
    while(1/jc>=1e-6)
    {
        e=e+1/jc;
        i++;
        jc=jc*i;
    }
    cout<<"e=1+1/1!+1/2!+1/3!+…+1/n!="<<e<<endl;
```

```
        return 0;
    }
```

第3章 指针和引用

一、填空题

1. 10、19
2. b[9]、b[1]
3. d
4. x

二、选择题

1. D 2. D 3. A 4. D 5. B 6. B 7. B 8. A

三、程序阅读题

1. 程序运行结果：

```
1
1    1
1    2    1
1    3    3    1
1    4    6    4    1
1    5    10   10   5    1
1    6    15   20   15   6    1
1    7    21   35   35   21   7    1
```

2. 程序运行结果：

```
intone:5
rsomeref:5
intone:7
rsomeref:7
```

3. 程序运行结果：

```
ps=BCDEFGHIJKLMNOPQRST
ps=DEFGHIJKLMNOPQRST
* ps=T
ps=T
* ps=R
ps=RST
* ps=P
ps=PQRST
* ps=N
ps=NOPQRST
```

4. 程序运行结果：

```
p1-a=9
a[p1-a]=19
* p1=19
* (&a[3])=3
0 1 2 3 4 15 16 17 18 19
19 18 17 16 15
```

5. 程序运行结果：

```
2
```

四、问答题

1. 内存单元的地址和内存单元的内容是不同的。

内存是用来存放数据的区域，内存中每个字节都有一个编号，即为该内存字节的地址，它相当于旅馆中的房间号。

内存单元中存放的内容即为数据，它相当于旅馆房间中住着的房客。

在旅馆中，通过房间号可以找到房间中的房客；在内存中，有了内存单元的地址，就能访问此单元中的数据。

2. 对指针进行初始化通常有以下几种方式：

(1) 使用取地址运算符 & 把变量的地址赋给指针变量。

(2) 将一个指针变量的值赋值给同类型的另一个指针变量。

(3) 当不能确定指针变量的初值时，可先赋 NULL 或 0。如：

```
int * pi=NULL;或 int * pi=0;
```

此时 p 有一个确定的值为 0,将不再随意指向某个内存单元。

(4) 使用整型常量赋初始值。如:

```
P=(int * )0x1024;
```

这使指针 p 直接指向地址为 0x1024 的内存单元。这种方式要在对内存地址十分了解的情况下才能使用。

3. 引用就是一个变量的别名,也就是某个内存单元的别名。

指针是用来指向一个变量,指向某个内存单元。

听起来有些相似,但实质却不同。

(1) 指针是变量,引用不是变量。

(2) 定义指针时,可以初始化,也可以不初始化。但是定义引用时,必须要初始化,除非它是函数的形参。

(3) 恶意定义指针的引用,但是不能定义引用的指针。

(4) 可以有空指针,但是不可以有空引用。

(5) 程序运行过程中,可以将一个指针再指向另外的变量(除非它是指针常量),但是在一个引用的生命期内不可以将其再引用到其他的变量。

(6) 指针可以作为数组的元素,但是引用不可以。

五、编程题

1. 程序如下:

```cpp
#include <iostream>
using namespace std;
int main()
{
    int array[10];
    int i,max,min;
    for(i=0;i<10;i++)
        cin>>array[i];
    max=array[0];min=array[0];
    for(i=1;i<10;i++)
```

```
    {
        if(array[i]>max)
            max=array[i];
        if(array[i]<min)
            min=array[i];
    }
    cout<<"The largest number is "<<max<<endl;
    cout<<"The smallest number is "<<min<<endl;
    return 0;
}
```

2. 程序如下：

```
#include <iostream>
using namespace std;
int main()
{
    int a[3][5]={0};
    int b[5][4]={0};
    int c[3][4]={0};
    int i,j,k;
    cout<<"请输入一个 3 行 5 列的矩阵:"<<endl;
    for(i=0;i<3;i++)
        for(j=0;j<5;j++)
            cin>>a[i][j];
        cout<<"请输入一个 5 行 4 列的矩阵:"<<endl;
        for(i=0;i<5;i++)
            for(j=0;j<4;j++)
                cin>>b[i][j];
        for(i=0;i<3;i++)
            for(j=0;j<4;j++)
            {
                c[i][j]=0; //可以不写
                for(k=0;k<5;k++)
                    c[i][j]+=a[i][k]*b[k][j];
            }
        cout<<"矩阵的乘积:"<<endl;
```

```
        for(i=0;i<3;i++)
        {
            for(j=0;j<4;j++)
            {
            cout<<c[i][j]<<" ";
            }
            cout<<endl;
        }
    return 0;
}
```

3. 程序如下:

```cpp
#include <iostream>
using namespace std;
void alter(float &x,float &y)
{
    float m,n;
    m=x;n=y;
    x=m*n;
    y=m+n;
}
int main()
{
    float a,b;
    cout<<"Please input two numbers:"<<endl;
    cin>>a>>b;
    alter(a,b);
    cout<<"After changed:"<<endl;
    cout<<a<<","<<b<<endl;
    return 0;
}
```

4. 程序如下:

```cpp
#include <iostream>
using namespace std;
#include <math.h>
```

```
int solve(double a,double b,double c,double &x1,double &x2);
int main()
{
    double a,b,c,x,y;
    cin>>a>>b>>c;
    solve(a,b,c,x,y);
    if(b*b-4*a*c>=0)
        cout<<"x="<<x<<",y="<<y<<endl;
    return 0;
}
int solve(double a,double b,double c,double &x1,double &x2)
{
    double delta=b*b-4*a*c;
    if(fabs(b*b-4*a*c)<1e-5)
        x1=x2=(-b/a/2);
    else if(delta>0)
    {
        x1=-b/a/2+sqrt(delta)/a/2;
        x2=-b/a/2-sqrt(delta)/a/2;
    }
    else
        cout<<"error!"<<endl;
    return 1;
}
```

第 4 章　函数

一、填空题

1. 参数传递、执行函数体、返回到调用函数的位置
2. 常量、const
3. Fun(5,100)
4. inline
5. 程序域、文件域、函数域、块域

二、选择题

1. A 2. D 3. C 4. C 5. D 6. A 7. A 8. A 9. D 10. A

三、程序阅读题

1. 程序运行结果:

```
a=3 b=2
```

2. 程序运行结果:

```
x=50,y=30
```

3. 程序运行结果:

```
b=16.0988
input a=2（从键盘输入 2）
F(a)=-0.1
```

4. 程序运行结果:

```
Sum of 4 powers of integers from 1 to 6=2275
```

5. 程序运行结果:

```
6,6,6
```

6. 程序运行结果:

```
10
```

7. 程序运行结果:

```
In Main--x=5,y=1,n=1
In Fun--x=6,y=14,n=4
In Main--x=5,y=1,n=4
```

四、问答题

1. C++ 程序是由若干个函数组成的,函数是C++语言的重要概念之一,引用函数的重要原因是:

(1)函数一旦被编写好,就可以被重复使用,开发人员可以在已有函数的基础上构造新的程序,而不用从头做起,省去相同代码的重复编写,提高了程序的可重用性,从而提高了程序的开发效率。

(2)一个大的程序分为若干个模块,每个模块由函数来实现,这将使得程序的设计结构比较清晰,并且有利于开发团队中的开发人员并行开发。

(3)有了函数,便可以实现函数的使用和函数的实现相对独立。我们可以把函数看成一个"黑盒子",用户只要将数据输入进去就能够得到预期的结果,而不用去关心函数内部究竟是如何工作和实现的。只要函数参数不便,函数内部编码的再次修改并不会影响用户的使用,使得修改、维护程序变得更加轻松,提高了程序的可维护性。

2. 函数原型告诉编译器一个函数已经在某个地方被定义,以及该函数的名称、参数类型、参数个数、返回值类型。C++中函数或变量都要先定义/声明再使用。

3. 函数直接或间接地调用自己,称为函数的递归调用。采用递归方法来解决问题,必须符合以下3个条件:

(1)可以把要解决的问题转化为一个新问题,而这个新问题的解决方法仍与原来的解决方法相同,只是所处理的对象有规律地递增或递减。

(2)可以应用这个转化过程使问题得到解决。

(3)要有一个明确的结束递归的条件,一定要能够在适当的地方结束递归调用,不然可能导致系统崩溃。

4. 使用重载函数可以提高程序的可读性,方便程序的书写,一些函数它们只是处理的数据对象的类型或个数不同,但是处理的逻辑是相同的。如果将这些函数重载则容易记忆函数名。重载的函数,它们的函数名相同,只是参数列表的参数个数或者对应位置的参数类型不同。

调用重载函数时,系统根据调用语句中的实参数列表和所有该重载的函数的形参列表一一比较,按照如下3个步骤的先后顺序找到并调用函数:

(1)寻找一个严格的匹配(类型完全相同),如果找到,则调用该函数。

(2)通过内部转换寻求一个匹配,只要找到,则调用这个函数。

(3)通过用户定义的转换寻求一个匹配,若能够查到有唯一的一组转换,则调用该函数。

五、编程题

1. 程序如下：

```cpp
#include <iostream>
using namespace std;
int main()
{
    int idec;
    int ibase;
    char strdr[20], t;
    int i, idr, p=0;
    cout<<"请输入一个进制数及要转换的进制数："<<endl;
    cin>>idec>>ibase;
    while(idec!=0)
    {
        idr=idec%ibase;
        if(idr>=10) strdr[p++]=idr-10+65;
        else strdr[p++]=idr+48;
        idec/=ibase;
    }
    for(i=0; i<p/2; i++)
    {
        t=strdr[i];
        strdr[i]=strdr[p-i-1];
        strdr[p-i-1]=t;
    }
    strdr[p]='\0';
    cout<<strdr<<endl;
    return 0;
}
```

2. 程序如下：

```cpp
#include <iostream>
using namespace std;
int main()
{
```

```
    int num,i=0,temp,flag=0;
    cin>>num;
    while(1)
    { temp=num%10;
      if(temp%2==0)
       {flag++;break;}
     num/=10;
     if(num==0)
        break;
    }
  if(flag)
  cout<<"NO"<<endl;
  else
  cout<<"YES"<<endl;
 return 0;
}
```

3. 程序如下:

```
#include <iostream>
#include <cmath>
using namespace std;
int main()
{
    int n,i;
    double sum=0;
    cout<<"Please input a number(1,2,3,4 or 5):"<<endl;
    cin>>n;
    for(i=1;i<=20;i++)
        sum+=pow(n,i);
    cout<<sum<<endl;;
    return 0;
}
```

4. 程序如下:

```
#include <iostream>
using namespace std;
```

```cpp
int main()
{
    int num,digit;
    cout<<"输入一个整数：";
    cin>>num;
    cout<<"整数 "<<num<<" 的逆序数为：";
    do
    {
        digit=num%10;
        cout<<digit;
        num/=10;
    }while(num);
    cout<<endl;
    return 0;
}
```

5. 程序如下：

```cpp
#include <iostream>
using namespace std;
#include <cstring>
int main()
{
    const int N=5;
    char a[N][100]={0};
    char t[100]={0};
    int i,j;
    for(i=0;i<N;i++)
    {
        cin>>a[i];
    }
    for(i=0;i<N-1;i++)
        for(j=N-1;j>i;j--)
        {
            if(strcmp(a[j],a[j-1])<0)
            {
                strcpy(t,a[j]);
```

```
                strcpy(a[j],a[j-1]);
                strcpy(a[j-1],t);
            }
        }
        for(i=0;i<N;i++)
        {
            cout<<a[i]<<endl;
        }
    return 0;
}
```

6. 程序如下：

```
#include <iostream>
using namespace std;
float avg(int,int);
float avg(int,int,int);
float avg(int,int,int,int);
int main()
{
    int a,b,c,d;
    cin>>a>>b;
    cout<<"选修两门课的平均成绩为："<<avg(a,b)<<endl;
    cin>>a>>b>>c;
    cout<<"选修三门课的平均成绩为："<<avg(a,b,c)<<endl;
    cin>>a>>b>>c>>d;
    cout<<"选修四门课的平均成绩为："<<avg(a,b,c,d)<<endl;
    return 0;
}
float avg(int c1,int c2)
{
    return (c1+c2)/2.0;
}
float avg(int c1,int c2,int c3)
{
    return (c1+c2+c3)/3.0;
}
```

```
float avg(int c1,int c2,int c3,int c4)
{
    return (c1+c2+c3+c4)/4.0;
}
```

第5章 类和对象

一、填空题

1. 数据成员、成员函数

2. private、protected、public

3. private、public

4. 自动、创建并初始化对象

5. 构造函数

6. 析构函数

7. 友元函数

8. 堆对象

9. this、正在被成员函数操作的对象

10. 10、10

二、选择题

1. D　　2. D　　3. C　　4. D　　5. A　　6. C　　7. C　　8. C　　9. C　　10. A

11. C　　12. B　　13. B　　14. C　　15. A　　16. D　　17. C　　18. C　　19. C　　20. D

三、程序阅读题

1. 有四处错误：

(1) int i＝0;数据成员在类的定义中不能直接初始化；

(2) void Sample();构造函数没有返回值类型；

(3) ～Sample(int value);析构函数无参数；

(4) 析构函数不能重载。

2. 有四处错误：

(1) Sample(int a＝0,b＝1);参数 b 没有说明类型；

(2) disp();没有给出返回值类型；

（3）void ～Sample(int a)；析构函数不能有返回值类型，也不能有参数；

（4）Sample::Sample(int a＝0，int b＝1)默认值重复定义，只需在函数说明中给出即可。

3．有两处错误：

（1）Sample(int a){X＝a;}常数据成员只能用初始化列表的形式进行初始化；

（2）a.Print();常对象只能调用常成员函数。

4．无错误，运行结果如下：

```
Const:X=10
X=20
```

5．程序运行结果：

```
2,5
10,20
```

6．程序运行结果：

```
2234
```

7．程序运行结果：

```
3
```

四、问答题

1．类其本质是一种数据类型。它是一种用户自定义的数据类型，是对具有共同属性和行为的一类事物的抽象描述，共同属性被描述为类中的数据成员，共同行为被描述为类中的成员函数。

2．类是一种类型，不占用内存空间；对象是类的实例，是实体，定义对象时，系统会分配相应的存储空间。在定义对象前，必须先定义类。

3．拷贝构造函数是构造函数的一种，它的作用是使用已知对象给所创建的对象进行初始化。拷贝构造函数只有一个参数，并且是对某一个对象的引用。有三种情况调用拷贝构造函数：

（1）由一个对象初始化同类中的另一个对象时；

（2）当对象作为函数实参传递给函数形参时；

（3）当函数返回值为对象时。

4. 友元关系具有以下性质：

（1）友元关系是不能传递的，不能被继承。如 B 类是 A 类的友元，C 类是 B 类的友元，C 类和 A 类之间如果没有声明，就没有任何友元关系，不能进行数据共享。

（2）友元关系是单向的，不具有交换性，如果声明 B 类是 A 类的友元，B 类的成员函数就可以访问 A 类的私有和保护数据，但 A 类的成员函数却不能访问 B 类的私有和保护数据。

友元概念的引入，提高了数据的共享性，加强了函数与函数之间、类与类之间的相互联系，大大提高程序的效率，这是友元的优点。但友元也破坏了数据隐蔽和数据封装，导致程序的可维护性变差，给程序的重用和扩充埋下了深深的隐患，这是友元的缺点。

5. 面向对象方法中有类属性的概念，类属性是描述类的所有对象的共同特征的一个数据项，对于任何对象实例，它的属性值是相同的，C++ 通过静态数据成员来实现类属性。所以 C++ 提供了静态成员，用以解决同一个类的不同对象之间成员，包括数据成员和函数成员的共享问题。

静态成员的特点是不管这个类创建了多少个对象，其静态成员在内存中只保留一份副本，这个副本为该类的所有对象共享，或者说静态成员为类所有。

6. 默认的拷贝构造函数实现的只能是浅拷贝，即直接将原对象的数据成员值依次复制给新对象中对应的数据成员，并没有为新对象另外分配内存资源。

当类的数据成员中有指针类型时，我们就必须定义一个特定的拷贝构造函数，该拷贝构造函数不仅可以实现原对象和新对象之间数据成员的复制，而且可以为新的对象分配单独的内存资源，这就是深拷贝构造函数。这样如果对象的数据成员是指针，两个指针对象实际上指向的是同一块内存空间。

7. this 指针是一个系统预定义的特殊指针，指向当前对象。实际上，当一个对象调用其成员函数时，编译器先将该对象的地址赋给 this 指针，然后调用成员函数，这样成员函数对对象的数据成员进行操作时，就隐含使用了 this 指针。

一般而言，通常不直接使用 this 指针来使用数据成员，但在某些少数情况下，可以使用 this 指针，如重载某些运算符以实现对象的连续赋值等。

this 指针不是调用对象的名称，而是指向调用对象的指针的名称。

8. 某个类 B 的数据成员 a，它是另一个类 A 的对象，称对象 a 为类 B 是一个子对象。

堆对象也称动态对象，是一种在程序运行过程中根据需要随时创建的对象。通常使用 new 运算符创建对象。由于存储在内存的一个特殊区域——堆，因此又称堆对象。

9. 什么是析构函数？其作用是什么？

析构函数也是一种特殊的成员函数。其功能是用来释放所创建的对象。一个对象在其生存周期将要结束时由系统自动调用析构函数将其从内存中清除,即释放由构造函数分配的内存。

五、编程题

1. 程序如下:

```cpp
#include <iostream>
using namespace std;
class Date
{
public:
    void SetDate(int y,int m,int d)
    {
        year=y;
        month=m;
        day=d;
    }
    int AddDay()
    {
        return day++;
    }
    void Display()
    {
        cout<<day<<"/"<<month<<"/"<<year<<endl;
    }
private:
    int year,month,day;
};
int main()
{
    Date today,tomorrow;
    today.SetDate(2010,7,20);
    today.AddDay();
    tomorrow=today;
    tomorrow.Display();
    return 0;
}
```

2. 程序如下：

```cpp
#include <iostream>
using namespace std;
class Rectangle
{
public:
    Rectangle(double a=1,double b=1)
    {
        length=a;
        width=b;
    }
    void SetValue(double m,double n)
    {
        length=m;
        width=n;
    }
    double Perimeter()
    {
        return 2*(length+width);
    }
    double Area()
    {
        return length*width;
    }
private:
    double length,width;
};
int main()
{
    Rectangle r;
    r.SetValue(10,20);
    cout<<r.Perimeter()<<endl;
    cout<<r.Area()<<endl;
    return 0;
}
```

3. 程序如下：

```cpp
#include <iostream>
using namespace std;
class Time
{
public:
    Time();
    Time(int h,int m);
    void SetTime(int h1,int m1)
    {
        hour=h1;
        minute=m1;
    }
    friend void GetTime12(Time & t);
    friend void GetTime24(Time & t);
private:
    int hour,minute;
};
Time::Time()
{
    hour=0;
    minute=0;
}
Time::Time(int h,int m)
{
    hour=h;
    minute=m;
}
void GetTime12(Time & t)
{
    bool pm;
    int hours;
    if(t.hour>12)
    {
        hours=t.hour-12;
        pm=true;
```

```
    }
    else
    {
        hours=t.hour;
        pm=false;
    }
    if (pm)
        cout<<"Time is "<<hours<<":"<<t.minute<<"PM"<<endl;
    else
        cout<<"Time is "<<hours<<":"<<t.minute<<"AM"<<endl;
}
void GetTime24(Time & t)
{
    cout<<"Time is "<<t.hour<<":"<<t.minute<<endl;
}
int main()
{
    Time t1,t2;
    t2.SetTime(16,20);
    GetTime12(t1);
    GetTime24(t1);
    GetTime12(t2);
    GetTime24(t2);
    return 0;
}
```

4. 程序如下：

方法 1：

```
#include<iostream>
#include<string>
using namespace std;
class Student
{
public:
    Student(){};
    void GetName(string n);
```

```cpp
        void GetGender(char g);
        void GetAge(int a);
        void Display()
        {
            cout<<"Name:"<<name<<endl;
            cout<<"Gender:"<<gender<<endl;
            cout<<"Age:"<<age<<endl;
        }
private:
    string name;
    char gender;
    int age;
};
void Student::GetName(string n)
{
    name=n;
}
void Student::GetGender(char g)
{
    gender=g;
}
void Student::GetAge(int a)
{
    age=a;
}
int main()
{
    Student s;
    string sname;
    char sgender;
    int sage;
    cout<<"Please input name:"<<endl;
    cin>>sname;
    s.GetName(sname);
    cout<<"Please input gender:"<<endl;
    cin>>sgender;
    s.GetGender(sgender);
```

```
    cout<<"Please input age:"<<endl;
    cin>>sage;
    s.GetAge(sage);
    s.Display();
    return 0;
}
```

方法2：

```cpp
#include <iostream>
#include <string>
using namespace std;
class Student
{
public:
    Student(){}
    Student(char * name1,char gender1,int age1)   //Student(string name1,char
                                                        gender1,int age1)

    {
    strcpy(name,name1);     //name=name1;
    gender=gender1;
    age=age1;
    }
  void Display()
    {
        cout<<"Name:"<<name<<endl;
        cout<<"Gender:"<<gender<<endl;
        cout<<"Age:"<<age<<endl;
    }
private:
    char name[20]; //string name;
    char gender;
    int age;
};
int main()
{   Student s("sshsh",'f',20);
    s.Display();
```

```
        return 0;
    }
```

5. 程序如下：

```
#include <iostream>
using namespace std;
class Student
{
public:
/*    Student()
      {    score=0;    }
*/
    Student(double s)
    {
        score=s;
        totalscore+=score;
        count++;
    }
    static double TotalSum()
    {    return totalscore;    }
    static double Average()
    {    return totalscore/count;    }
private:
    double score;
    static double totalscore;
    static int count;
};
double Student::totalscore=0;
int Student::count=0;
int main()
{
    Student s[5]={Student(98),Student(76),Student(80),Student(88),Student(68)};
    cout<<"The total score is "<<Student::TotalSum()<<endl;
    cout<<"The average score is   "<<Student::Average()<<endl;
//cout<<"The total score is "<<s[1].TotalSum()<<endl;
//cout<<"The average score is   "<<s[1].Average()<<endl;
```

```
        return 0;
}
```

6. 程序如下：

```cpp
#include <iostream>
#include <string>
using namespace std;
class Book
{
public:
    Book(){}
    Book(string bn,string an,int sale)
    {
        bookname=bn;
        author=an;
        salecount=sale;
    }
    void SetBook(string b,string a,int s)
    {
        bookname=b;
        author=a;
        salecount=s;
    }
    void Print()
    {
        cout<<"Book:"<<bookname<<endl;
        cout<<"Author:"<<author<<endl;
        cout<<"Sale acount:"<<salecount<<endl;
    }
private:
    string bookname,author;
    int salecount;
};
int main()
{
    Book b[4]={Book("C++","Mary",100),Book("Java","John",56)};
```

```
        b[2].SetBook("English","Susie",450);
        b[3].SetBook("Datastructure","Joe",45);
        for(int i=0;i<4;i++)
            b[i].Print();
        return 0;
}
```

第 6 章 继承与派生

一、填空题

1. 已有类、新类

2. 公有继承、保护继承、私有继承

3. private

4. 派生类、基类

5. 单继承、多继承

6. 代码重用

7. 公有的、私有的

8. 基类、子对象、新增成员

9. ::、同名覆盖

10. 派生、基类、构造、赋值

二、选择题

1. C   2. C   3. C   4. D   5. D   6. B   7. B   8. D   9. B   10. D

三、程序阅读题

1. 程序运行结果：

```
constructing base class
constructing sub class
destructing sub class
destructing base class
```

2. 程序运行结果：

```
constructing base class
n=1
constructing base class
n=3
constructing sub class
m=2
destructing sub class
destructing base class
destructing base class
```

3. 程序运行结果：

```
10,20
```

4. 程序运行结果：

```
21
```

5. 错误语句：b.i=4；

私有继承的派生对象不对直接访问基类的公有成员，因为基类的公有成员在派生类中变成私有属性，不能被对象直接访问。可以通过增加成员函数，由成员函数来访问。

6. 错误语句：c.i＝3；

访问出现二义性，因为基类 A 和 B 中均有公有的数据成员 i，在派生类中都可以通过对象 c 来访问，但是这种访问形式系统无法辨认是基类 A 的成员还是基类 B 的成员。可以通过作用域运算符来访问：c.A::i=3;或 c.B::i=3;的形式进行。

7. 程序运行结果：

```
A constructing ,data not evaluated
A constructing ,data not evaluated
B constructing ,data not evaluated
A constructing ,data evaluated
A constructing ,data not evaluated
B constructing ,A evaluated
A constructing ,data evaluated
A constructing ,data not evaluated
B constructing ,data evaluated
```

```
B destructing
A destructing
A destructing
B destructing
A destructing
A destructing
B destructing
A destructing
A destructing
```

四、问答题

1. 派生类对象包括基类成员和派生类成员两个部分。

2. 有 3 种,分别为公有继承(public)、保护继承(protected)和私有继承(private)。采用私有继承后,基类的公有成员和保护成员都是派生类的私有成员,在类外无法通过类对象来访问,因此在派生类中增加了新的成员函数来访问从基类继承来的成员。若派生类继续派生下去,基类的成员在下一层的派生类中将无法被直接访问,相当于终止了基类的继续派生。采用保护继承后,基类的公有成员和保护成员被继承后成为派生类的保护成员,可由派生类的成员函数直接访问,但不能通过派生类对象直接访问。

3. 首先调用基类的构造函数,按基类被列出的顺序调用;然后调用这个类的成员对象的构造函数;如果有多个成员对象,则按成员对象定义的顺序被调用(与参数列表中列出的顺序无关);最后调用这个类自身的构造函数。

> **注意:**
> 如果有虚基类,则先调用虚基类的构造函数。在调用基类的构造函数,如果有多个虚基类,则按列出的顺序调用。

4. 无论什么样的继承方式,基类的私有成员都不允许外部函数访问,也不允许派生类的成员函数访问,但可以通过基类的公有成员函数间接访问其私有成员。

5. 可以用派生类对象给基类对象赋值;可以用基类指针指向派生类对象的地址;可以将派生类对象赋给基类的引用。(向上引用)

6. 从一个公共基类中可派生出多个直接基类,这些直接基类又共同派生一些类,在这些直接基类中,可能存在一些公共基类的多个成员副本,具有二义性的问题,因此,可以将公共基类设置为虚基类。虚基类使得从不同路径继承过来的同名数据成员,在内存中只有一个副本,同一个函数名也只有一个映射,解决二义性问题。

五、编程题

1. 程序如下:

```cpp
#include <iostream>
#include <string>
using namespace std;
class Student
{
public:
    Student(){}
    Student(string n,int no,int a,string m)
    {
        name=n;
        id=no;
        age=a;
        major=m;
    }
    void Display()
    {
        cout<<"Name:"<<name<<endl;
        cout<<"ID:"<<id<<endl;
        cout<<"Age:"<<age<<endl;
        cout<<"Major:"<<major<<endl;
    }
private:
    string name;
    int id,age;
    string major;
};
class Master:public Student
{
public:
    Master(string name1,int id1,int age1,string major1,string advisor1):Student
        (name1,id1,age1,major1)
    {
```

```
            advisor=advisor1;
    }
    void Display()
    {
        Student::Display();
        cout<<"Advisor:"<<advisor<<endl;
    }
private:
    string advisor;
};
int main()
{
    Master person("Mia",1001,22,"Computer Science","Prof. Smith");
    person.Display();
    return 0;
}
```

2. 程序如下：

```
#include <iostream>
#include <string>
using namespace std;
class Vehicle
{
public:
    Vehicle(int wh,double we)
    {
        wheels=wh;
        weight=we;
    }
    int GetWheels()
    {
        return wheels;
    }
    double GetWeight()
    {
        return weight;
```

```cpp
    }
    void Display()
    {
        cout<<"Wheels:"<<wheels<<endl;
        cout<<"Weight:"<<weight<<endl;
    }
private:
    int wheels;
    double weight;
};
class Car:public Vehicle
{
public:
    Car(int wh,double we,int pa):Vehicle(wh,we)
    {
        passenger_load=pa;
    }
    int GetPassenger()
    {
        return passenger_load;
    }
    void Display()
    {
        cout<<"The car is:"<<endl;
        Vehicle::Display();
        cout<<"Passenger load:"<<passenger_load<<endl;
    }
private:
    int passenger_load;
};
class Truck:public Vehicle
{
public:
    Truck(int wh,double we,int pa,double load):Vehicle(wh,we)
    {
        passenger_load=pa;
        payload=load;
```

```
    }
    int GetPassenger()
    {
        return passenger_load;
    }
    double GetPayload()
    {
        return payload;
    }

    void Display()
    {
        cout<<"The truck is:"<<endl;
        Vehicle::Display();
        cout<<"Passenger load:"<<passenger_load<<endl;
        cout<<"Pay load:"<<payload<<endl;
    }
private:
    int passenger_load;
    double payload;
};
int main()
{
    Car c(4,2,5);
    Truck t(6,5,3,10);
    c.Display();
    t.Display();
    return 0;
}
```

3. 程序如下：

```
#include <iostream>
#include <string>
using namespace std;
class Student
{
```

```cpp
public:
    Student(){}
    Student(string n,int no)
    {
        name=n;
        id=no;
    }
    void Display()
    {
        cout<<"Name:"<<name<<endl;
        cout<<"ID:"<<id<<endl;
    }
private:
    string name;
    int id;
};
class Teacher
{
public:
    Teacher(){}
    Teacher(string u)
    {
        unit=u;
    }
    void Display()
    {
        cout<<"Unit:"<<unit<<endl;
    }
private:
    string name,unit;
};
class Assistant:public Student,public Teacher
{
public:
    Assistant(string n,int i,string u,string c):Student(n,i),Teacher(u)
    {
        course=c;
```

```
    }
    void Display()
    {
        Student::Display();
        Teacher::Display();
        cout<<"Course:"<<course<<endl;
    }
private:
    string course;
};
int main()
{
    Assistant person("Mia",1001,"Computer Science","C++ Programming");
    person.Display();
    return 0;
}
```

4. 程序如下：

```
#include <iostream>
#include <string>
using namespace std;
const double pi=3.14;
class Circle
{
public:
    Circle(double a){r =a;}
    double Area(){return pi * r * r;}
private:
    double r;
};
class Table
{
public:
    Table(double h,string c)
    {
        height=h;
```

```
        color=c;
    }
    void Display()
    {
        cout<<"Height:"<<height<<endl;
        cout<<"Color:"<<color<<endl;
    }
private:
    double height;
    string color;
};
class Roundtable:public Circle,public Table
{
public:
    Roundtable(double r,double h,string c):Circle(r),Table(h,c){}
    void Display()
    {
        Table::Display();
        cout<<"Area:"<<Area()<<endl;
    }
};
int main()
{
    Roundtable t(0.8,0.6,"Yellow");
    t.Display();
    return 0;
}
```

5. 程序如下：

```
#include <iostream>
#include <string>
using namespace std;
class Person
{
public:
    Person(){}
```

```cpp
    Person(string n,int a)
    {
        name=n;
        age=a;
    }
    void Display()
    {
        cout<<"Name:"<<name<<endl;
        cout<<"Age:"<<age<<endl;
    }
private:
    string name;
    int age;
};
class Leader:virtual public Person
{
public:
    Leader(){}
    Leader(string n,int a,string po,string u):Person(n,a)
    {
        position=po;
        unit=u;
    }
    void Display()
    {
        Person::Display();
        cout<<"Position:"<<position<<endl;
        cout<<"Unit:"<<unit<<endl;
    }
private:
    string position,unit;
};
class Engineer:virtual public Person
{
public:
    Engineer(){}
    Engineer(string n,int a,string t,string m):Person(n,a)
```

```
    {
        title=t;
        major=m;
    }
    void Display()
    {
        Person::Display();
        cout<<"Title:"<<title<<endl;
        cout<<"Major:"<<major<<endl;
    }
private:
    string title,major;
};
class Chairman:public Leader,public Engineer
{
public:
    Chairman(){}
    Chairman(string n,int a,string po,string u,string t,string m):Person(n,a),
        Leader(n,a,po,u),Engineer(n,a,t,m){}
    void Display()
    {
        Leader::Display();
        Engineer::Display();
    }
};
int main()
{
    Chairman vip("John",45,"Dean","IT Department","Proessor","IT Management");
    vip.Display();
    return 0;
}
```

第7章　多态

一、填空题

1. 重载多态、强制多态、包含多态、类型参数化多态

2. 成员函数、友元函数

3. 编译时多态、运行时多态

4. 静态联编、动态联编、静态联编、动态联编

5. 纯虚函数、抽象类的对象、抽象类指针、抽象类引用

6. virtual

7. 名字、返回值、参数、virtual、重载

8. . * 、. 、::、?:、sizeof

9. 要少 1 个、相等

二、选择题

1. C　2. B　3. D　4. A　5. C　6. C　7. B　8. B　9. A　10. C

三、程序阅读题

1. 程序运行结果：

```
Virtual function Fun<>in class A
Virtual function Fun<>in class B
Virtual function Fun<>in class A
Virtual function Fun<>in class B
Virtual function Fun<>in class B
```

2. 程序运行结果：

```
A::Fun<>called.
B::Fun<>called.
```

3. 错误语句：pb->Fun();
派生类对象不能直接访问私有成员函数,可以将该成员函数改为公有属性。

4. 错误语句：A a;
不能创建抽象类对象,可以通过定义抽象类指针或引用来访问。

5. 程序运行结果：

```
In B Print<>.
In C print<>.
```

四、问答题

1. 多态指不同对象接收相同消息时产生的不同的动作。面向对象的多态可以分为 4 种,分别为重载多态、强制多态、包含多态和类型参数化多态。从运行的角度可以把多态分为两种,分别是编译时多态和运行时多态。

2. 运算符重载的方式一般有两种:成员函数和友元函数。运算符重载函数的参数个数不仅取决于运算符的操作数个数,还取决于重载的形式(即重载为成员函数还是友元函数)。

3. 绝大多数运算符既可以重载为友元,也可以重载为成员函数。但一般情况下,习惯上将双目运算符重载为友元,可以实现该类对象与其他类型数据的混合运算。而有些运算符不能重载为友元函数,如 = ,(),[],—>等运算符,只能重载为成员函数。

4. 重载时将后缀操作数额外增加一个 int 型参数,编译时该参数赋值为 0,但该参数并不参与运算,它的唯一作用是区分前缀和后缀。一般将自增自减运算符定义为成员函数,而不是友元函数。

5. 当通过基类指针访问派生类对象时,想调用派生类中重写的成员函数,实现对派生类对象的访问,而不是继承自基类的成员函数,此时可将基类中的成员函数声明为虚函数,从而实现调用派生类中重写的同名函数。

6. 运算符重载时,当需要带回一个发生改变的结果,即返回左值,则函数需要返回类型为引用类型,如赋值、复合赋值、前缀++和——等。

7. 当基类与派生类有同名成员(函数)时,对派生类新增成员,从基类继承的成员函数并不能完成输出派生类新增成员的功能,因此需要新增自己的成员函数。当新增成员函数与继承成员函数同名时,并不会产生二义性,而是同名覆盖。但当主函数中用指针访问派生类对象时,调用的是基类中成员函数而非派生类成员函数,与原有预期不符,希望当指针指向派生类对象时,能访问派生类中所有成员,因此需要将基类中的成员(函数)声明虚函数,这样当通过基类指针访问派生类对象时,就可以实现调用派生类中重写的同名函数。在函数声明前加上关键字 virtual。实现了运行时多态。

8. 虚函数是动态联编的基础,动态联编是在程序运行过程中根据指针和指针实际指向的目标调用对应的函数,也就是在程序执行过程中才能决定如何动作。虚函数经过派生后可以在类中实现运行时多态,充分体现了面向对象程序设计的动态多态性。

9. 纯虚函数是不需要定义函数体(函数体由“=0”代替)的特殊的虚函数。含有纯虚函数的类被称为抽象类。抽象类不能创建对象。

10. 构造函数不能定义虚函数,定义为虚函数无意义。定义虚析构函数后,由于多态,当使用基类指针指向派生类对象时,会调用派生类的虚构函数,然后派生类的析构函数自动调用基本析构函数。不是虚的话,直接调用基类的析构函数了。那么如果派生类中有用 new 分配的内存,就无法释放了。

五、编程题

1. 程序如下:

```cpp
#include <iostream>
#include <string>
using namespace std;
class Vehicle
{
public:
    Vehicle(int wh,double we)
    {
        wheels=wh;
        weight=we;
    }
    int GetWheels()
    {
        return wheels;
    }
    double GetWeight()
    {
        return weight;
    }
    virtual void Display()
    {
        cout<<"Wheels:"<<wheels<<endl;
        cout<<"Weight:"<<weight<<endl;
    }
private:
    int wheels;
    double weight;
};
class Car:public Vehicle
{
public:
```

```cpp
    Car(int wh,double we,int pa):Vehicle(wh,we)
    {
        passenger_load=pa;
    }
    int GetPassenger()
    {
        return passenger_load;
    }
    void Display()
    {
        cout<<"The car is:"<<endl;
        Vehicle::Display();
        cout<<"Passenger load:"<<passenger_load<<endl;
    }
private:
    int passenger_load;
};
class Truck:public Vehicle
{
public:
    Truck(int wh,double we,int pa,double load):Vehicle(wh,we)
    {
        passenger_load=pa;
        payload=load;
    }
    int GetPassenger()
    {
        return passenger_load;
    }
    double GetPayload()
    {
        return payload;
    }

    void Display()
    {
        cout<<"The truck is:"<<endl;
```

```cpp
            Vehicle::Display();
            cout<<"Passenger load:"<<passenger_load<<endl;
            cout<<"Pay load:"<<payload<<endl;
        }
    private:
        int passenger_load;
        double payload;
};
class Bus:public Vehicle
{
public:
    Bus(int wh,double we,int pa,int no):Vehicle(wh,we)
    {
        passenger_load=pa;
        number=no;
    }
    int GetPassenger()
    {
        return passenger_load;
    }
    double GetNumber()
    {
        return number;
    }
    void Display()
    {
        cout<<"The bus is:"<<endl;
        Vehicle::Display();
        cout<<"Passenger load:"<<passenger_load<<endl;
        cout<<"No.:"<<number<<endl;
    }
private:
    int passenger_load,number;
};
int main()
{
    Vehicle *p;
```

```
    Car c(4,2,5);
    Truck t(6,5,3,10);
    Bus b(6,5,50,232);
    p=&c;
    p->Display();
    p=&t;
    p->Display();
    p=&b;
    p->Display();
    return 0;
}
```

2. 程序如下：

```
#include <iostream>
#include <string>
using namespace std;
class Teacher
{
public:
    Teacher(){}
    Teacher(string n,string u,int h)
    {
        name=n;
        unit=u;
        hour=h;
    }
    virtual void TotalSalary()=0;//纯虚函数
    int GetHour(){return hour;}
private:
    string name,unit;
    int hour;
};
class Lecturer:public Teacher
{
public:
    Lecturer(){}
```

```cpp
        Lecturer(string n,string u,int h):Teacher(n,u,h){}
        void TotalSalary()
        {
            cout<<"The salary is "<<800+1300+40 * GetHour()<<endl;
        }
};
class AssociateProf:public Teacher
{
public:
    AssociateProf(){}
    AssociateProf(string n,string u,int h):Teacher(n,u,h){}
    void TotalSalary()
    {
        cout<<"The salary is "<<900+1800+45 * GetHour()<<endl;
    }
};
class Professor:public Teacher
{
public:
    Professor(){}
    Professor(string n,string u,int h):Teacher(n,u,h){}
    void TotalSalary()
    {
        cout<<"The salary is "<<1000+2300+50 * GetHour()<<endl;
    }
};
int main()
{
    Lecturer member1("Wang","Computer",32);
    AssociateProf member2("Li","Management",40);
    Professor member3("Zhang","Software",30);
    Teacher * t;
    t=& member1;
    t->TotalSalary();
    t=& member2;
    t->TotalSalary();
    t=& member3;
```

```
    t->TotalSalary();
    return 0;
}
```

3. 定义复数类,重载运算符+、-和=,实现复数和复数、复数和整数、复数和实数的运算。

答:

```
#include <iostream.h>
//using namespace std;
class complex
{
private:
    double real,imag;
public:
    complex(double r=0,double i=0)
    {    real=r;   imag=i;   }
    friend complex operator+ (const complex &c1,const complex &c2);
                                        //重载友元函数,运算符个数与操作数同
    friend complex operator- (const complex &c1,const complex &c2);
                                        //不是成员函数,不能对象访问
    complex operator= (const complex &c1);    //=必须重载为成员函数
    friend complex operator+ (const int &,const complex &);
                                        //类对象和和其他类型混合,重载友元函数
    friend complex operator+ (const double &,const complex &);
    friend complex operator- (const int &,const complex &);
    friend complex operator- (const double &,const complex &);
    void display();                              //成员函数声明
};

complex operator+ (const complex &c1,const complex &c2)
{
  complex temp;
  temp.real=c1.real+c2.real;
  temp.imag=c1.imag+c2.imag;
  return(temp);
}
```

```cpp
complex operator- (const complex &c1,const complex &c2)
{
  complex temp;
  temp.real=c1.real-c2.real;
  temp.imag=c1.imag-c2.imag;
  return(temp);
}

complex  complex::operator= (const complex &c1)    //成员函数,必须有类控制符
{
  real=c1.real;  imag=c1.imag;   return  * this;
}

complex operator+ (const int &i,const complex &c)
{
  complex temp;
  temp.real=i+c.real;
  temp.imag=0+c.imag;
  return(temp);
}

complex operator- (const int &i,const complex &c)
{
  complex temp;
  temp.real=i-c.real;
  temp.imag=0-c.imag;
  return(temp);
}

complex operator+ (const double &i,const complex &c)
{
  complex temp;
  temp.real=i+c.real;
  temp.imag=0.0+c.imag;
  return(temp);
}
```

```
complex operator- (const double &i,const complex &c)
{
  complex temp;
  temp.real=i-c.real;
  temp.imag=0.0-c.imag;
  return(temp);
}


void complex::display()
{
  cout<< "real="<< real<< ","<< "imag="<< imag<<endl;
}


void main()
{
  complex com1(1.1,2.3),com2(2.4,3.8),com3,com4,com5,com6;
  com3=com1+com2;                    //隐式
  com3.display();
  com3=operator+(com1,com2);    //显式调用,operator+因为不是成员函数,不能对象访问
  com3.display();

  com4=com1-com2;
  com4.display();
  com4=operator-(com1,com2);    //显式调用,operator-因为不是成员函数,不能对象访问
  com4.display();
  com5=com4;
  com5.display();
  com5.operator=(com4);            //显式调用
  com5.display();
  com5=3+com4;
  com5.display();
  com6=4.5+com1;
  com6.display();
  complex com7=2-com1;
  complex com8=3.5-com1;
```

```
    com7.display();
    com8.display();
}
```

4. 定义平面上的点类(Point),重载运算符＋、－、＝＝、！＝,实现平面上两点之间的
加、减、相等、不相等运算。

答:

```
//双目运算符重载为友元函数
#include <iostream.h>
//using namespace std;//不能加此语句
class Point
{
public:
    Point(){x=0;y=0;}
    Point(double x1,double y1)
    {x=x1;y=y1;}
    friend Point operator+ (const Point &, const Point &);    //参数为常类型变量引用
    friend Point operator- (Point p1, Point p2);              //参数为类类型变量
    friend bool operator== (const Point &, const Point &);    //参数为两个变量引用
    friend bool operator!= (Point p1, Point p2);              //参数为两个变量
     void print()
     {
     cout<<"x="<<x<<","<<"y="<<y<<endl;
     }
private:
    double x,y;
};

Point operator+ (const Point &p1, const Point &p2)
{
   Point t;
   t.x=p1.x+p2.x;
   t.y=p1.y+p2.y;
   return t;
}
```

```
Point operator-(Point p1, Point p2)
{
    Point t(p1.x-p2.x,p1.y-p2.y);
    return t;
}

bool operator==(const Point &p1, const Point &p2)
{
  return((p1.x==p2.x)&&(p1.y==p2.y));
}

bool operator!=(Point p1, Point p2)
{
  return(!((p1.x==p2.x)&&(p1.y==p2.y)));
}

void main()
{
Point p1(1.2,2.3),p2(3.4,4.5),p3,p4;
p1.print();
p2.print();
cout<<"输出两个点相加."<<endl;
p3=p1+p2;
p3.print();
p3=operator+(p1,p2);
p3.print();
cout<<"输出两个点相减."<<endl;
p4=p1-p2;
p4.print();
p4=operator-(p1,p2);
p4.print();
if(p1==p2)
    cout<<"两个点相等."<<endl;
if(p1!=p2)
    cout<<"两个点不相等."<<endl;
}
```

第8章 泛型程序设计与模板

一、填空题

1. 函数模板、类模板
2. 模板类、对象
3. template、尖括号<>
4. 函数模板、非函数模板
5. 容器、算法、迭代器
6. 线性容器、非线性容器

二、问答题

1. 函数模板并不是函数,只是一个函数的样板。只有在类型参数实例化后才会生成所要使用的函数。

2. 模板使程序在设计时可以快速建立具有类型安全的类库和函数的集合,方便大规模软件的开发。使用模板是为了实现泛型,可以减轻编程的工作量,增强函数的重用性。

3. STL 可分为容器(containers)、迭代器(iterators)、空间配置器(allocator)、配接器(adapters)、算法(algorithms)、仿函数(functors)六个部分,其中常用的主要部分为容器、算法和迭代器。

4. STL 中的容器是基于模板机制的,其中既包含线性容器也包含非线性容器。主要的容器有 vector(向量模板)、list(列表模板)、stack(栈模板)、queue(队列模板)、deque(双端队列模板)、map(映射模板)。使用迭代器可以很方便地访问 STL 容器中的对象。STL 中的迭代器可以看成指针的推广,可以是普通的指针。迭代器有顺序访问和直接访问两种,分别对应顺序访问容器和直接访问容器。STL 的算法是用函数模板实现的,可以使用算法通过迭代器实现对不同类型对象的通用操作。算法与容器之间是通过迭代器进行沟通的,算法面向迭代器,迭代器则面向容器。通过迭代器可以获得容器内部的数据对象,算法对这个由迭代器获得的对象进行操作。

三、编程题

1. 程序如下:

```cpp
#include <iostream>
using namespace std;
template <class T>
void Bubble(T * array,int size)
{
    T temp;
    for(int i=0;i<size;i++)
    {
        for(int j=0;j<size-i;j++)
        {
            if(* (array+j)> * (array+j+1))     //交换
            {
                temp= * (array+j);
                * (array+j)= * (array+j+1);
                * (array+j+1)=temp;
            }


        }
    }
}
int main()
{
    int a[10]={34,45,67,-32,24,345,112,3,-167,0};
    double b[8]={3.45,-1.23,-199.1234,132.1,13.1415926,-45.0,1.0,1456.123};
    Bubble(a,10);                           //将整数数组排序
    for(int i=0;i<10;i++)
    {
        cout<<" "<<a[i];
    }
    cout<<endl;
    Bubble(b,8);                            //将 double 型数组排序
    for(i=0;i<8;i++)
    {
        cout<<" "<<b[i];
    }
    cout<<endl;
    return 0;
}
```

2. 程序如下:

```cpp
#include <iostream>
#include <string>

using namespace std;

//链表节点
template <typename T>
struct ListNode
{
    T data;
    ListNode <T> * next;
};
//单链表操作类模板
template <typename T>
class LinkList
{
public:
    LinkList();
    LinkList(T elem);
    LinkList(int n, T elem);
    ~LinkList();
    void ClearList() const;
    bool Empty() const;
    int Length() const;
    T GetElem(int n) const;
    int LocateElem(T elem) const;
    bool Insert(int n, T elem);
    bool Delete(int n);
    void Displasy();
    void Remove(T elem);
private:
    ListNode <T> * m_head;
};
template <typename T>
LinkList <T>::LinkList()
```

```cpp
{
    m_head =new ListNode<T>;          //创建头节点
    if(m_head==NULL)
    {
        cout << "动态申请头节点内存失败" <<endl;
        return;
    }
    m_head->next =NULL;
}

template <typename T>
LinkList <T>::LinkList(T elem) :LinkList()
{
    Insert(1, elem);
}
template <typename T>
LinkList <T>::LinkList(int n, T elem) :LinkList()
{
    for (int i =0; i <n; ++i)
    {
        Insert(i, elem);
    }
}

template <typename T>
LinkList <T>::~LinkList()
{
    ClearList();     //置为空白
    delete m_head;   //释放头节点
}
template <typename T>
void LinkList <T>::ClearList() const          //常成员函数 不改变对象的值
{
    ListNode <T> * temp, * p =m_head->next;
    while (p !=NULL)                          //删除头节点后的所有节点
    {
        temp =p->next;
```

```
            delete p;                       //释放动态内存
            p =temp;
        }
    m_head->next =NULL;
}
template <typename T>
bool LinkList <T>::Empty() const
{
    return NULL ==m_head->next;             //如果头节点的下一个节点为空,则该链表为空
}

template <typename T>
int LinkList <T>::Length() const
{
    int count =0;
    ListNode <T> * ptemp =m_head->next;

    while (ptemp !=NULL)
    {
        count++;
        ptemp =ptemp->next;
    }

    return count;
}
template <typename T>
T LinkList <T>::GetElem(int n) const
{
    ListNode <T> * ptemp =m_head->next;

    if (n <=Length())
    {
        for (int i =1; i <n; ++i)
        {
            ptemp =ptemp->next;
        }
    }
```

```cpp
        else
        {
            cout << "out of ranger" << endl;
            return false;
        }
        return ptemp->data;
    }
    template <typename T>
    int LinkList <T>::LocateElem(T data) const
    {
        size_t location = 0;
        ListNode <T> * ptemp = m_head->next;
        while (ptemp != NULL)
        {
            ++location;
            if (ptemp->data == data)        //该类型必须支持 ==操作符,如果不支持需要进行运
                                            算符重载

            {
                return location;
            }
            ptemp = ptemp->next;
        }
        return 0;                           //返回 0 表示未找到
    }
    template <typename T>
    bool LinkList <T>::Insert(int n, T elem)
    {
        ListNode <T> * ptemp = m_head;
        if (n-1 <= Length())
        {
            for (int i = 0; i < n -1; ++i)
            {
                ptemp = ptemp->next;
            }
            ListNode <T> * newnode = new ListNode <T>;        //先生成一个新的节点
            if (NULL == newnode)
            {
```

```cpp
            cout <<"申请空间失败" <<endl;
            return false;
        }
        newnode->data =elem;     //如果数据类型不是基本数据类型,即不支持=操作符,需
                                    要重载=操作符
        newnode->next =ptemp->next;
        ptemp->next =newnode;
        return true;
    }
    else
    {
        cout <<"out of range" <<endl;
        return false;
    }
}
template <typename T>
bool LinkList <T>::Delete(int n)
{
    ListNode <T> * ptemp =m_head;
    if (n <=Length())
    {
        for (int i =0; i <n -1; ++i)
        {
            ptemp =ptemp->next;
        }
        ListNode <T> * t =ptemp->next;           //指向待删除的节点
        ptemp->next =ptemp->next->next;          //将待删除节点的上一节点指向待删除节点
                                                    的下一节点
        delete t;                                //释放删除节点的内存
        return true;
    }
    else
    {
        cout <<"out of range" <<endl;
        return false;
    }
}
```

```cpp
template <typename T>
void LinkList <T>::Displasy()
{
    ListNode <T> * ptemp =m_head->next;
    while (ptemp !=NULL)
    {
        cout <<ptemp->data <<endl;
        ptemp =ptemp->next;
    }
}
template <typename T>
void LinkList <T>::Remove(T elem)
{
    ListNode <T> * ptemp =m_head;
    while (ptemp->next !=NULL)
    {
        if (ptemp->next->data ==elem)          //找到与要删除的节点相同
        {
            ListNode <T> * t =ptemp->next;      //指向待删除的节点
            ptemp->next =ptemp->next->next;    //将待删除节点的上一节点指向待删除节
                                               //  点的下一节点
            delete t;                          //释放删除节点的内存
        }
        else          //如果删除了那么它的下一节点是新的节点需要重新判断,不需要移动
        {
            ptemp =ptemp->next;
        }
    }
}
struct Data
{
    int id;
    string name;
};
//由于使用的是结构体,所以对于一些运算符需要进行重载
ostream &operator << (ostream &os, const Data &data)
{
```

```
    os <<data.id <<"  " <<data.name;
    return os;
}

bool operator== (const Data &data1, const Data &data2)
{
    //按照 ID 进行比较
    return data1.id ==data2.id;
}
int main()
{
    LinkList <int> List1(10, 77);
    List1.Displasy();
    LinkList <string>List2;
    List2.Insert(1, "a1");
    List2.Insert(2, "a2");
    List2.Insert(3, "a3");
    List2.Insert(4, "a4");
    List2.Insert(5, "a5");
    List2.Displasy();
    List2.Delete(2);          //删除指定位置的节点
    List2.Displasy();
    List2.Remove("a4");       //删除所有拥有该数据的节点
    List2.Displasy();
    List2.Insert(2,"b2");
    List2.Displasy();
    return 0;
}
```

第九章　异常处理

一、填空题

1. try、catch、finally

2. 一条或多条

3. 异常类型

4. catch(exception e){　}

二、问答题

1. 异常处理机制提供了一种方法,能明确地把错误代码从"正常"代码中分离出来,这将使程序的可读性增强。异常处理机制提供了一种更规范的错误处理风格,不但可以使异常处理的结构清晰,而且在一定程度上可以保证程序的健壮性。

2. 异常处理的语法如下:

(1) throw 表达式语法

```
throw <表达式>
```

(2) try-catch 表达式语法

```
try
{
受保护的程序段
}
catch(<异常类型声明>)
{
异常处理
}
catch(<异常类型声明>)
{
异常处理
}
…
```

3.

异常类	描 述	异常类	描 述
Exception	常见问题	logic_error	逻辑错误
runtime_error	运行时错误	domain_error	结果值不存在
range_error	结果无意义	invalid_argument	非法参数
overflow_error	上溢	length_error	超过长度限制
underflow_error	下溢	out_of_range	超出有效范围

三、编程题

1. 程序如下：

```cpp
#include <iostream>
#include <exception>
using namespace std;

int main(){
    try{
        invalid_argument ierror("无效参数");
        throw (ierror);
    }catch( const exception & e){
        cout<<e.what()<<endl;
    }
    return 0;
}
```

2. 程序如下：

```cpp
#include <iostream>
#include <exception>
using namespace std;

class Complex{
public:
    Complex(double real,double image){
        this->real=real;
        this->image=image;
    }
    Complex operator / (const Complex& c);
    void PrintComplex(){
        cout<<real<<"+"<<"("<<image<<"i"<<")\n"<<endl;
    }
private:
    double real;
    double image;
};
```

```
//(a+bi)/(c+di)=(ac+bd)/(c^2+d^2) +(bc-ad)/(c^2+d^2)i
Complex Complex::operator/(const Complex& c){
    try{
        if (c.real==0){
            runtime_error ierror("除数为零,除数为");
            throw (ierror);
        }
        else{
            Complex temp(*this);
            temp.real = ((real*c.real)+(image*c.image))/((c.real*c.real)
            +(c.image*c.image));
            temp.image = ((image*c.real)-(real*c.image)) / ((c.real*c.real)
            +(c.image*c.image));
            return temp;
        }
    }
    catch( const exception & e){
        cout<<e.what()<<endl;
        return c;
    }
}


int main(){
    Complex * c1=new Complex(3,4);
    Complex * c2=new Complex(1,2);
    Complex * c3=new Complex(0,2);
    ((*c1)/(*c2)).PrintComplex();
    ((*c1)/(*c3)).PrintComplex();
    return 0;
}
```

参 考 文 献

[1]　戴利,维姆斯. C++程序设计[M]. 3版. 北京:高等教育出版社,2006.

[2]　侯晓琴. C++程序设计经典300例[M]. 北京:电子工业出版社,2014.

[3]　凯利,苏小红. C++程序设计[M]. 北京:电子工业出版社,2010.

[4]　刘加海. C++程序设计[M]. 北京:清华大学出版社,2009.

[5]　吕凤翥. C++语言程序设计教程[M]. 3版. 北京:电子工业出版社,2011.

[6]　钱能. C++程序设计教程详解[M]. 北京:清华大学出版社,2014.

[7]　软件开发技术联盟. 软件开发实战:C++开发实战[M]. 北京:清华大学出版社,2013.

[8]　谭浩强. C++程序设计[M]. 2版. 北京:清华大学出版社,2011.

[9]　王学颖,等. C++程序设计案例教程[M]. 2版. 北京:科学出版社,2015.

[10]　谢圣献,左风朝. C++程序设计[M]. 2版. 北京:清华大学出版社,2009.

[11]　Lippman S B, Lajoie J, Moo B E. C++ Primer[M]. 5版. 王刚,杨巨峰,译. 北京:电子工业出版社,2013.

[12]　Prata S. C++ Primer Plus[M]. 6版. 张海龙,袁国忠,译. 北京:人民邮电出版社,2012.